高等学校碳中和城市与低碳建筑设计系列教材
高等学校土建类专业课程教材与教学资源专家委员会规划教材

丛书主编　刘加平

低碳建筑性能模拟

Low-Carbon
Building Performance Simulation

杨柳　罗智星　田真　主编

中国建筑工业出版社

图书在版编目（CIP）数据

低碳建筑性能模拟 = Low-Carbon Building
Performance Simulation / 杨柳，罗智星，田真主编.
北京：中国建筑工业出版社，2024.12. ——（高等学校
碳中和城市与低碳建筑设计系列教材 / 刘加平主编）（
高等学校土建类专业课程教材与教学资源专家委员会规划
教材）. ——ISBN 978-7-112-30736-4

　　Ⅰ. TU-023

中国国家版本馆CIP数据核字第20242DV161号

为了更好地支持相应课程的教学，我们向采用本书作为教材的教师提供课件，有需要者可与出版社联系。
建工书院：https://edu.cabplink.com
邮箱：jckj@cabp.com.cn 电话：（010）58337285

策　　划：陈　桦　柏铭泽
责任编辑：张文胜　陈　桦　王　惠　赵欧凡
责任校对：赵　力

高等学校碳中和城市与低碳建筑设计系列教材
高等学校土建类专业课程教材与教学资源专家委员会规划教材
丛书主编　刘加平
低碳建筑性能模拟
Low-Carbon Building Performance Simulation
杨柳　罗智星　田真　主编
*
中国建筑工业出版社出版、发行（北京海淀三里河路9号）
各地新华书店、建筑书店经销
北京锋尚制版有限公司制版
北京中科印刷有限公司印刷
*
开本：787毫米×1092毫米　1/16　印张：16¾　字数：316千字
2025年6月第一版　　2025年6月第一次印刷
定价：**59.00**元（赠教师课件）
ISBN 978-7-112-30736-4
　（44480）

《高等学校碳中和城市与低碳建筑设计系列教材》

总序

党的二十大报告中指出要"积极稳妥推进碳达峰碳中和，推进工业、建筑、交通等领域清洁低碳转型"，同时要"实施城市更新行动，加强城市基础设施建设，打造宜居、韧性、智慧城市"，并且要"统筹乡村基础设施和公共服务布局，建设宜居宜业和美乡村"。中国建筑节能协会的统计数据表明，我国2020年建材生产与施工过程碳排放量已占全国总排放量的29%，建筑运行碳排放量占22%。提高城镇建筑宜居品质、提升乡村人居环境质量，还将会提高能源等资源消耗，直接和间接增加碳排放。在这一背景下，碳中和城市与低碳建筑设计作为实现碳中和的重要路径，成为摆在我们面前的重要课题，具有重要的现实意义和深远的战略价值。

建筑学（类）学科基础与应用研究是培养城乡建设专业人才的关键环节。建筑学的演进，无论是对建筑设计专业的要求，还是建筑学学科内容的更新与提高，主要受以下三个因素的影响：建筑设计外部约束条件的变化、建筑自身品质的提升、国家和社会的期望。近年来，随着绿色建筑、低能耗建筑等理念的兴起，建筑学（类）学科教育在课程体系、教学内容、实践环节等方面进行了深刻的变革，但仍存在较大的优化和提升空间，以顺应新时代发展要求。

为响应国家"3060"双碳目标，面向城乡建设"碳中和"新兴产业领域的人才培养需求，教育部进一步推进战略性新兴领域高等教育教材体系建设工作。旨在系统建设涵盖碳中和基础理论、低碳城市规划、低碳建筑设计、低碳专项技术四大模块的核心教材，优化升级建筑学专业课程，建立健全校内外实践项目体系，并组建一支高水平师资队伍，以实现建筑学（类）学科人才培养体系的全面优化和升级。

"高等学校碳中和城市与低碳建筑设计系列教材"正是在这一建设背景下完成的，共包括18本教材，其中，《低碳国土空间规划概论》《低碳城市规划原理》《建筑碳中和概论》《低碳工业建筑设计原理》《低碳公共建筑设计原理》这5本教材属于碳中和基础理论模块；《低碳城乡规划设计》《低碳城市规划工程技术》《低碳增汇景观规划设计》这3本教材属于低碳城市规划模块；《低碳教育建筑设计》《低碳办公建筑设计》《低碳文体建筑设计》《低碳交通建筑设计》《低碳居住建筑设计》《低碳智慧建筑设计》这6本教材属于低碳建筑设计模块；《装配式建筑设计概论》《低碳建筑材料与构造》《低碳建筑设备工程》《低碳建筑性能模拟》这4本教材属于低碳专项技术模块。

本系列丛书作为碳中和在城市规划和建筑设计领域的重要研究成果，涵盖了从基础理论到具体应用的各个方面，以期为建筑学（类）学科师生提供全面的知识体系和实践指导，推动绿色低碳城市和建筑的可持续发展，培养高水平专业人才。希望本系列教材能够为广大建筑学子带来启示和帮助，共同推进实现碳中和城市与低碳建筑的美好未来！

丛书主编、西安建筑科技大学建筑学院教授、中国工程院院士

前言

在当前全球环境问题愈发严峻的时代背景下，建筑行业作为能源消耗与温室气体排放的主要来源之一，其向低碳化、可持续化转型的需求变得尤为迫切。低碳建筑正逐步成为建筑领域追求可持续发展的重要路径。在此背景下，"低碳建筑性能模拟"作为一个交叉领域，融合了建筑科学的设计理念、能源技术的高效应用、环境科学的生态保护理念，以及计算机模拟技术的精准预测能力，构建了一个多维度、跨学科的知识体系。

本教材旨在全面系统地介绍低碳建筑性能模拟的理论基础、方法技术以及实际应用案例，为建筑领域的专业人士、科研人员以及相关专业的师生提供一本深入且实用的教材。

从理论基础而言，本书详细阐述了低碳建筑所涉及的热力学原理、流体力学基础以及传热传质理论等，这些理论知识是理解建筑能源消耗与环境性能的基础。通过深入浅出的讲解，帮助读者建立起扎实的理论框架，从而能够从本质上把握建筑内部与外部环境之间的能量交互关系，为后续学习模拟方法奠定坚实的基础。

在方法技术部分，涵盖了广泛应用于低碳建筑性能模拟的各类软件工具和模拟算法。不仅讲解了软件的基本操作流程，更深入剖析了其背后的模拟算法原理，使读者能够根据不同的建筑设计需求和研究目的，灵活选择并准确运用合适的模拟工具，深入分析建筑的热性能、光环境、风环境、能耗及碳排放等关键性能指标。

在应用案例方面，本教材精选了多个不同类型、不同气候条件下的低碳建筑项目实例，包括住宅建筑、学校建筑以及办公建筑等。通过这些案例，详细展示了如何从建筑的概念设计阶段开始，运用性能模拟技术进行方案的比选与优化，直至最终实现建筑的低碳化目标。这些案例生动地呈现了性能模拟技术在实际项目中的应用价值和操作方法，有助于读者将所学的理论知识与实际工程紧密结合，提升解决实际问题的能力。

《低碳建筑性能模拟》针对低碳建筑设计中的建筑性能模拟方法与实践，系统讲授低碳建筑的气候分析、物理环境模拟、运行能耗与碳排放、隐含碳排放的模拟计算方法，并结合实践案例讲解低碳建筑设计中建筑性能模拟的应用方法。截至2024年底，已建成配套核心课程5节并上传至虚拟教研室，建成配套建设项目10项、教材配套课件6个，很好地完成了纸数融合的课程体系建设。希望本教材的出版，能使读者对低碳建筑性能模拟的方法、流程、软件操作有较为全面的了解。

本教材由西安建筑科技大学杨柳教授、罗智星教授，湖南大学田真教授，华中科技大学陈宏教授编写，具体编写分工如下：

第1章：田真；

第2章：陈宏；

第3章：陈宏；

第4章：田真；

第5章：杨柳、罗智星；

第6章：罗智星、杨柳；

第7章：田真、陈宏。

全书由杨柳和罗智星负责统稿。

为了保证教材的质量，本书的主编特将稿件呈送清华大学燕达教授主审。燕教授为本教材提出了很多建设性意见，对本教材编写质量的提高起到了重要作用。

在成书过程中，编者得到了多方面的支持和帮助。中国建筑工业出版社陈桦、张文胜、王惠、赵欧凡为本教材的出版提供了很多帮助和辛勤工作。北京绿建软件股份有限公司陈成副总经理、陈颖经理为教材提供配套的软件操作视频及丰富案例（软件操作视频详见本书配套资源或识别下方二维码查看）。王伟、毛潘、云朵、杜思达、严嵩、张维佳、金美妤、赵永菁、赵欣怡、胡家乐、殷爽、曹卓晗、郭旭冉等多位研究生在全书统稿中协助完成大量工作。在此，对以上给予帮助的人员表示诚挚的感谢。

限于编者的学识，教材中的错误及疏漏难以避免，请读者不吝赐教，以便及时进行修改。

本教材配套软件
操作视频

本书知识图谱

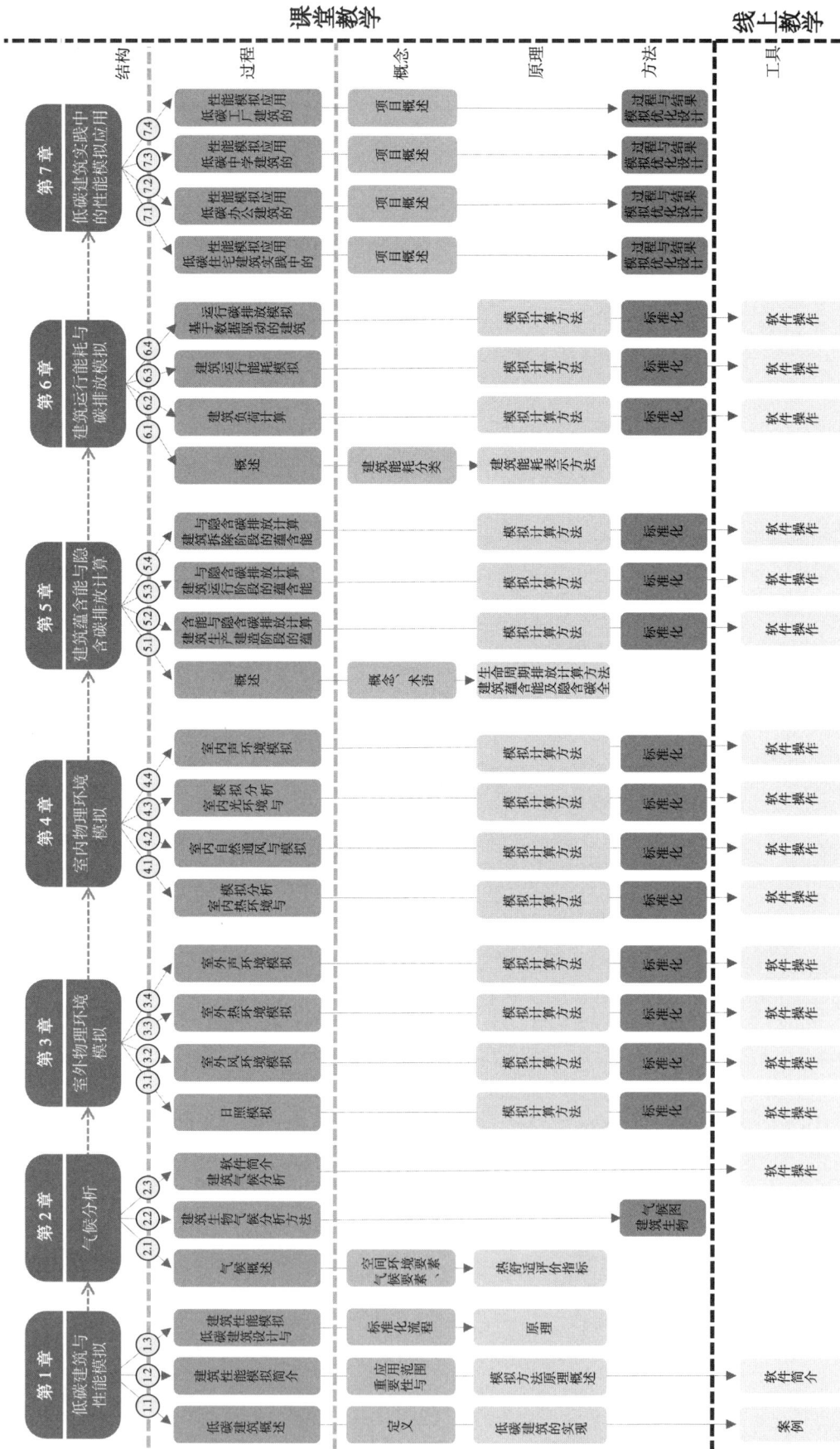

课堂教学　　　　线上教学

结构　　过程　　概念　　原理　　方法　　工具

第1章 低碳建筑与性能模拟
- 1.1 低碳建筑概述 — 定义 — 低碳建筑的实现 — 案例
- 1.2 建筑性能模拟简介 — 重要性与范围 — 模拟方法原理概述 — 软件简介
- 1.3 低碳建筑性能模拟设计 — 标准化流程 — 原理

第2章 气候分析
- 2.1 气候概述 — 空间环境气候要素、要素 — 热舒适评价指标
- 2.2 建筑生物气候分析方法 — 建筑气候图
- 2.3 建筑气候分析 — 软件操作

第3章 室外物理环境模拟
- 3.1 日照模拟 — 模拟计算方法 — 标准化 — 软件操作
- 3.2 室外风环境模拟 — 模拟计算方法 — 标准化 — 软件操作
- 3.3 室外热环境模拟 — 模拟计算方法 — 标准化 — 软件操作
- 3.4 室外声环境模拟 — 模拟计算方法 — 标准化 — 软件操作

第4章 室内物理环境模拟
- 4.1 室内热环境模拟与分析 — 模拟计算方法 — 标准化 — 软件操作
- 4.2 室内自然通风模拟 — 模拟计算方法 — 标准化 — 软件操作
- 4.3 室内光环境模拟与分析 — 模拟计算方法 — 标准化 — 软件操作
- 4.4 室内声环境模拟 — 模拟计算方法 — 标准化 — 软件操作

第5章 建筑蕴含能与隐含碳排放计算
- 概述 — 概念、术语 — 建筑生命周期蕴含能及隐含碳排放计算全法
- 5.1/5.2 建筑生产建造阶段的蕴含能含碳计算 — 模拟计算方法 — 标准化 — 软件操作
- 5.3 建筑运行阶段的蕴含能含碳计算 — 模拟计算方法 — 标准化 — 软件操作
- 5.4 建筑拆除阶段的蕴含能含碳计算 — 模拟计算方法 — 标准化 — 软件操作

第6章 建筑运行能耗与碳排放模拟
- 概述 — 建筑能耗分类 — 建筑能耗表示方法
- 6.1 建筑负荷计算 — 模拟计算方法 — 标准化 — 软件操作
- 6.2/6.3 建筑运行能耗模拟 — 模拟计算方法 — 标准化 — 软件操作
- 6.4 基于数据驱动的建筑运行碳排放模拟 — 模拟计算方法 — 标准化 — 软件操作

第7章 低碳建筑实践中的性能模拟应用
- 7.1 低碳住宅建筑实践中的性能模拟应用 — 项目概述 — 过程与优化设计结果
- 7.2 低碳办公建筑的性能模拟应用 — 项目概述 — 过程与优化设计结果
- 7.3 低碳中学建筑的性能模拟应用 — 项目概述 — 过程与优化设计结果
- 7.4 低碳工厂建筑的性能模拟应用 — 项目概述 — 过程与优化设计结果

目录

第 1 章
低碳建筑与性能模拟............................ 1

1.1　低碳建筑概述 2
1.2　建筑性能模拟简介 9
1.3　低碳建筑设计与建筑性能模拟........ 15
　　参考文献 20

第 2 章
气候分析 22

2.1　气候概述 23
2.2　建筑生物气候分析方法 28
2.3　建筑气候分析软件简介 32
　　参考文献 41

第 3 章
室外物理环境模拟 43

3.1　日照模拟 44
3.2　室外风环境模拟 51
3.3　室外热环境模拟 60
3.4　室外声环境模拟 70
　　参考文献 79

第 **4** 章
室内物理环境模拟 80

4.1 室内热环境与模拟分析 81
4.2 室内自然通风与模拟 89
4.3 室内光环境与模拟分析 101
4.4 室内声环境模拟 114
　　参考文献 127

第 **5** 章
建筑蕴含能与隐含碳排放计算 129

5.1 概述 130
5.2 建筑生产建造阶段的蕴含能与隐含
　　碳排放计算 139
5.3 建筑运行阶段的蕴含能与隐含碳排
　　放计算 143
5.4 建筑拆除阶段的蕴含能与隐含碳排
　　放计算 145
　　参考文献 147

第 **6** 章
建筑运行能耗与碳排放模拟 148

6.1 概述 149
6.2 建筑负荷计算 153
6.3 建筑运行能耗模拟 168
6.4 基于数据驱动的建筑运行碳排放
　　模拟 190
　　参考文献 211

第 **7** 章
低碳建筑实践中的性能模拟应用 212

7.1 低碳住宅建筑实践中的性能模拟
　　应用 213
7.2 低碳办公建筑的性能模拟应用 223
7.3 低碳中学建筑的性能模拟应用 233
7.4 低碳工厂建筑的性能模拟应用 246
　　参考文献 256

第 1 章　低碳建筑与性能模拟

存在主义哲学家马丁·海德格尔（Martin Heidegger）在其短篇《筑·居·思》中写道：筑造归属于栖居以及它如何从栖居中获得其本质。倘若栖居和筑造已经变得值得追问，并且因而已经保持为某种值得思想的东西，则我们的收获便足够矣。

在原始社会，人们因需要抵御外界环境，为栖居而筑造。而在今日，大规模的建设、能源危机及温室气体排放等迫使我们思考，我们应当如何为新的居所而筑造呢？

1.1.1 低碳建筑的背景与意义

自工业革命以来，人类各行业对化石能源的需求与日俱增，但随着化石能源的消耗，温室气体（Greenhouse Gases，GHGs）的排放也日益增加。国际能源署（International Energy Agency，IEA）的数据表明，从1971年至2021年，全球CO_2的排放量（燃料燃烧）增长了一倍多（图1-1）。

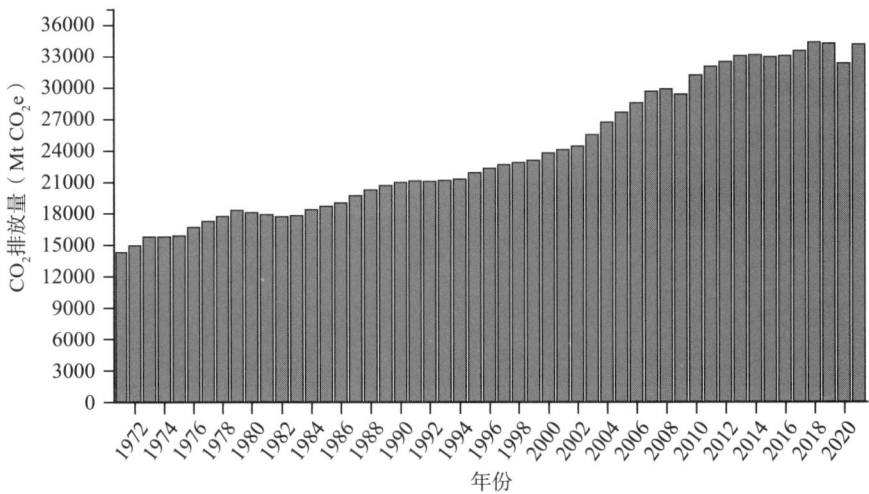

图1-1　全球CO_2排放量（1971—2021年，燃料燃烧）

根据联合国的定义，温室气体包括二氧化碳（CO_2）、甲烷（CH_4）、一氧化二氮（N_2O）、氢氟碳化合物（HFCs）、全氟碳化合物（PFCs）和六氟化硫（SF_6）等。地球大气中，过多的温室气体会产生温室效应，使地球大气的温度升高并改变全球气候，导致地球动植物生存环境的恶化，所以控制温室气体的排放尤为重要。

建筑业是全球能源消耗和温室气体排放的重要领域，其能耗约为全球总能耗的40%，同时其直接或间接排放的温室气体也占全球温室气体排放总量的大部分。在这种情况下，减少建筑领域的温室气体排放，推动低碳建筑的发展，对全球的可持续发展具有至关重要的意义。

低碳建筑，指的是建筑全生命周期中，碳排放量较小的建筑，其中建筑全生命周期包含了建筑的建设过程、使用过程及拆除过程中所有的碳排放量（包含建材的生产和运输），而碳排放量指所有温室气体的排放量，并以二氧化碳当量来表示。所以，通过低碳建筑的实现，可以减少建筑领域的能源依赖，并最小化建筑行业对地球环境的影响。同时，低碳建筑不仅有助于提高能源利用率、减少温室气体排放、缓解气候变暖问题，还能够节约经济，同时改善人居环境的质量，为人们带来更健康、更舒适的建筑空间。

1.1.2　建筑的碳排放计算

低碳建筑实现的基础是计算与明确建筑全生命周期中各个阶段的碳排放量，只有明确了建筑的碳排放情况，才能进一步地采取相应措施去减少建筑在不同阶段的碳排放量，或针对性地对建筑生命周期中的高排放环节采取减碳措施。根据《建筑碳排放计算标准》GB/T 51366—2019中的规定，建筑的碳排放计算主要包含了建筑物在建材阶段、建造阶段、运行阶段和拆除阶段4个阶段的碳排放计算。以下是这4个阶段需要计算的内容和方法的简单介绍。

1）建材的生产及运输

建筑物在建造过程中需要大量的建筑材料，所以建材在生产过程中所产生的碳排放（例如水泥等原料在生产过程中的电力消耗和温室气体排放，以及因建材运输而产生的碳排放）都需要被统计至建筑全生命周期的碳排放量中。在计算时，一般统一计算建材生产和建材运输时产生的碳排放，如式（1-1）所示：

$$C_{\mathrm{JC}} = \frac{C_{\mathrm{sc}} + C_{\mathrm{ys}}}{A} \qquad （1\text{-}1）$$

式中　C_{JC}——建材生产及运输阶段单位建筑面积的碳排放量（$\mathrm{kgCO_2e/m^2}$）；

C_{sc}——建材生产过程中的碳排放量（$\mathrm{kgCO_2e}$）；

C_{ys}——建材运输过程中的碳排放量（$\mathrm{kgCO_2e}$）；

A——建筑面积（$\mathrm{m^2}$）。

建材生产过程中的碳排放计算，应当考虑到所有的主要建材的碳排放，为了简化不同建材的碳排放分析，计算引入了碳排放因子（Carbon Emission Factor）这一概念，它将材料或能源的消耗量与二氧化碳当量相对应，能够更方便地量化建筑不同阶段相关活动的碳排放。表1-1和表1-2列出了部分建筑材料和化石能源的碳排放因子。

部分建筑材料的碳排放因子 　　　　　　　　　　表1-1

建筑材料类别	建筑材料碳排放因子（kgCO₂e/t）
普通硅酸盐水泥（市场平均）	735
C30混凝土	295
黏土	2.69
混凝土砖（240mm×115mm×90mm）	336
炼钢生铁	1700
平板玻璃	1130
聚乙烯管	3.60
岩棉板	1980
自来水	0.168

部分化石能源的碳排放因子 　　　　　　　　　　表1-2

分类	燃料类型	单位热值含碳量（tC/TJ[①]）	碳氧化率（%）	单位热值碳排放因子（tCO₂e/TJ）
固体燃料	无烟煤	27.4	0.94	94.44
	烟煤	26.1	0.93	89.00
	褐煤	28.0	0.96	98.56
	焦碳	29.5	0.93	100.60
液体燃料	原油	20.1	0.98	72.23
	汽油	18.9	0.98	67.1
	柴油	20.2	0.98	75.59
	沥青	22.0	0.98	79.05
气体燃料	天然气	15.3	0.99	55.54

建材生产过程中的碳排放计算的具体公式如下：

$$C_{sc} = \sum_{i=1}^{n} M_i F_i \qquad (1-2)$$

式中　C_{sc}——建材生产过程中的碳排放量（kgCO₂e）；

　　　　M_i——第i种主要建材的消耗量（t）；

　　　　n——主要建材的种类数；

　　　　F_i——第i种主要建材的碳排放因子（kgCO₂e/单位建材数量）。

_____

① 单位说明：tC/TJ为每太焦耳热值含碳吨数。

建材运输过程中的碳排放计算，应考虑各主要建材的运输距离、运输方式以及运输重量，各类运输方式的碳排放因子如表1-3所示，建材运输过程中的碳排放计算公式如下：

$$C_{ys} = \sum_{i=1}^{n} M_i D_i T_i \qquad (1-3)$$

式中　C_{ys}——建材运输过程中的碳排放量（$kgCO_2e$）；

　　　M_i——第i种主要建材的消耗量（t）；

　　　D_i——第i种主要建材的平均运输距离（km）；

　　　n——主要建材的种类数；

　　　T_i——第i种主要建材的运输方式下，单位质量运输距离的碳排放因子 [$kgCO_2e/(t \cdot km)$]。

各类运输方式的碳排放因子　　　　　　　　　　　　表1-3

运输方式类别	碳排放因子 [$kgCO_2e/(t \cdot km)$]
轻型汽油货车运输（装载质量为2t）	0.334
重型柴油货车运输（装载质量为46t）	0.057
电力机车运输	0.010
铁路运输（中国市场平均）	0.010
液货船运输（装载质量为2000t）	0.019
集装箱船运输（200TEU[①]）	0.012

2）建筑的建造

建筑建造过程中的碳排放计算，一般要考虑建筑施工中各部分所产生的碳排放，如施工现场使用的机械设备、小型机具、电力系统以及混凝土的搅拌等，建筑建造过程中的碳排放计算公式如下：

$$C_{JZ} = \frac{\sum_{i=1}^{n} E_{jz,i} EF_i}{A} \qquad (1-4)$$

式中　C_{JZ}——建筑建造过程中单位建筑面积的碳排放量（$kgCO_2e/m^2$）；

　　　$E_{jz,i}$——建筑建造过程中第i种能源总用量（kWh或kg）；

　　　EF_i——第i种能源的碳排放因子（$kgCO_2e/kWh$或$kgCO_2e/kg$）；

　　　A——建筑面积（m^2）。

---

① TEU为港口吞吐量单位。

3）建筑物的运行

建筑运行过程中，人员所使用的暖通空调系统、厨房用能系统、生活热水系统、照明系统等都需要消耗能源，所以在计算建筑运行过程中的碳排放量时，应该分别计算各个部分所产生的碳排放量，此外，建筑的可再生能源系统和建筑碳汇系统的减碳量也应当被考虑。建筑的可再生能源系统指的是使用再生能源的用能或产能系统，而建筑碳汇系统指的是在建筑物项目范围内，绿化或植被等从空气中吸收并存储的二氧化碳量。建筑运行过程中的碳排放计算公式如下：

$$\begin{cases} C_{\mathrm{M}} = \dfrac{\left[\displaystyle\sum_{i=1}^{n} \left(E_i EF_i \right) - C_{\mathrm{p}} \right] y}{A} \\ E_i = \displaystyle\sum_{j=1}^{n} \left(E_{i,j} - ER_{i,j} \right) \end{cases} \qquad (1\text{-}5)$$

式中　C_{M}——建筑运行过程中单位建筑面积的碳排放量（$kgCO_2e/m^2$）；

　　　E_i——建筑运行过程中第 i 种能源的年消耗量（单位/a）；

　　　EF_i——第 i 种能源的碳排放因子；

　　　$E_{i,j}$——j 类系统的第 i 种能源消耗量（单位/a）；

　　$ER_{i,j}$——j 类系统由可再生能源系统提供的第 i 种能源量（单位/a）；

　　　i——建筑运行过程中能源消耗类型，如电力、燃气、石油、市政热力等；

　　　j——建筑运行过程中用能系统类型，如暖通空调系统、生活热水系统等；

　　　C_{p}——建筑绿地碳汇系统年减碳量（$kgCO_2e/a$）；

　　　y——建筑设计寿命（a）；

　　　A——建筑面积（m^2）。

4）建筑物的拆除

建筑拆除过程中的碳排放计算，一般应考虑建筑拆除的实际情况，分别核算建筑拆除过程中各部分所产生的碳排放，如人工拆除、机械拆除、爆破拆除以及垃圾清运所产生的能源消耗量，建筑拆除过程中的碳排放计算公式如下：

$$C_{\mathrm{CC}} = \frac{\displaystyle\sum_{i=1}^{n} E_{\mathrm{cc},i} EF_i}{A} \qquad (1\text{-}6)$$

式中　C_{CC}——建筑拆除过程中单位建筑面积的碳排放量（kgCO$_2$e/m^2）；

　　　$E_{cc,i}$——建筑拆除过程中第i种能源总用量（kWh或kg）；

　　　EF_i——第i种能源的碳排放因子（kgCO$_2$e/kWh或kgCO$_2$e/kg）；

　　　A——建筑面积（m^2）。

1.1.3　低碳建筑的实现

低碳建筑的实现是一个综合性的任务，它要求在建筑的规划与方案设计、施工、运营维护等各个过程中都采用科学有效的策略和方法来减少碳排放。在低碳建筑实现的所有环节中，方案设计阶段尤为关键，因为它是低碳建筑实现的源头和方法论。建筑师作为建筑低碳设计的主导者，不仅需要掌握传统的建筑设计知识及美学思想，还需要深入理解低碳建筑理念，并将其融入低碳建筑实现的各个阶段。

低碳建筑的设计应当考虑到建筑的全生命周期，从场地及建筑的风环境、光环境、声环境和热环境的设计到材料的选择及能源的使用。同时，建筑的施工手段、运行策略和管理方法等，各方面都需要建筑师去构思、考量以及实施。

以场地的风环境为例，合理的场地及建筑形体设计（图1-2）能够提升建筑在夏季的通风能力、降低夏季的制冷负荷，同时加强建筑在冬季的保温性能、减少冬季的供暖负荷。而在材料选择上，低碳建筑应当通过使用可持续、低碳的建筑材料，如再生材料（图1-3）和高性能建材（图1-4），不仅能够降低建筑材料在生产过程中的碳排放，而且有助于降低建筑的能源需求。能源管理方案也是实现低碳建筑的重要方面，优化建筑的能源配置，广泛应用太阳能、风能和地热能等可再生能源，不仅能够减少建筑对化石能源的依赖，还能降低建筑的运营成本。

在这个过程中，建筑性能模拟是尤为重要的。它能够帮助建筑师在设计的早期阶段掌握场地及建筑的通风（图1-5）、采光等情况，同时，能够让其综合分析建筑的整体用能情况，从而使建筑师做出更加科学和合理的设计与管理决策，实现低碳建筑的综合目标。下文深入探讨了建筑性能模拟的相关

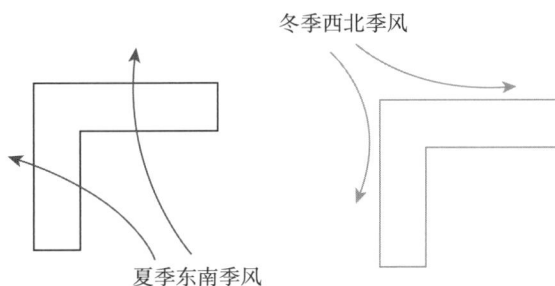

图1-2　建筑形体设计对场地风环境的影响

图1-3　运用了夯土材料的二里头夏都遗址博物馆（同济若本建筑工作室作品）
（摄影：郭旭冉）

图1-4　热致变色玻璃与U形玻璃的结合应用
（摄影：田真）

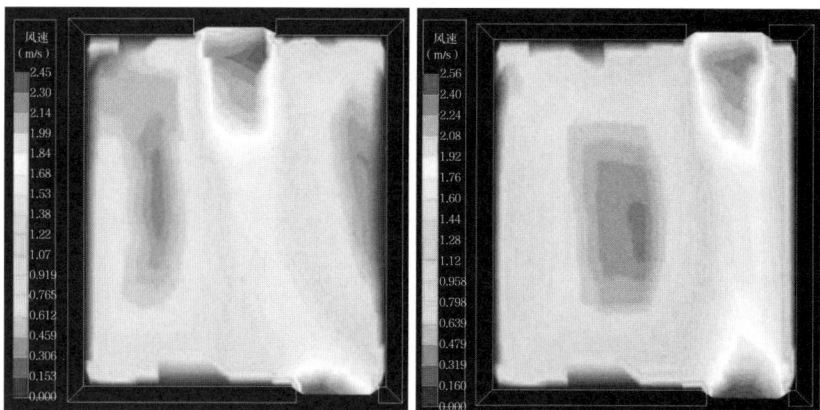

图1-5　建筑室内风环境模拟（不同开窗位置对室内风速分布的影响）

知识，包括建筑性能模拟的原理、简介、在低碳建筑设计中的应用方法和具体案例分析。通过这些内容，有助于建筑师进一步理解和掌握建筑性能模拟这一强大的工具，以指导和优化低碳建筑设计，为创建更加绿色、可持续的环境做出贡献。

1.2 建筑性能模拟简介

为了实现低碳建筑建造，建筑性能需要被合理评估和优化，从而达成性能设计目标，这依赖于优秀的建筑性能评估优化方法和工具。传统设计方法基于简化的分析模型和参数对建筑性能进行评估，而从物理的角度，建筑是一个非常复杂的系统，其中的物理过程受大量参数影响，并且随时间动态变化，用传统的分析模型无法解决低碳建筑设计中复杂的建筑性能评估和优化问题。

建筑性能模拟是基于动态边界条件假设，建立数学物理模型对现实世界中的复杂建筑模型进行抽象化，并采用数值算法进行求解。它是一个多学科交叉研究领域，涉及建筑、计算数学、计算机、物理等相关学科。建筑性能模拟主要包括建筑热环境模拟、光环境模拟、声环境模拟、气流模拟。它通常用于评估建筑全年能耗和峰值需求、室内外环境质量、建筑空调供暖通风系统和可再生能源系统性能、城市尺度的建筑性能与环境质量。在设计阶段，它不仅可以对建筑性能进行评估，还能够定位建筑性能缺陷，并指出优化方向，从而制定相应的设计优化措施，以达成性能设计目标。在建筑运行阶段，通过对比建筑设备性能实测数据和模拟数据，可对建筑设备进行故障诊断，或优化建筑设备运行控制参数以提高设备运行效率。

1.2.1 建筑性能模拟概述

1）建筑热环境模拟

建筑热环境模拟最早可以追溯到20世纪50年代后期，在此期间，开发了一些针对单个系统部件的稳态计算方法。最早的建筑性能模拟工具为1963年斯德哥尔摩皇家理工学院开发的BRIS，它可以预测建筑空调供暖负荷和室内温度变化。直到20世纪60年代后期，几个用于逐时冷热负荷和全年动态能耗计算的计算模型被开发。这些模型的开发促使20世纪70年代产生了更多功能强大的建筑性能模拟工具，例如BLAST、DOE-2、ESP-r、HVACSIM+和TRNSYS。

在20世纪80年代，从事建筑性能模拟研究的学者开始讨论建筑性能模拟未来的发展方向。他们一致认为，直到那时开发的大多数工具在结构上过于僵化，无法满足未来所需的改进和灵活性。在这个时期，第一个基于方程的建筑模拟环境ENET问世，为SPARK奠定了基础。1989年，Sahlin和Sowell提出了一个用于建筑模拟模型的格式——NMF（Neutral Model Format），该格式已经在商业软件IDA ICE中使用。

国内学者在建筑性能开发方面也做了很多工作，陈在康教授在20世纪80年代中期在国内开展了建筑围护结构传热、空调系统的模拟分析工作。清华大学在1989年开始研发建筑热性能模拟工具，并在1992年发行了模拟工具BTP（Building Thermal Performance），经过不断完善，并加入空调系统模拟模块，命名为IISABRE。为了解决实际设计中不同阶段的工程应用，1997年，清华大学在IISABRE的基础上开发了DeST。如今DeST已在多个国家和地区得到应用。

2）建筑光环境模拟

早在1946年，Dufton开发了BRE分离通量法（Split Reflux Method）用于计算室内采光系数（Daylight Factor），该方法后来被Autodesk Ecotect采用，作为采光计算核心。然而，分离通量法的缺陷在于无法模拟光线多次反射，室内采光水平模拟结果往往低于实际水平。建筑采光/照明模拟技术后来的发展得益于计算机图形学的发展，计算机图形学中出现两种主流的算法，一种是光能传递法（Radiosity），另一种是光线追踪法（Raytracing），这两种算法被广泛应用于建筑采光/照明模拟。20世纪80年代，光能传递法被广泛使用，因而也相继出现了一些基于该方法的模拟工具，例如AGI32、DiaLux和Lightscape等。光能传递法计算速度快，但具有很大局限性，只能模拟兰伯特漫反射表面，不能模拟镜面反射，并且对于大尺度场景计算速度很慢。

为了克服光能传递方法局限，光线追踪法也被应用到建筑光环境模拟中。Radiance作为建筑光环境模拟应用最为广泛的模拟开源程序，其计算内核就采用光线追踪方法。1989年，Greg Ward开发了Radiance的第一个版本。此后，通过更新和维护，该软件功能不断得到完善，也吸引很多人不断加入Radiance的研发。在Greg和其他Radiance研发人员的共同努力下，Radiance从最开始的基于单时间点的静态采光模拟扩展到支持全年动态采光模拟，Radiance 6.0版本中支持超光谱渲染，不仅可以模拟光的视觉效应，还可以模拟光的非视觉效应。基于Radiance模拟内核，衍生了很多采光分析工具，例如：Honeybee、DesignBuilder、IES VE和绿建斯维尔DALI等。

3）建筑气流模拟

建筑气流模型主要分为3种模型：①基于计算流体力学（CFD）的模型，该模型计算精度高且可以进行高复杂模型计算，但是计算资源消耗大；CFD模拟工具很多，目前主流的模拟工具有Fluent，Airpak和OpenFOAM等。②区域模型（Zonal Model），将一个房间划分为有限的不同区域，每个区域内空气物理参数假设为一致。通过建立每个区域的质量、组分和能量平衡方程求解各区域空气参数。该模型降低了模型的空间分辨率，但是提升了计算效率。③多区域网络模型（Multi-Zone Model），该模型把一个房间或者一组房间作为一个节点，每个节点空气参数一致，建立节点的质量平衡和伯努利方程求解每个节点的参数。多区域网络模型的优点是计算速度快、计算代价小；缺点是无法获得室内空气参数的分布，且精度在这3个模型中最低。该模型被用于与建筑能耗模拟计算耦合，考虑通风对能耗/建筑负荷的影响。基于该模型的模拟工具有COMIS和CONTAMW。多区域网络模型被应用在建筑热性能模拟工具中，用于评估通风对建筑热性能的影响。

这3个模型分别面向不同的需求，选择合适的模型至关重要，这通常取决于所需的精度水平、要解决的问题、计算需耗费的时间。设计师、工程师和研究人员可以根据他们的需求和上述因素选择合适的模型。

4）建筑声环境模拟

对室内声学进行准确评估必须解决两个问题：①需要准确预测室内声场分布；②必须提出相关声学性能指标来分析和解释声场。目前的室内声学技术已经基本解决这两个问题，声音不仅可以被理性定义，而且还能被可靠预测。这依赖于复杂的数学模型和计算机编程以实现对客观（可测量）声场参数与室内声学质量主观感知之间关系的深入研究。

从物理上来说，声音是一种机械波，可以通过数值计算求解波动方程来获得声场。虽然求解波动方程可以获得单个频率的精确解，但是其计算所消耗的计算资源太大，尤其是大尺度模型和高频率声波的求解。因此，在建筑声学中往往将声音传播简化为携带能量的粒子，大量粒子传播形成声线，这属于几何声学的范畴。在室内声学模拟中，两种基于几何声学的算法被广泛采用，即"声线追踪法"和"虚声源法"。可用于模拟室内声学的软件有Odeon、EASE、CARA和CATT等。为了对声场进行分析和解释，一些声学性能指标被提出，例如混响时间（RT）、语言清晰度（$D50$）和语言传输指数等。

1.2.2 建筑性能模拟在建筑工程中的应用

1）建筑性能模拟在建筑设计中的应用

在传统设计流程中，建筑设计方案是由建筑师个人设计想法和规范性条款驱动的，即规定设计方案需要满足的一些指标和属性，通常很少涉及对建筑性能的规定。基于性能的建筑的关键要素是提前制定性能目标，并通过建筑师、工程师和项目经理之间的沟通来保证目标实现。建筑师的努力方向是满足客户的性能要求，但如果没有一个适当的方法来定义措施和量化这些性能指标，将在需求侧（客户）和供给侧（设计工程服务提供方）之间产生信息不对称，有可能导致性能设计方向的偏离。这就需要建筑性能模拟方法，建筑性能模拟是量化性能标准以支持决策的关键工具。建筑性能模拟模型呈现了建筑在特定使用场景下的行为。在建筑性能模拟中，实体建筑的一部分被抽象成一个建筑物理模型，然后基于该模型研究各种措施对建筑性能的影响，也被称为虚拟实验。每组实验设置会产生有意义的输出，这些输出揭示了建筑性能改善方向，并且这些结果能够被直观地展现，使得需求侧（客户）和供给侧（设计工程服务提供方）之间信息交流更加顺畅。图1-6展示了建筑性能模拟技术应用于建筑设计中的一般工作流程。

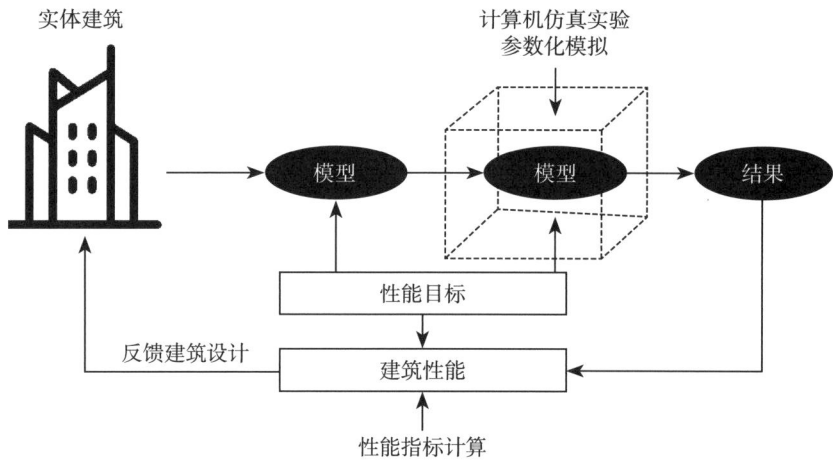

图1-6 建筑性能模拟技术应用于建筑设计中的一般工作流程

建筑性能模拟要求模拟人员对建筑物理领域、性能指标和模拟工具有深刻的理解。每一组参数设置下的输出必须揭示有意义的建筑物理过程，这些有意义的输出为达到建筑性能目标提供方向性的参考，通过不断地参数化模拟迭代，最终达到性能目标。但由于输入变量对模拟结果的复杂和非线性相互作用，这种方法通常耗时较长，并且往往达不到最优解。为了减少迭代设计的时间和工作量并找出实现问题的最优解（或接近最优解），通常通过计算机自动迭代方法"解决"，通过迭代构建逐渐逼近最优解的无穷序列，从而最终达到最优解（图1-7）。由于这些方法通过自动迭代完成，因此通常需要编制计算机程序。这种基于迭代的优化通常被称为"数值优化"或"基于模拟的优化"。

根据性能要求设置不同的优化目标，以实现最佳建筑设计方案，是重要的性能驱动设计过程。这一方向也是建筑科学研究中比较热门的方向，许多学者在这一领域做出贡献。Lu等人通过优化曲面表皮显著提高了高层办公楼的采光效率。Futrell等人使用了混合GPS Hooke Jeeves/PSO算法与Epsilon约束方法相结合的方法优化建筑外立面设计，以找到热舒适性和采光性能优化目

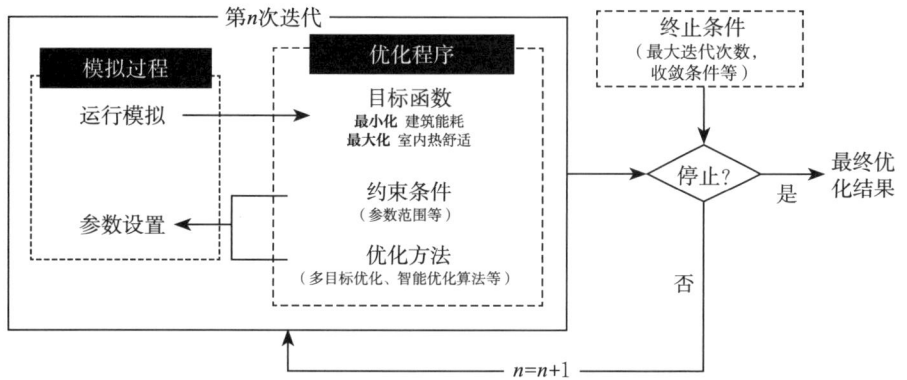

图1-7 建筑性能优化流程

标的帕累托有效解。García Kerdan等人提出了一种基于㶲分析的多目标优化工具，用于评估各种改建措施的影响，以确定最佳的改建措施，从而最小化建筑能耗、㶲损失和热不适，并用两个英国原型案例研究（办公室和小学）来测试所提出框架的可行性。

通过建模、分析和优化，性能驱动的建筑设计有助于开发满足性能要求的建筑设计解决方案。目前，建筑性能主要集中在提高室内空气质量和能源效率方面。性能驱动设计可能会大大改善建筑的室内环境性能，凸显了它在实现与建筑性能相关目标方面的重要性。因此，从业者可以在设计阶段通过这种方式优化建筑性能。

实际上，方案阶段的建筑设计与使用和运行中的建筑性能密切相关。性能驱动的设计是以功能为驱动的，特别是一些建筑设计参数（例如窗墙比、围护结构传热系数等）会直接影响采光、通风和热舒适性。在方案阶段引入性能变量，设计团队可以在方案阶段就开始评估建筑在使用和运行中的性能。例如，通过模拟技术评估建筑的采光、通风和热舒适性等方面，设计者可以在设计过程中优化窗户比例、外墙材料的传热系数等参数，以达到最佳的性能表现。从技术上讲，目前成熟的基于性能的建筑设计方法主要通过模拟技术评估建筑性能。其计算机自动化设计优化过程使得短时间内能够生成和分析大量的设计方案，以确定性能最佳的设计。然而，这种方法也存在一些挑战，其中之一是需要广泛的技术知识来进行设计优化，以及在设置和操作设计优化过程时可能需要大量的时间和精力。这意味着未来的研究可能需要关注如何简化和自动化这一过程，以降低用户的操作难度，提高设计效率。

2）建筑性能模拟在建筑运行阶段的应用

在建筑运行阶段，建筑性能模拟通常被用于建筑设备控制优化。建筑运行阶段的性能模拟流程如图1-8所示。首先，从建筑能源管理系统和建筑信息模型中收集运行数据和几何数据。其次，进行预处理和数据分析，以识别

13

建筑运行模式，并用于建立建筑和暖通空调系统的系统模型。然后对建筑和暖通空调系统进行仿真，以验证最优控制策略的有效性。通过优化算法获取最小化系统能耗和/或优化室内环境条件的决策变量的最优设置。最后，确定冷却机组、泵和冷却塔的最佳运行设置。

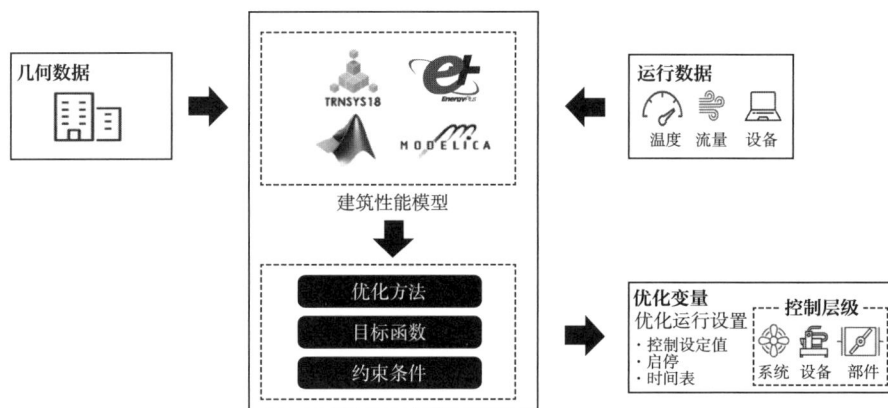

图1-8　建筑运行阶段的性能模拟流程

　　有许多关于系统优化的模型，在控制方案实施之前，用于评估控制方案对建筑能耗的影响。例如，Vering等人利用过程强化同时考虑了热泵系统的设计和运行。在经过全年动态建筑性能仿真优化设计之后，系统控制器在第二阶段使用具有相同动态仿真模型的GA进行优化。Wu等人开发了一种随机森林-非支配排序遗传算法Ⅲ（RF-NSGA-Ⅲ）混合智能优化方法，可以预测和优化多维性能。结果表明，空调设置参数的优化将全生命周期空调能耗减少了54%。Wang等人通过建立运行优化模型，优化并分析了太阳能与冷热电联产集成系统的性能，通过使用PRECIS和DeST，确定了气候变化对能源需求和太阳能发电量的影响。由于实际建筑系统和设备的复杂性和动态性，运行数据的收集仍然是一个挑战，这导致了模拟的暖通空调系统与实际系统之间存在差异。一些研究使用混合建模技术从有限的测量数据中提取有价值的信息来开发模型。例如，为了更好地模拟暖通空调系统中每个设备的运行能耗，Du等人将建立的冷水机组和水泵的数学模型与TRNSYS结合建立了实际建筑设备模块。

　　此外，人员行为是导致仿真预测与实际建筑能耗之间差异的主要因素之一。为了优化暖通空调系统控制，需要实际的人员信息和目标建筑的综合环境感知信息，然后识别人员行为特征并将其输入控制网络以做出适当的决策。例如，Aftab等人部署并评估了一个自动暖通空调控制系统，为某大型公共室内空间提供自动暖通空调控制，具有实时人员识别和仿真引导的模型预测控制功能。自动暖通空调控制由搭载EnergyPlus模拟器的嵌入式树莓派平台承担。

1.3 低碳建筑设计与建筑性能模拟

1.3.1 建筑低碳技术的类别

低碳建筑设计的重点在于建筑低碳技术的合理运用，使用恰当的建筑低碳技术可以减少建筑全生命周期的碳排放，同时降低建筑能耗，提升建筑的经济性能，改善人居环境。能够合理减少建筑碳排放的相关技术被称为建筑低碳技术，可分为主动式建筑低碳技术和被动式建筑低碳技术，二者的主要差异在于是否使用了外部能源来最终达到节约能源、减少碳排放的目的。

1）主动式建筑低碳技术

远古时期的人类利用篝火在洞穴中取暖，这种通过燃烧干草等植物燃料来获取热量的方式是最早的主动式建筑技术。近代，从苏联开发热电联产技术到美国发明电力制冷空调，各种主动式建筑技术逐步涌现。因为社会低碳化的需求，主动式建筑技术也经历了技术革新和优化，通过提高能源利用效率等，逐步发展出了主动式建筑低碳技术。典型的主动式建筑低碳技术主要涵盖了空调系统、照明（采光遮阳）系统、可再生能源系统以及建筑控制系统等（表1-4）。

典型的主动式建筑低碳技术 表1-4

分类	相关技术
空调系统	区域冷热电联供、空气源热泵、地源热泵、污水源热泵、余热回收
照明（采光遮阳）系统	高性能照明（LED等）、电致变色玻璃
可再生能源系统	太阳能光伏发电、太阳能热水、太阳能制冷
建筑控制系统	建筑室外环境监测、建筑室内环境监测与控制

2）被动式建筑低碳技术

被动式的本质就是最大限度地利用和结合自然环境（气候条件、日照条件、通风条件等）以实现建筑实用性、舒适性、经济性和可持续性的目的。在石器时代，人类就懂得因环境而建造不同形式的建筑，如长江流域河姆渡遗址的干栏式建筑和黄河流域半坡遗址的半地穴式建筑等是被动式建筑的早期形态。20世纪中下叶，德国建筑界的专家和学者致力于探索一种不依赖外部能源而实现建筑供暖、降温、采光及通风的建筑，于是现代被动式建筑低碳技术的概念应运而生。被动式建筑低碳技术主要通过场地的设计、建筑形态的设计、建筑构造的选择及不需要外部能源的相关技术应用来对建筑的采光遮阳系统、通风系统以及保温隔热系统进行优化（表1-5）。

典型的被动式建筑低碳技术 表1-5

分类	相关技术
采光遮阳系统	高性能天然采光、热致变色玻璃、导光装置、遮阳系统
通风系统	风压通风、热压通风
保温隔热系统	附加阳光间、蓄热墙体、蓄水屋面、屋顶绿化、双层幕墙

1.3.2 建筑低碳技术的选择与组合

一座成功的低碳建筑往往通过被动式建筑低碳技术和主动式建筑低碳技术相结合的方式来实现，首先通过被动式建筑低碳技术最大限度地减少能源需求，然后通过主动式建筑低碳技术高效满足剩余的能源需求。所以，在追求减少建筑碳排放的过程中，如何选择合理的技术，并如何将这些不同的技术组合为一个系统来共同实现建筑低碳性能的最优化，是在使用建筑低碳技术时必须要考虑到的。而选择适合特定项目的建筑低碳技术往往需要综合多种因素去分析，如地理位置、气候条件、使用功能、预算限制、材料特性等。

1）地域性、微气候差异及地形影响

在选择建筑低碳技术时，必须重视项目所在地的地理气候、微气候条件以及地形差异。不同地区的气候特征将直接影响建筑低碳技术的选择和效果（表1-6），例如，在光气候条件较好的地区使用太阳能相关技术的节能减碳的效果较好，而在光气候条件不好的地区，若盲目地使用太阳能技术，因建设成本和设备维护，会对建筑的节能减排产生负面效应。针对此情况，建筑师应当考虑使用其他清洁能源，如地热能、风能等，而如果项目所在地不适合采用清洁能源技术，建筑师应当在合理地使用被动式建筑低碳技术的前提下，考虑使用高效的主动式能源系统。需要注意的是，在选择建筑低碳技术时，不仅要考虑地域性差异，还要考虑到建筑物的朝向、外形与周围环境的关系及优化措施，以适应场地及建筑周围的微气候和地形条件，实现能源的最大节约。

选择建筑低碳技术时应当考虑到的气候因素 表1-6

建筑低碳技术	分类	考虑因素
主动式	低碳空调系统	全年温湿度、地热资源、太阳能资源
	低碳照明（采光遮阳）系统	光气候条件、全年太阳辐射量
	可再生能源系统	地热资源、太阳能资源、风能资源、生物质能资源
	低碳建筑控制系统	全年温湿度、光气候条件、全年主导风向、风速等
被动式	采光遮阳系统	光气候条件、全年太阳辐射量
	通风系统	全年主导风向、风速
	保温隔热系统	全年温湿度、全年太阳辐射量等

2）建筑属性及使用特点

建筑的功能属性和使用特点对建筑低碳技术的选择同样具有决定性影响。办公建筑、住宅建筑、学校建筑、商场建筑和医院建筑等不同类型的建筑，在环境需求和能源使用方面有着截然不同的特点。例如，办公建筑和学校建筑的使用时段多集中在白天，所以在白天相关类型的建筑对采光和供冷供热的需求较大，需要重点考虑到对天然光和太阳辐射的合理利用。同时，学校建筑还应当考虑到寒暑假的情况，寒暑假的设置使得学校建筑普遍在一年的最冷和最热的时间段是空闲的，所以在选择建筑低碳技术时可以根据这一特点使用更加实用和经济的组合方案。而住宅建筑的使用时段多集中在夜晚，更强调建筑在夜间的保温性能和通风能力。此外，建筑内部的活动模式，如人流密度、主要设备构成及使用频率等，也需要在选择相关的建筑低碳技术时加以考虑。只有在设计前期充分地了解和分析有关的建筑属性和特点，才能够实现精准的技术匹配，从而确保建筑在功能性完好、舒适度优异的同时，最大限度地降低能耗和减少碳排放。

3）技术组合与多目标优化

在低碳建筑技术的应用中，单一技术往往难以满足建筑的多方面需求，因此，技术组合的策略显得尤为重要。技术的组合不仅涉及被动式建筑低碳技术与主动式建筑低碳技术的结合，也包括相同类型的技术的不同应用方法，如太阳能光伏建筑一体化等具体综合应用。通过科学的技术组合和合理应用，能够在保证经济性、舒适性等前提下，实现建筑的低碳化目标。

因此，多目标优化是在技术选择和组合过程中的一个关键方法，它要求建筑师不仅要考虑建筑低碳性能，还要同时考虑到经济成本和建筑的舒适性等，使多个目标共同达到最优化的目的。而为了实现这一目的，建筑师需要相关模拟和分析工具的帮助，如使用建筑性能模拟软件评估不同技术组合对建筑能耗和碳排放的影响，以及对建筑使用者舒适度的影响。

此外，实现多目标优化还需要跨学科合作，通过建筑设计、能源工程、环境科学等领域的专家共同参与决策过程，确保技术选择和组合方案的全面性和实用性。在实际操作中，还应考虑到可持续性和未来技术升级的可能性，选择能够适应未来变化和技术进步的解决方案，以实现长期的环境、经济和社会效益。

4）材料的选择

随着科技发展，一种新材料的成功应用能够使不同行业得到更新与发展，所以各种新的低碳材料已成为推动建筑更加可持续化的重要因素。但是，在材料的选择和使用过程中，往往容易忽略材料本身全生命周期的碳排放量和环保性。例如，目前得到大量使用的太阳能光伏技术，其全生命周期内所产生的清洁能源量是否能够抵消太阳能光伏材料生产时造成的碳排放量以及环境污染成本，应当着重考虑。

1.3.3 新的低碳材料与技术

创新材料和前沿技术通过优化建筑的自身性能来减少资源利用并降低运行能耗，为建筑设计、施工和运维提供了全新的方法和思路。目前已经成熟应用的新的低碳材料与技术有复合开窗系统、微结构材料以及薄膜材料等。

图1-9　光伏百叶系统实拍图
（摄影：田真）

1）复合开窗系统（Complex Fenestration System，CFS）

复合开窗系统是一种能够将室外天然光强度或方向调控后引入室内的建筑开窗技术，它能够高效地改善建筑室内光热环境。复合开窗系统包含了许多具体的建筑开窗技术，如各种类型的百叶系统、复合表皮系统、导光系统、微结构系统、热或电致变色玻璃、光伏窗等。

以光伏百叶系统为例，它是一种将光伏电池与建筑透明围护结构结合在一起的系统（图1-9），它通过光伏电池来替换百叶系统中的叶片，使其一方面具有传统百叶系统的改善室内光环境以及遮阳的效果，另一方面又能够产生电力，目前更前沿的技术是通过百叶的实时动态调整来实现光伏百叶系统能够实时平衡室内光环境、热环境以及产电用能之间的关系。

2）微结构材料（Microstructure Material）

微结构材料是一种经过人工或仿生设计出的微纳结构材料，它有两方面重要的价值：一方面，当其结构大小仍符合宏观物理规律时（如几何光学规律），可以利用其特点缩小传统的材料，使这种材料更加轻便，如与棱镜对应的微棱镜材料等；另一方面，当材料结构大小已经处于微观物理尺度时（如波动光学规律），可以利用其特点做出自然材料中不具备的新物理性质，如负折射材料等。

以微棱镜材料为例（图1-10），可以通过将微棱镜薄膜粘贴在窗玻璃的内部或者外部来使室外的入射线改变方向，即经室内顶棚漫反射至室内采光情况不好的区域（图1-11），然后改善室内近窗区的眩光及照度过高的情况，并且能够改善室内的照度不足。这种便捷的材料使其不但能在新建建筑中大量应用，也使其在既有建筑低碳化改造中有很好的作用性。

近年来，被动辐射制冷技术已得到成功应用，其技术的灵感来源于撒哈拉沙漠的撒哈拉

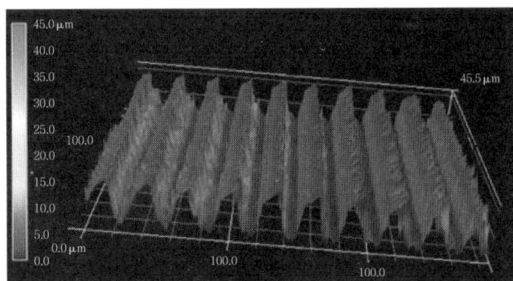

图1-10　微棱镜结构的扫描图像

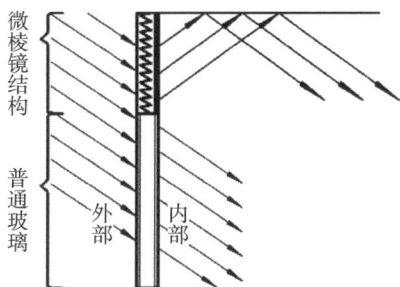

图1-11 微棱镜结构的效果示意图

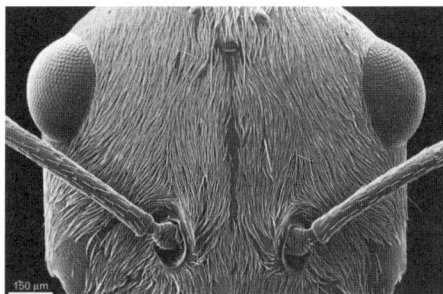

图1-12 撒哈拉银蚁体表微结构

银蚁（Saharan Silver Ant）（图1-12），该蚂蚁身体表面毛发的特殊微结构能够使太阳光中的红外辐射部分反射至太空中，使其能够在高温沙漠中降低体温，正常生存。通过仿生研发与应用，目前已经有被动辐射制冷涂层以及被动辐射制冷膜两种产品。其中，被动辐射制冷涂层能够反射95%以上的太阳辐射，适合在建筑的非透明围护结构上应用；而被动辐射制冷膜能够阻隔99%以上的紫外辐射及88%的红外辐射，同时具有最高80%的可见光透过率，是一种较好的建筑透明围护结构材料。通过应用这两种产品，能够降低建筑的太阳辐射吸收量，使建筑达到夏季降温的目的，减少建筑的制冷能耗。

3）薄膜材料

乙烯—四氟乙烯共聚物（Ethylene Tetra Fluoro Ethylene，ETFE）薄膜材料被发明于20世纪下半叶，这种薄膜材料具有轻质、高强度、可拉伸、耐高温及耐腐蚀性等特点，随后几十年里，这种薄膜材料被广泛应用到建筑领域中。例如，我国的鸟巢、水立方等建筑均使用了ETFE所构成的膜结构（图1-13），它有着较好的透光性能，同时能起到保温隔热的作用。

图1-13 国家体育场（鸟巢）与国家游泳中心（水立方、冰立方）

通过上述新材料和技术的应用，可为建筑行业应对全球气候变化提供全新的应用手段和方法。此外，创新不仅仅体现在材料和技术方面，例如近些年兴起的人工智能算法，可以帮助建筑师进行建筑运行时的环境控制以及能耗预测，这些都是低碳建筑迈向未来的突破方向与关键点。

思考题与练习题

1. 请简述建筑全生命周期呈现在哪些方面。
2. 请结合本章知识谈一谈建筑性能模拟在设计阶段和运行阶段的应用。
3. 请结合本章知识简述主动式建筑低碳技术与被动式建筑低碳技术的区别是什么。

参考文献

［1］ International Energy Agency. Data and statistics [Z].

［2］ United Nations Environment Programme. Emissions Gap Report 2023: Broken Record-Temperatures hit new highs, yet world fails to cut emissions (again) [R]. Nairobi: UNEP，2023.

［3］ International Energy Agency. Data and statistics: Global CO_2 emissions from buildings, including embodied emissions from new construction, 2022 [Z].

［4］ 中华人民共和国住房和城乡建设部. 建筑碳排放计算标准：GB/T 51366—2019 [S]. 北京：中国建筑工业出版社，2019.

［5］ HENSEN J L, LAMBERTS R. Building performance simulation for design and operation [M]. London and New York: Spon Press, an imprint of Taylor & Francis, 2011.

［6］ BROWN G. The BRIS simulation program for thermal design of buildings and their services [J]. Energy and Buildings, 1990, 14(4): 385-400.

［7］ TAMAMI KUSUDA. Early history and future prospects of building system simulation [C]// Proceedings of Building Simulation 1999. Kyoto: International Building Performance Associate, 1999.

［8］ CLARKE J A, SOWELL E F, the Simulation Research Group. A proposal to develop a kernel system for the next generation of building energy simulation software [R]. Berkeley: Lawrence Berkeley Laboratory, 1985.

［9］ LOW D, E. SOWELL. ENET, a PC-based building energy simulation system [C]//Energy Programs Conference. Austin: IBM Real Estate and Construction Division: 2-7.

［10］ PER SAHLIN, EDWARD F. SOWELL. A neutral format for building simulation models [C]//IBPSA. Proceedings of Building Simulation 1989.Vancouver: International Building Performance Associate, 1989: 147-154.

［11］ 江亿. 建筑环境系统模拟分析方法-DeST [M]. 北京：中国建筑工业出版社，2006.

［12］ DUFTON A F. Protractors for the computation of daylight factors[M]. London: Her Majesty's Stationery Office, 1946.

［13］ COHEN M F, WALLACE J R. Radiosity and realistic image synthesis [M]. San Diego: Academic Press Professional, 1993.

参考文献

［14］ GREG WARD LARSON, ROB SHAKESPEARE. Rendering with radiance [M]. Washington: Morgan Kaufmann Publishers, 2021.

［15］ YU Y, MEGRI A C, JIANG S. A review of the development of airflow models used in building load calculation and energy simulation [J]. Building Simulation, 2019, 12(3): 347-363.

［16］ 李先庭, 赵彬. 室内空气流动数值模拟[M]. 北京: 机械工业出版社, 2009.

［17］ WALTON G N. Airflow network models for element-based building airflow modeling [J]. ASHRAE Transactions, 1989, 95(2): 611-620.

［18］ KUTTRUFF H. Room Acoustics [M]. London: Spon Press, Taylor & Francis Group, 2000.

［19］ PAN Y, ZHU M, LV Y, et al. Building energy simulation and its application for building performance optimization: A review of methods, tools, and case studies [J]. Advances in Applied Energy, 2023, 10: 100135.

［20］ LU S, LIN B, WANG C. Investigation on the potential of improving daylight efficiency of office buildings by curved facade optimization[J]. Building Simulation, 2020, 13(2): 287-303.

［21］ FUTRELL B J, OZELKAN E C, BRENTRUP D. Bi-objective optimization of building enclosure design for thermal and lighting performance [J]. Building and Environment, 2015, 92: 591-602.

［22］ GAíRCÍA KERDAN I, RASLAN R, RUYSSEVELT P. An exergy-based multi-objective optimisation model for energy retrofit strategies in non-domestic buildings [J]. Energy, 2016, 117: 506-522.

［23］ VERING C, WÜLLHORST F, MEHRFELD P, et al. Towards an integrated design of heat pump systems: Application of process intensification using two-stage optimization [J]. Energy Conversion and Management, 2021, 250: 114888.

［24］ WU X, FENG Z, CHEN H, et al. Intelligent optimization framework of near zero energy consumption building performance based on a hybrid machine learning algorithm [J]. Renewable and Sustainable Energy Reviews, 2022, 167: 112703.

［25］ WANG X, XU Y, BAO Z, et al. Operation optimization of a solar hybrid CCHP system for adaptation to climate change [J]. Energy Conversion and Management, 2020, 220: 113010.

［26］ DU Y, ZHOU Z, ZHAO J. Multi-regional building energy efficiency intelligent regulation strategy based on multi-objective optimization and model predictive control [J]. Journal of Cleaner Production, 2022, 349: 131264.

［27］ AFTAB M, CHEN C, CHAU C K, et al. Automatic HVAC control with real-time occupancy recognition and simulation-guided model predictive control in low-cost embedded system [J]. Energy and Buildings, 2017, 154: 141-156.

［28］ 宋琪. 被动式建筑设计基础理论与方法研究[D]. 西安: 西安建筑科技大学, 2017.

［29］ 赵金玲. 俄罗斯供热发展历史与现状[J]. 暖通空调, 2015, 45 (11): 10-16.

［30］ 龙惟定, 武涌. 建筑节能技术[M]. 北京: 中国建筑工业出版社, 2009.

［31］ 陈曦. 超材料的电磁特性与应用研究[D]. 长沙: 国防科学技术大学, 2013.

［32］ FANG J, ZHAO Y, TIAN Z, et al. Analysis of dynamic louver control with prism redirecting fenestrations for office daylighting optimization [J]. Energy and Buildings, 2022, 262: 112019.1-112019.21.

［33］ 田真, 雷亚平, 雅各布·琼森. 建筑复合开窗系统天然采光室内光环境分析方法研究[J]. 建筑科学, 2019, 35 (4): 101-106.

［34］ SHI N, TSAI C, CAMINO F, et al. Keeping cool: Enhanced optical reflection and radiative heat dissipation in Saharan silver ants [J]. Science, 2015, 349(6245): 298-301.

［35］ 郑方, 孙卫华, 冯喆. 国家游泳中心 (冰立方) [J]. 建筑技艺, 2021, 27 (5): 8-13.

第 2 章 气候分析

气候通常是指某一个区域的气象状况，主要的气候要素包括日照、空气温度、空气湿度、降水、风速以及风向等。

建筑气候是建筑物理环境的重要组成部分之一，重点关注人、气候、建筑之间的关系，其中人是主体，通过建筑环境影响形成的特殊的局地气候，包括建筑的室外微气候与室内微气候，都需要满足人们的高效与舒适的生产生活需求。

一般认为，建筑气候研究包括3个层面的内涵：第一个层面是表征建筑气候性能的气象参数（即气候要素）的三维分布特征，这些物理参数是建筑气候性能的表征，体现建筑气候的质量水平；第二个层面是建筑室内及建筑周边空间的构成要素（即空间环境要素），例如建筑布局与体形、建筑立面与表皮、水体与植被、人工排热、围护结构保温与隔热、建筑外窗与幕墙等；第三个层面是由于空间环境要素对建筑气候的形成产生影响，导致建筑的局地气候有别于城市尺度的气候，具有不同的特征，也就是说建筑室内外的空间环境要素属于建筑气候形成过程中的作用机制。通过这个作用机制也使建筑师能够通过对建筑的空间环境要素进行优化设计，对建筑气候进行调节，从而使营造满足人们高效与舒适的生产生活条件的建筑环境成为可能。

2.1.1 建筑的气候要素

建筑气候是指在特定空间范围条件下的局部气候，研究包括空气温度、空气湿度、下垫面的表面温度、太阳辐射、气流方向与速度等参数在建筑室内与建筑周边空间的三维分布特征，以及这些参数对人体热舒适的影响。通常包括空气温度、空气湿度、风速、辐射4项主要指标，其次还包括存在于空气中，并随空气扩散的各项成分、污染物等指标，例如目前广受关注的$PM_{2.5}$、CO与氮氧化物（交通污染）等。

如图2-1所示，Ooka总结了不同的建筑气候类型及其对应的考察尺度，包括城市尺度、街区尺度、建筑尺度、房间尺度、人体周边尺度5种类型。由于尺度的不同，涉及的研究需要关注的城市气候、街区微气候、建筑室内微气候，以及人体周边热环境等的研究内容与侧重点也具有很大的差异。同时，各个尺度之间存在相互关联与相互影响的关系。

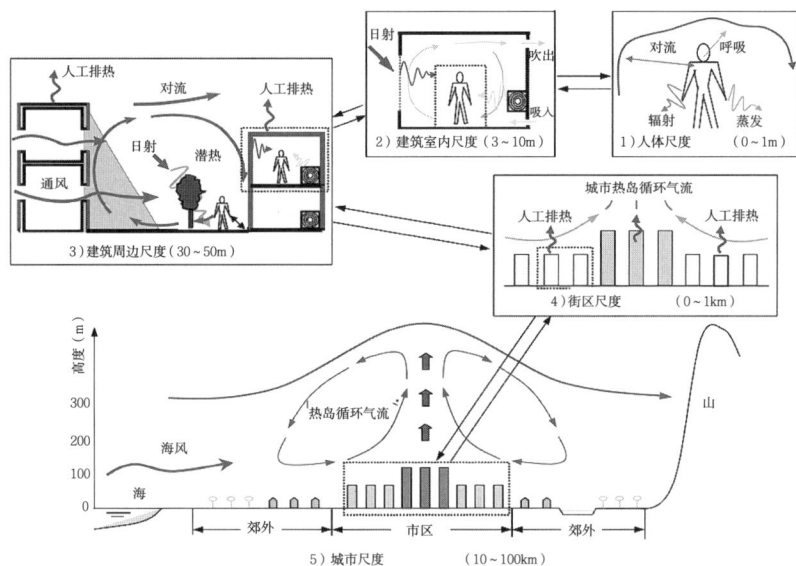

图2-1 微气候及其考察尺度
（图片来源：根据文献[1]改绘）

2.1.2 建筑的空间环境要素

根据不同的研究目的，建筑气候的研究可以从不同的角度进行。从理论上说，建筑的室外微气候与室内微气候各有着自身的特点：

某栋建筑周边的室外微气候不是由单体建筑本身所决定，而是受到周围建筑和环境的影响。例如建筑群的布局影响风环境，从而导致街区内部不同的风向与风速分布；建筑的高低错落以及树木遮挡太阳辐射，导致街区空间表皮吸收太阳辐射的差异，影响街区空气温度的分布，甚至由于浮力作用而影响气流分布；植被与水体通过蒸腾或蒸发作用降低街区空间表皮的表面温度，从而缓和街区的高温，等等。

建筑室内的微气候不仅受到建筑室内的供暖、空调等系统的影响，同时还受到建筑周边气候条件的影响。例如建筑室内的日照条件与周边建筑的遮挡有关，也与建筑自身的朝向、外窗尺寸等因素有关。在不同的季节（夏季、冬季、过渡季），日照将对室内的热环境产生不同的影响，同时也影响着建筑的供暖、空调能耗；在自然通风条件下，建筑室内的热舒适与建筑周边环境的室外气温有明显关系，室内的自然换气次数与城市在不同季节主导风向及建筑的朝向有关，同时也与建筑外窗设计有关；在不同的季节，建筑室内的气温与建筑围护结构的保温隔热性能密切相关等。

因此，建筑气候的研究对象应包括研究的目标空间内对建筑气候的形成产生影响的环境构成要素，例如建筑体形、建筑表皮、水体、植被、围护结构、建筑外窗、人工排热等。

2.1.3 建筑的热舒适评价

Brown和Gillespie认为，机体热平衡可以保持在很大范围内，然而达到热舒适的条件更严格。根据传热学和人体生理学原理开发的能量平衡方程可以表达为：

$$M - R - W - C - K - E - \Delta S = 0 \tag{2-1}$$

其中，M 为人体代谢产热；R 为人体的辐射热损失；W 为人体的活动耗热；C 为人体的对流热损失；K 为人体的传导热损失；E 为人体的蒸发热损失；ΔS 为储热量。当 $\Delta S = 0$ 时，代表人体的能量平衡，当 $\Delta S > 0$ 或 $\Delta S < 0$ 时，都意味着人体的能量处于不平衡状态。在动态的热湿环境中，人体在受到热压力或寒冷刺激时会发生生理适应从而达到新的热平衡状态。人体对一定范围内的热压力具有与生俱来的主动和被动适应能力，这种热适应特性受到生理、行为、心理复杂因素的综合影响。人体热平衡公式表明，任何一项单因素都不足以说明人体对热环境的反应。因此，需要能够综合上述因素的指标用于评价人体热舒适性。

本节介绍用于评价热舒适的主要指标：

1）平均辐射温度MRT（Mean Radiant Temperature）

平均辐射温度 MRT 是人体能量平衡中重要的热环境输入参数之一。

$$MRT = \left[\left(T_g + 273.15 \right)^4 + \frac{1.10 \times 10^8 \, v_a^{0.6}}{\varepsilon D^{0.4}} \left(T_g - T_a \right) \right]^{0.25} - 273.15 \tag{2-2}$$

其中，T_g 为黑球温度（℃）；T_a 为空气温度（℃）；v_a 为风速（m/s）；ε 为发射率，对于黑球，$\varepsilon = 0.95$；D 为黑球直径（m）。尽管较少使用单一指标 MRT 来评价建筑的热舒适性，但 MRT 是其他热舒适评价指标的重要参数之一。

2）湿球黑球温度WBGT（Wet Ball Global Temperature）

根据《城市居住区热环境设计标准》JGJ 286—2013，$WBGT$ 被定义为综合评价人体接触热环境时接收的热负荷大小和炎热条件下热安全评估的重要指标。

$$WBGT = 0.7 T_{nw} + 0.2 T_g + 0.1 T_a \tag{2-3}$$

其中，T_{nw} 为自然湿球温度（℃）；T_g 为黑球温度（℃）；T_a 为干球空气温度（℃）。

3）预测平均热感觉指标*PMV/PPD*（Predicted Mean Vote）

*PMV-PPD*模型最早由Fanger开发并应用于室内热舒适评价。《Ergonomics of the thermal environment—Analytical determination and interpretation of thermal comfort using calculation of the PMV and PPD indices and local thermal comfort criteria》ISO 7730：2005（以下简称ISO 7730：2005）建议使用*PMV*模型评价瞬时变化的热环境。*PMV*模型采用7个等级热感觉投票（-3～+3）表征暴露于相同环境压力下的群体热感觉投票平均值，评级为-3（寒冷）～+3（炎热）。

*PPD*预测感觉到炎热或非常热（或寒冷和非常冷）的人数百分比（即倾向于不满意热环境的百分比）。实验结果表明，*PMV*为±0.5时对应的*PPD*为10%，*PMV*为±0.85时对应的*PPD*为20%。*PPD*和*PMV*之间的关系见式（2-4）：

$$PPD = 100 - 95\,\mathrm{e}^{[-(0.03353\mathrm{PMV}^4 + 0.2179\mathrm{PMV}^2)]} \tag{2-4}$$

然而，诸多研究指出，在自然通风建筑和室外热环境的热舒适评价中，*PMV*预测模型的准确性和有效性有待检验。

4）生理等效温度*PET*（Physiologically Equivalent Temperature）

生理等效温度*PET*最早于1987年由Mayer和Höppe提出，1999年Matzarakis等人在慕尼黑能量平衡模型MEMI的基础上进行初始调整并应用于西欧地区，*PET*定义为在理想室内或户外环境下，机体可维持热平衡且核心温度和皮肤温度相等时的环境等效温度。因此，对于任何给定的热环境参数和人体行为活动信息，可以根据MEMI模型计算人体核心温度和皮肤温度。通过将核心温度、皮肤温度与MEMI模型中的计算值进行比较，可以获得相应室内设置条件下的等效空气温度，这个等效空气温度即为*PET*。

MEMI模型用来计算给定环境条件下真正的热量流和人体温度，在MEMI模型中，皮肤温度由模型计算得出，出汗率与体内温度和皮肤温度相关联。同时MEMI模型在考虑其对出汗率和基础代谢影响的基础上，在Rayman软件计算*PET*的过程中引入了4个人体统计学参数，包括身高（H）、体重（W）、年龄（A）和性别（G）。H、W、A和G可通过问卷得到。

5）通用热气候指数*UTCI*（Universal Thermal Climate Index）

基于"Fiala"多节点模型，*UTCI*模型将人体明确分为具有热调节功能的主动系统和人体内部传热过程的被动系统，主动系统用来模拟人体代谢、皮肤血液流动的减弱（血管收缩）和加强（血管舒张）、发汗、发抖等；被动系统需要考虑人体不同部位表皮层、真皮层、骨骼、肌肉、内脏等的差别，模拟各区段中血液循环、新陈代谢、热量传导与累积等人体内部传热过程，在热交换过程中，包含了表面对流、长（短）波热辐射、皮肤表面水分蒸发、呼吸等因素。UTCI计算较为复杂，可以近似表达为包含空气温度T_a、平均辐射温度MRT、气流速度v_a等因子的多项式函数。

6）热感知评价模型TSV与热舒适评价模型TCV

Matzarakis等人指出，热环境或生理调节的变化可导致热适应，自2003年以来，许多研究旨在通过使用基于ASHRAE-7级或ASHRAE-9级量表的热感觉调查问卷将热舒适指标PET应用于不同的气候带。如表2-1所示：TSV热感知-7级量表：从+3（非常热）至-3（非常冷）；TCV热舒适-5级量表：从-2（非常不舒适）到+2（非常舒适）；热偏好投票-3级量表，+1（高一点）、0（不变）、-1（低一点）。TSV热感知-7级量表和TCV热舒适-5级量表用来采集群体投票的耐热性和热感可接受程度的平均值。受试者通过热偏好投票-3级量表来报告他们对空气温度、相对湿度、太阳辐射、风速的偏好。

不同热压水平的主观感知评价分类   表2-1

(a) TSV 热感知-7级量表						
非常热	炎热	温暖	不冷不热	凉爽	寒冷	非常冷
+3	+2	+1	0	-1	-2	-3
(b) TCV热舒适-5级量表						
非常舒适		舒适	可以接受		不舒适	非常不舒适
+2		+1	0		-1	-2
(c) 热偏好投票-3级量表						
温度		(+1) 高一点		(0) 不变		(-1) 低一点
湿度		(+1) 高一点		(0) 不变		(-1) 低一点
风速		(+1) 高一点		(0) 不变		(-1) 低一点
太阳辐射		(+1) 高一点		(0) 不变		(-1) 低一点

（表格来源：根据《Ergonomics of the thermal environment—Analytical determination and interpretation of thermal comfort using calculation of the PMV and PPD indices and local thermal comfort criteria》ISO 7730：2005改绘。）

2.2.1　结合气候的建筑设计

适应性是生物体的最基本特性，由于环境条件的差异及其变化是普遍存在的，适应性体现了生命与环境相协调的行为。当气候的适应性体现在建筑中时，通过建筑的空间环境要素对气候要素的调节作用，是实现人适应气候的重要途径。从这一角度来讲，人、气候、建筑的关系是一个永恒的主题。

本书2.1节说明了人体的热舒适受到太阳辐射、气温、湿度，以及风速等气象要素的影响，同时也与人体的着衣量及活动状态有关。人体在受到热压力或寒冷刺激时会通过生理适应达到新的热平衡状态，使得人体对一定范围内的热压力和寒冷刺激具有主动和被动适应能力，即人体对于热环境具有热适应性。这也就意味着人体的热舒适可以在一定的环境参数范围内，通过人体的自身调节来实现。

茅艳于2006年根据在严寒地区、寒冷地区、夏热冬冷地区和夏热冬暖地区的大量室内热舒适现场调查结果得到了适用于这4个热工气候分区的"气候适应性模型"（表2-2）；杨柳于2006年根据在温和地区的室内热舒适现场调查结果确定了温和地区的"气候适应性模型"，表明在中国不同气候条件下人体的热适应性也存在差异。

不同建筑热工气候分区的人体热舒适气候适应性模型（表格来源：文献[3]）表2-2

热工气候分区	气候适应性模型	T_n范围（℃）
严寒地区	$T_n=0.121T_0+21.488$	$16.3<T_n<26.2$
寒冷地区	$T_n=0.271T_0+20.014$	$15.8<T_n<29.1$
夏热冬冷地区	$T_n=0.326T_0+16.862$	$16.5<T_n<27.8$
夏热冬暖地区	$T_n=0.554T_0+10.578$	$16.2<T_n<28.3$

注：T_n为中性温度；T_0为室外温度。

另外，在绿色低碳的背景下，建筑的被动式设计在建筑领域受到广泛关注。被动式建筑设计是指在建筑设计过程中通过对建筑空间、环境要素的优化设计，调节建筑室内的热环境条件，降低建筑的能源消耗，为人们提供高效、舒适的生产、生活环境。

在进行结合气候的建筑设计过程中，需要考虑的气候因素主要包括空气温度、太阳辐射、空气湿度、气压与风，以及凝结与降水等方面，但归纳起来，设计人员需要在建筑设计过程中针对空气、阳光、水等自然界中的资源，采用适当的设计策略，对自然资源进行有效利用，打造宜人的居住环境，满足人们的舒适性要求（图2-2）。

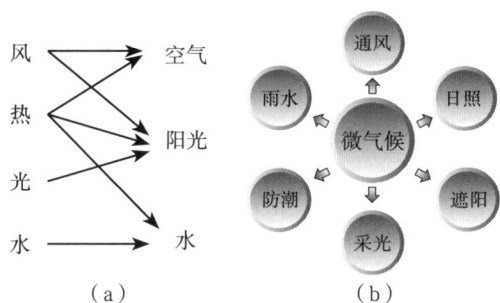

图2-2 结合气候的建筑设计概念
（a）气候要素与自然条件；（b）结合气候的建筑设计内容

结合气候的建筑设计由来已久，目前已有大量的研究成果、案例及理论专著。例如，美国学者Victor Olgyay在1963年出版的《Design with Climate: Bioclimatic Approach to Architectural Regionalism》中提出了"生物气候主义"的建筑设计理念，认为建筑设计应当遵循"气候—生物—技术—建筑"的设计过程，从气候条件对人体舒适感的影响出发，采取被动式的处理方法，最大限度地利用可再生能源（如太阳能、风能等），降低建筑的运行能耗。Baruch和Givoni在《Man, Climate and Architecture》中阐述了气候要素的分析、人对热环境的反应原理与计算方法、建筑材料与体形设计等基本原理；G·Z·布朗和马克·德凯在《太阳辐射、风、自然光——建筑设计策略》一书中，从技术理论出发，说明了建筑设计中建筑群布局、建筑单体设计，以及建筑的材料构造等方面进行气候适应性设计的建筑设计策略，为结合气候的建筑设计提供了理论支撑，并为实际应用铺平了道路。

2.2.2　建筑生物气候图

建筑生物气候图（Building Bio-Climatic Chart）是一个建筑学名词，定义了依照人体热舒适要求和室外气候条件进行建筑设计的系统方法，并将这种分析方法以图表的形式表现出来。该词被收录于《建筑学名词2014》。

建筑生物气候图最早由美国学者Victor Olgyay在《Design with Climate: Bioclimatic Approach to Architectural Regionalism》中提出。该图将空气温度、空气湿度、太阳辐射强度、风速等对人体热舒适具有影响的气候要素表达在一张图中（图2-3）。图2-3中，干球温度为纵坐标，相对湿度为横坐标，中部绘制有热舒适区。位于热舒适区外的区域需要通过被动式设计策略来达到热舒适；位于舒适区上方的区域可通过加强通风来达到热舒适，不同的风速条件可以达到不同的补偿效果；位于舒适区域下方的线表示该区域需要利用太阳辐射来达到热舒适，不同的太阳辐射水平可提供不同的补偿效果。

Baruch和Givoni在《Man, Climate and Architecture》中以焓湿图为底图，将调研得到的人体舒适区绘制在图中。在此基础上以舒适区为基础，通过研究被动式设计策略对人体热舒适的调节潜力，在舒适区之外增加了通过被动式设计可实现热舒适的潜力范围，即被动式策略扩展区，绘制了太阳能供暖潜力区、自然通风潜力区、蓄热通风潜力区、蒸发冷却潜力区。Givoni生物气候图如图2-4所示，该图是目前应用最为广泛的气候分析图。

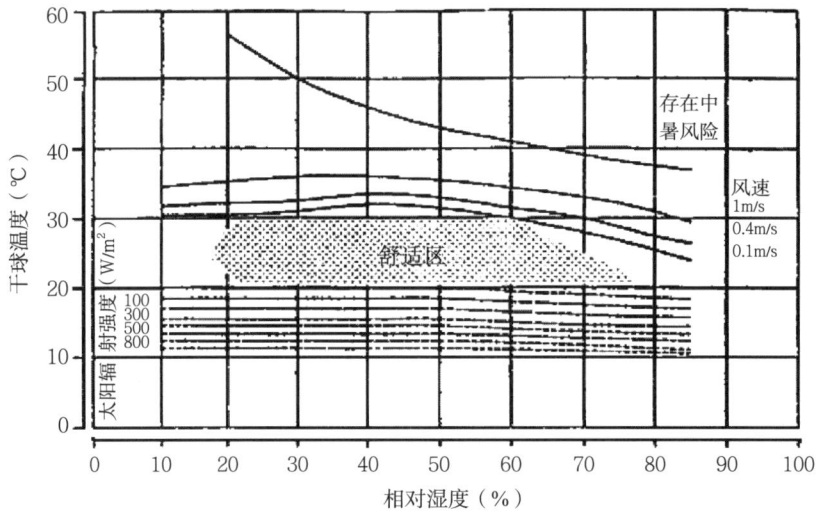

图2-3　建筑生物气候图

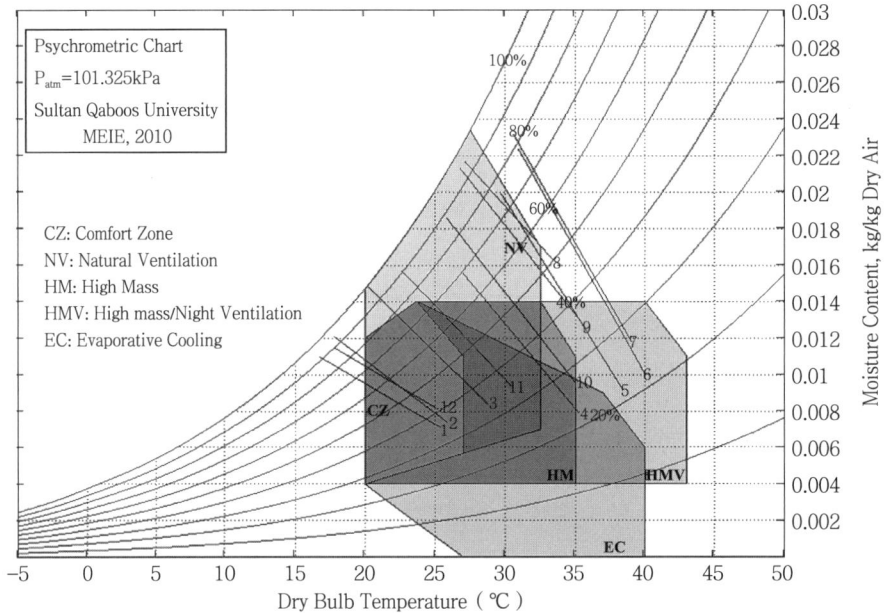

图2-4　Givoni生物气候图

建筑生物气候图主要由两部分构成：

（1）人体热舒适区：代表不用采取任何措施即可达到人体舒适水平。

（2）被动式设计策略潜力区：人体热舒适区的拓展，代表通过建筑的被动式设计策略进行建筑气候调节，使人体具备在室内感受到热舒适的潜力区域。

在现有的研究中，建筑生物气候图的绘制及使用过程可分为以下几个步骤：

（1）调研并整理当地的气象数据（空气温度、空气相对湿度、太阳辐照度等）；

（2）评估当地人可接受的温、湿度范围，并将其表示在以焓湿图为底图的二维图表上；

（3）结合当地气候与各种被动式设计策略的效果，对舒适区的温、湿度范围进行拓展，绘制被动式设计策略潜力区（如：被动式太阳能供暖潜力区、舒适通风潜力区、蓄热通风潜力区、蒸发冷却潜力区），完成建筑生物气候图的绘制；

（4）将当地气候以点或线的形式表现在前三步绘制好的建筑生物气候图上，依据其在各潜力区的数量或长度比值评估各被动式设计策略潜力的大小与设计权重，从而形成整体的概念。

图2-5表示了我国严寒、寒冷、夏热冬冷，以及夏热冬暖4个建筑热工气候分区典型城市在过渡季（10月）的建筑生物气候图。从图2-5中可以看出在严寒地区（哈尔滨）和寒冷地区（北京）在过渡季利用被动式太阳能供暖具有满足人体热舒适的潜力，其中严寒地区在10月存在部分时间被动式太阳能供暖所提供的调节潜力不足以满足人们的热舒适需求，需要通过供暖来进行补充；夏热冬冷地区（上海）在过渡季的部分时间位于热舒适区的范围内，但仍有部分时间可采用被动式太阳能供暖进行补充；在夏热冬暖地区（海口），由于过渡季的气温仍然较高，需要采用自然通风的被动式设计策略来满足热舒适性的要求。

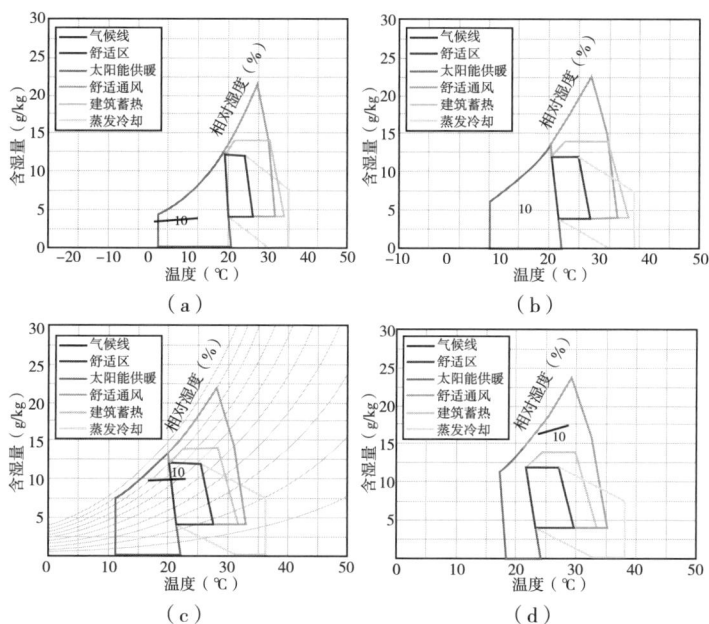

图2-5　不同建筑热工气候分区典型城市的建筑生物气候图
（a）哈尔滨（10月）；（b）北京（10月）；（c）上海（10月）；（d）海口（10月）
（来源：文献[10]）

采用建筑生物气候图进行建筑生物气候分析，对于结合气候的建筑设计具有重要意义。建筑生物气候图可以使建筑师在进行建筑设计时对设计项目所在地域的被动式设计潜力具有充分的了解，根据不同季节的供暖与空调等需求，采取自然通风、被动式太阳能利用等被动式技术，满足人们的热舒适性，降低建筑的供暖、空调能耗。

建筑生物气候图已经较为广泛地应用于建筑气候分析，目前一些较为成熟的软件也内置了使用建筑生物气候图进行气候分析的插件，如：Ecotect的气候分析工具Weather Tool、Climate Consultant软件、Rhino 6的Ladybug插件。

2.3 建筑气候分析软件简介

时至今日，建筑性能模拟越来越多地被应用到工程设计之中，建筑气候分析软件已逐渐成为建筑设计及研究的重要工具。相较于传统的模型测量、人工计算等方法，计算机模拟具备可操作性强、计算效率高、重复性好、输出的结果可视化程度高等优势，能辅助设计师适时调整方案设计。常见的建筑气候分析软件包含：气候数据及微气候研究软件ENVI-met、Climate Consultant等；建筑气流环境模拟软件，用于模拟室内外风场、建筑通风效果，如Fluent、Airpak、Phoenics等；建筑能耗模拟软件，如DesignBuilder、DeST等；综合性较强的多性能预测模拟软件，如PKPM、绿建斯维尔等。表2-3梳理了部分常用的建筑气候分析软件及其使用特点。

部分常用的建筑气候分析软件及其使用特点　　　　　　　　表2-3

软件名称	分析内容	使用特点
绿建斯维尔	室外通风、日照分析、采光分析	绿建斯维尔软件包含了十分全面的模拟模块，提供基于BIM技术的绿色建筑设计全过程性能模拟分析软件和策划评价系统，从风环境、光环境、热环境和声环境等多方位对建筑性能进行分析和优化。在建筑碳排放和节能设计方面，绿建斯维尔拥有完整的模拟功能，搭建"绿色建筑策划与评价系统GUPA"，为绿色建筑的设计和评价提供技术支撑
DesignBuilder	天然采光和通风效果评估、碳排放	DesignBuilder软件是在EnergyPlus的基础上开发的一款综合图形界面软件，使用者在DesignBuilder中完成几何建模和模拟参数设置后，软件将调用EnergyPlus计算，并输出模拟结果。软件的图形化建模过程比较直观，参数设置面板多采用滑杆或下拉列表等选择方式，并提供了大量参数设置模板可供参考，交互性较强
ENVI-met	微气候研究、污染物模拟、热舒适度计算	ENVI-met软件模型基于流体力学和热力学的计算，可以模拟小尺度空间内地面、植被、建筑和大气之间的相互作用过程。此外，该软件包含较为完整的建筑材料库和植物模型库，具备污染物模拟、室外热舒适度计算等功能
Climate Consultant	气候数据可视化	Climate Consultant可得到指定地区的各类可视化气候数据，包括干球温度、湿球温度、相对湿度、大气压力、太阳辐射、风向、风速等，帮助建筑设计师在设计初期客观准确地把握当地的气候条件，进而选择合适的适应性设计策略。同时，该软件还会提供16条设计策略并按照重要程度进行排列，为设计师提供切实可行的参考信息
Ladybug + Honeybee	热舒适计算、结构热桥分析、太阳辐射强度、温湿度模拟、风环境模拟	Ladybug是Grasshopper的免费开源建筑环境分析插件，可以完成各种气象参数的分析和显示，比如温度、湿度、太阳辐射等。同时也能显示焓湿图、太阳轨迹、日照阴影、日照时间等被动式建筑中常用的气候分析图。结合另一分析插件工具Honeybee可进一步基于同一模型进行多项参数的合模拟分析，还可借助Grasshopper的进化算法，控制计算机自动完成复杂模拟和寻优计算，将建筑师从烦冗的模拟工作中解放出来，使建筑师专注于设计过程本身

2.3.1 绿建斯维尔软件介绍

绿建斯维尔软件（图2-6）配备有建筑光伏软件BPV、建筑碳排放软件CEEB、建筑通风软件VENT、日照分析软件SUN、采光分析软件DALI等多功能模拟模块，针对同一模型可进行多维度的绿色模拟。其中建筑通风Vent涵盖了室外通风、室内自然通风和室内机械通风模块，可进行气流组织分析、多区域网络法换气次数计算、通风开口面积计算、室外儿童娱乐区和休息区风速达标计算、建筑表面风压相关计算，并分别提供对标的报告书。本节以通风模拟软件VENT为例，介绍绿建斯维尔软件的应用流程。

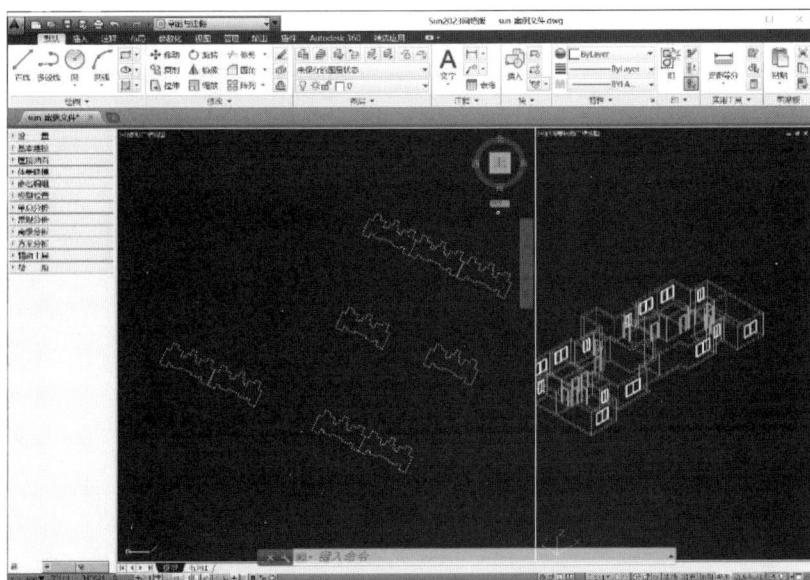

图2-6　绿建斯维尔软件用户界面

（1）模型建立

绿建斯维尔软件建模分为"单体建模"和"总图建模"两个步骤（图2-7），因其与CAD软件适配性强，可直接导入CAD模型使用，软件的操作界面与建模逻辑也与CAD软件基本一致。

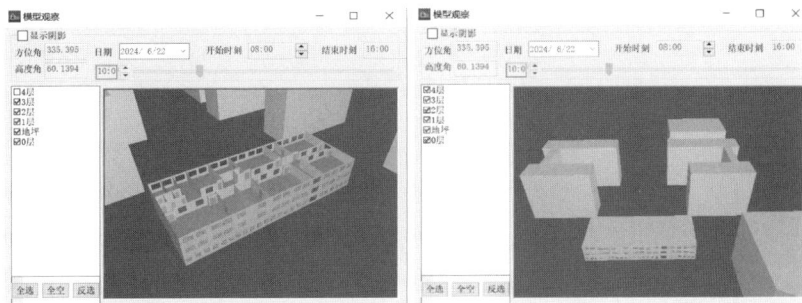

图2-7　单体建模及总图建模

单体模型由墙体、门窗、楼板和屋顶等建筑构件构成并进行空间划分，是室内风场模拟的目标模型，软件直接从单体模型中提取模拟分析所需的建筑内部边界，即室内通风计算的边界。总图模型则由实体体量组成，用作室外风场模拟的目标模型或作为室内风场模拟的周围环境模型。二者的建模方法和手段不同。单体模型和总图模型通过楼层框、总图框、指北针有机结合，形成用于建筑风场模拟的虚拟建筑群。

（2）设置气象数据

在VENT中调用"风场范围"命令，并选择需要分析的建筑，选取总图中任意一点作为基点，即弹出风向参数设置对话框，可通过风玫瑰图选择来风方向，也可从数据库中选取所在城市的风向（数据库参照规范为《民用建筑供暖通风与空气调节设计规范》GB 50736—2012），按需求设置风速方向后点击确定即可生成风场（图2-8）。

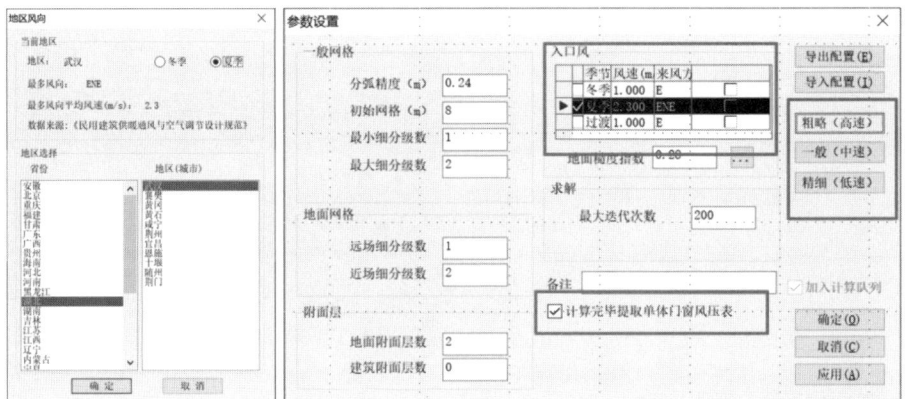

图2-8　风向及计算参数设置

（3）室内外风场模拟

室外通风需要建立室外总图模型，确定计算域，再给定风速、风向作为边界条件进行室外风环境分析；室内通风需要建立单体或者户型模型，给定门窗压力、开口位置、开口大小作为边界条件，分析室内自然通风的效果；内外风场则需开启窗户，将室内外计算域联通起来。

（4）结果输出

模拟结果的表现形式包含风速云图（图2-9）、风压云图、风速矢量图等。风速云图、风压云图用于反映整体的风速、风压分布情况，风速矢量图通过箭头指向标明风速的方向，侧重于随时缩放和观察局部区域的风速方向。

计算完成以后，通过"结果浏览"查看计算结果，通过"结果管理"或者

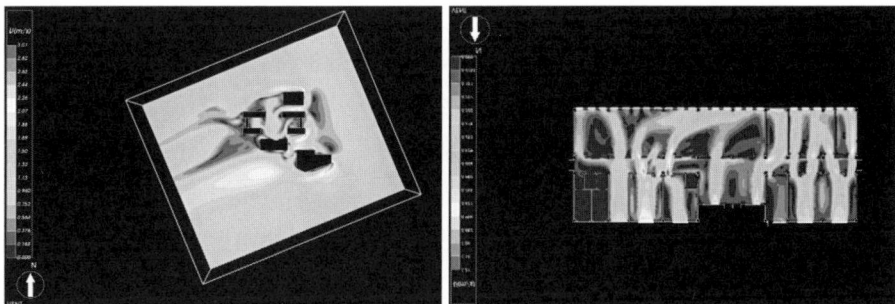

图2-9 室外风场风速云图（左）和室内风场风速云图（右）

"室外报告"输出室外计算结果报告书（图2-10）；可选择多个季节进行输出，一般情况下完整的室外计算报告书中应包括冬季、夏季和过渡季；也可对单个季节进行报告书输出。通过报告书可以清晰看到相关方案是否存在无风区或涡旋区，同时可直观地看到单体建筑的内外风压，指导建筑设计师进行风环境优化。

夏季无风区 / 涡旋区达标分析汇总

评价量	标准要求	是否有无风区/漩涡区	达标判断
无风区	无风区面积为0	是	否
涡旋区	涡旋区面积为0	否	是

建筑外窗与室内外风压差达标判定表

建筑编号	可开启外窗总数（扇）	室内外风压差大于0.5Pa的外窗总数（扇）	达标比例（%）	是否达标
单体（通风案例—总图建模教学—室外风场模拟完成）	101	92	91.09	是

注：达标比例=（室内外风压差大于0.5Pa的外窗总数/可开启外窗总数）×100%

图2-10 室外计算结果报告书部分内容

2.3.2 Climate Consultant软件介绍

Climate Consultant是由美国加利福尼亚大学建筑与设计系结合Baruch Givoni和Murray Milne理论研究成果开发的建筑气候分析软件，可以直接提取EPW格式的气候数据。该软件的优点在于，能将提取到的气象数据转化为信息丰富的可视化图表，得到当地建筑的室内舒适程度以及最佳被动策略。

1）选择合适的热舒适模型

Climate Consultant软件提供了4个热舒适模型（图2-11），分别是：

①2013年加州能源规范的舒适型模型：这是默认模型，适用于大多数情况。

②基于最新的《Thermal environmental conditions for human occupancy》

ANSI/ASHRAE Standard 55（以下简称ASHRAE Standard 55）和基础模型手册的热舒适模型：采用当前的标准，适用于大多数气候条件。

③2005年基于ASHRAE基础手册的舒适型模型：这是较早的标准，适用于需要参考旧标准的情况。

④2010年基于《Thermal environmental conditions for human occupancy》ANSI/ASHRAE Standard 55-2010的自适应热舒适模型：这是2010年的自适应模型，适用于没有机械制冷、制热系统的情况。

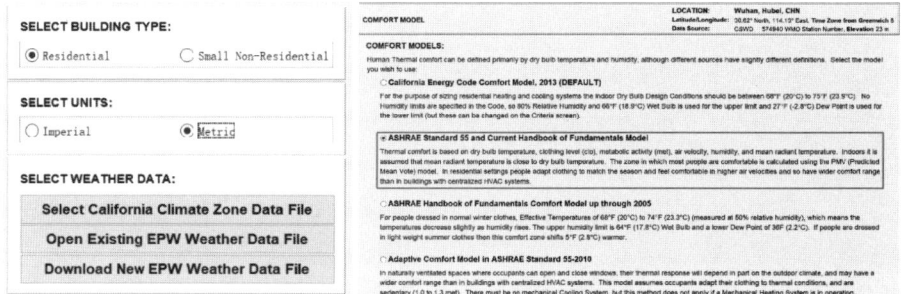

图2-11　选择建筑类型及单位（左）和选择热舒适模型（右）

其中，基于最新的ASHRAE Standard 55标准和基础模型手册的热舒适模型（ASHRAE Standard 55 and Current Handbook of Fundamentals Model）假定室内平均辐射温度接近干球温度，使用PMV预测评价投票模型计算大多数人感到舒适的区域，室内人员根据季节调整穿着的衣物，在较高的空气流速下感觉舒适，因此，该模型适用于国内大多数商业及居住建筑设计。

2）依据建筑生物气候图指导方案设计

Climate Consultant软件可根据导入的EPW格式气候数据生成图表，包含温度范围和舒适区、干湿球温度与太阳辐射、逐时图、逐日图、云量图、风速范围图、月均地面温度图、太阳阴影图、建筑生物气候图等多种视觉表现突出的图表，并给出具体设计策略建议，按照优先使用程度排序，以武汉为例，见图2-12～图2-14。

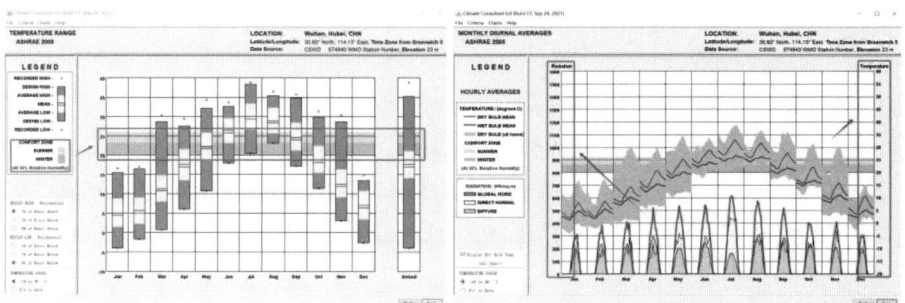

图2-12　温度范围和舒适区图（左）和干湿球温度与辐射图（右）（以武汉为例）

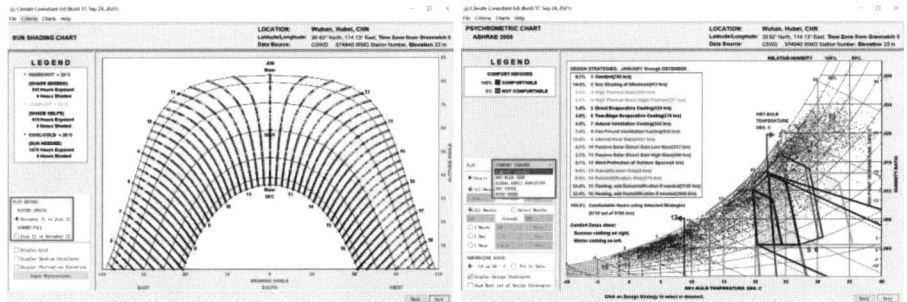

图2-13 太阳阴影图（左）和建筑生物气候图（右）（以武汉为例）

图2-14 节能策略推荐（以武汉为例）

2.3.3 Ladybug软件介绍

Ladybug是基于Grasshopper平台的气象模拟插件，可与Rhino模型实现完美交互，完成各种气象参数的分析和显示，比如空气温度、空气湿度、太阳辐照度等，具有强大的可视化调节功能，可在Rhino中直接输出结果（图2-15）。

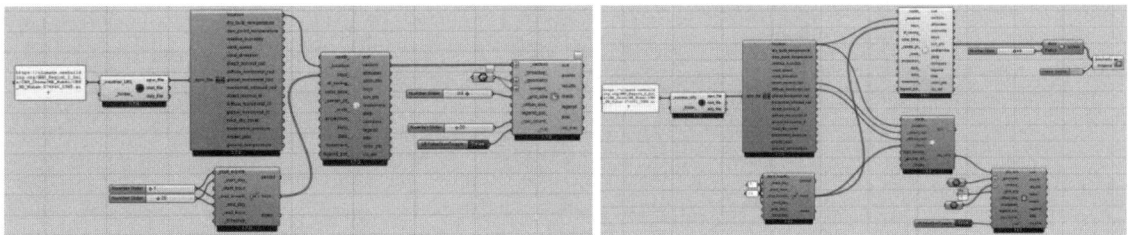

图2-15 Ladybug电池组

例如，可以利用Psychrometric chart来制作焓湿图。在Rhino界面中打开Grasshopper面板便可在画布上添加各种电池组，选择电池在输入端接入Boolean Toggle即可运行生成图表。

Ladybug的模拟结果可以直观地反映在模型表面，与修改中的Phino模型形成即时反馈。在设计过程中，可以结合Honeybee插件在既定的参数背景下自动调用性能模拟软件，分析不同方案形体的性能指标并自动寻优（图2-16～图2-18）。

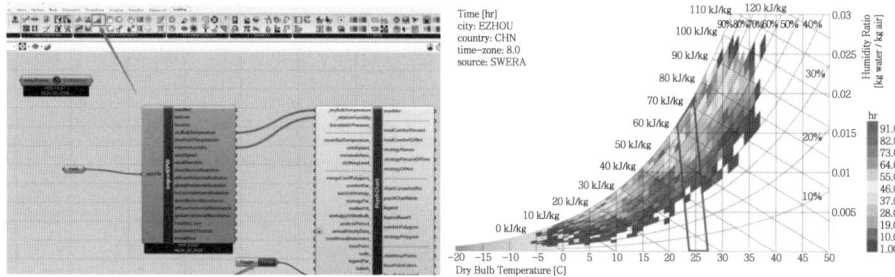

图2-16 焓湿图

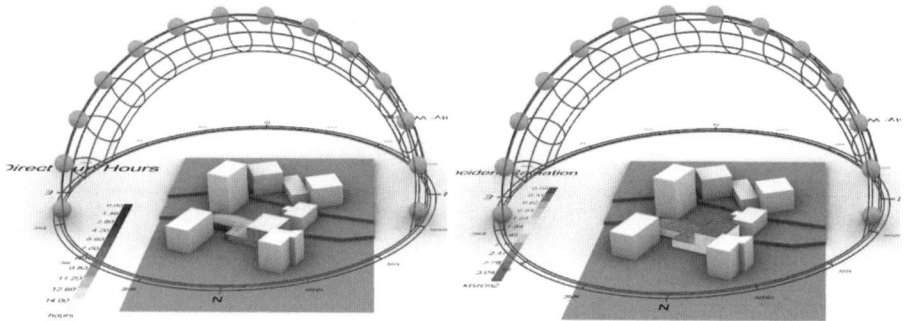

图2-17 太阳轨迹及建筑日照时长（左）和建筑辐射量（右）

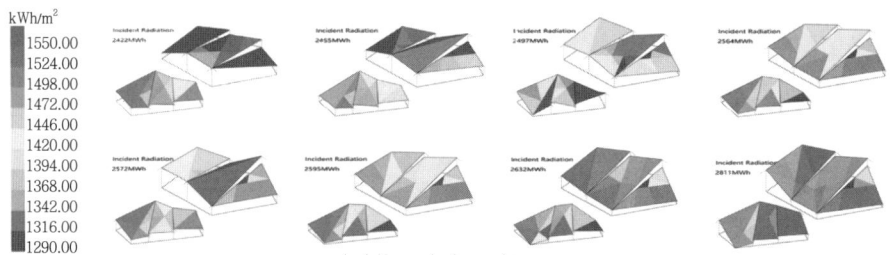

图2-18 利用Ladybug模拟的屋顶太阳辐射量优化屋顶折面角度

2.3.4 DesignBuilder软件介绍

DesignBuilder是一款针对建筑能耗动态模拟程序（EnergyPlus）开发的综合模拟软件，建模环境友好，而且提供了一系列的环保性能数据。使用DesignBuilder软件进行建筑能耗模拟研究一般包含以下3个步骤：首先，进行几何建模，可直接导入DXF格式文件，在建模的过程中设置模拟地区的气象数据、人员活动情况、围护结构材料及构造、照明、空调设备等；其次，调用EnergyPlus进行负荷计算；最后，输出能耗、通风、热舒适等模拟结果，并进行分析。

1）模型建立

DesignBuilder软件建模功能强大，在模型层次分类中，可以将Site看作一个小区，Building是一栋建筑，Block可以看作一层楼，Zone则是一个房间。利用工具栏中的"增加块""画构造线""添加内墙"等功能进行模型主体的搭建。在"Site"层次可对Location和Region进行设置，分别修改建筑的朝向、位置（经纬度）、地区、气候（降雨量、太阳辐射、地表温度等）、种植屋面灌溉速率及时间段等信息（图2-19）。

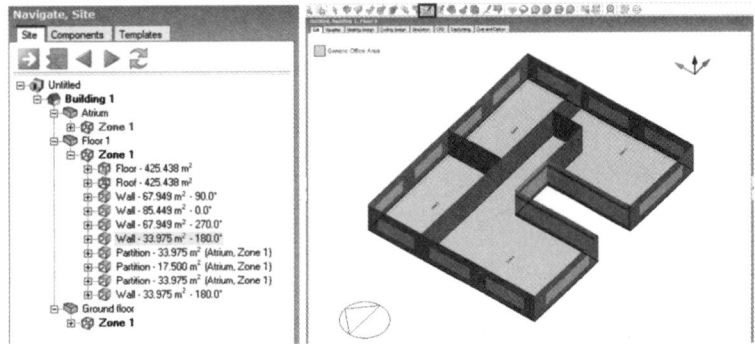

图2-19　模型树（左）和设置内墙并定义功能（右）

当导航界面在"Building"层次时可对以下7个标签进行设置，分别是：活动量（Activity）、构造（Construction）、洞口（Openings）、采光（Lighting）、暖通空调（HVAC）设备、选项（Options）、计算流体力学（CFD）。DesignBuilder在建模阶段的可控性较强，针对建筑围护结构可自定义构造和材料，模型库和材料库较为齐全（图2-20、图2-21）。

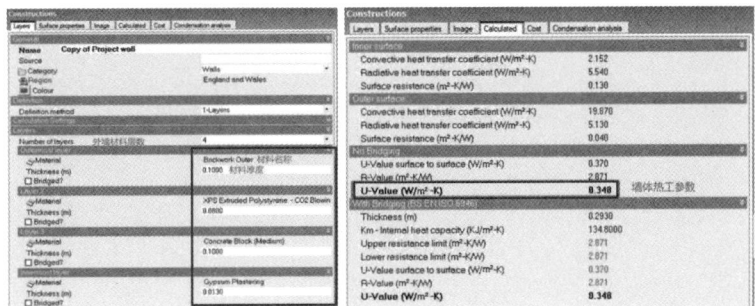

图2-20　自定义墙体材料（左）和墙体热工参数（右）

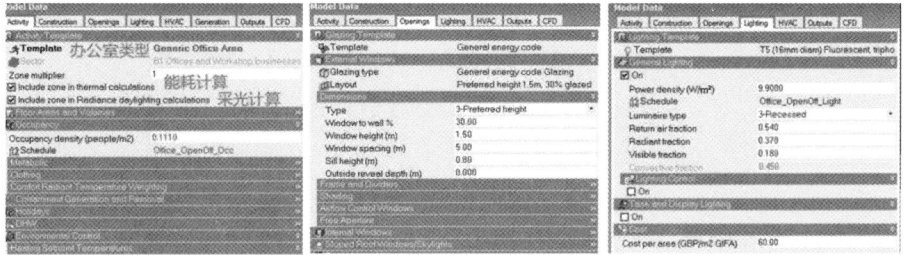

图2-21　对Activity（左）、Openings（中）和Lighting（右）的参数设置

2）模拟计算

设置好建筑热工性能及使用环境参数后，点击"Simulation"进行模拟计算，在计算弹窗中可以对计算要求进行设置，确定计算的时间范围以及间隔，并勾选"Use Simulation Manager"选项（图2-22）。DesignBuilder的计算效率较高，简单的单体建筑模型模拟时长为20s左右。模拟完成后，相应的数据和图表在结果浏览面板中直接呈现。

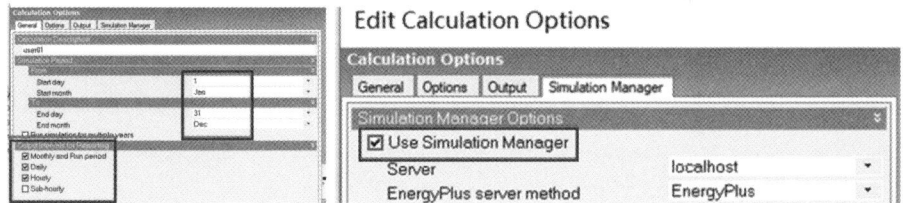

图2-22　计算设置

3）结果输出

以能耗模拟结果为例，"Analysis"一栏可查看模拟结果图表，在输出的图表中可以选择逐月、逐日、逐时等不同的时间间隔。在"Summary"一栏中可查看具体的数值。综合而言，DesignBuilder的模拟功能较为强大，在工程设计和教学研究领域都是十分便利的气候模拟工具（图2-23、图2-24）。

随着各类气候模拟软件的不断更新，模拟精度不断提升，其模拟结果愈加贴近真实环境，给绿色建筑设计带来了强有力的技术支撑。各软件之间的兼容协同作用也发挥着极大的优势，大幅提高了使用效率。不同的环境模拟方向皆有多种软件供设计者选择，具体的适用性在不同类型的建筑模型中不尽相同，建筑师们可以根据方案设计有针对性地选择使用。

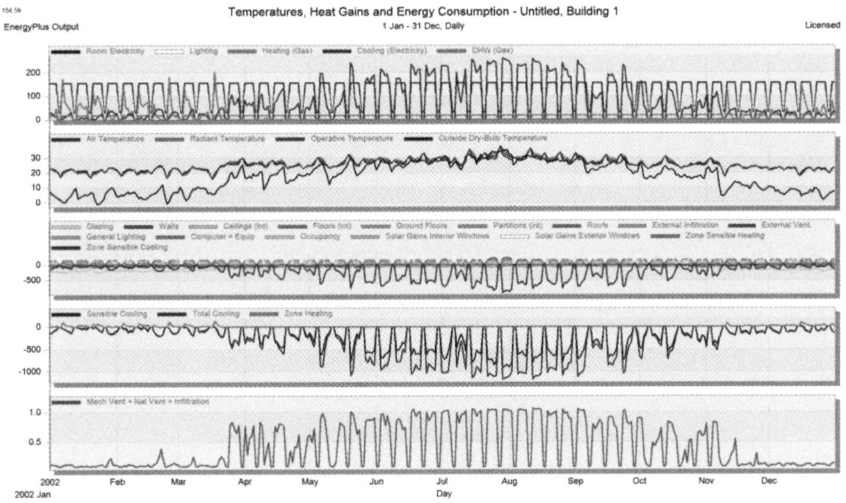

图2-23 "Analysis"栏逐日温度、得热和能耗结果

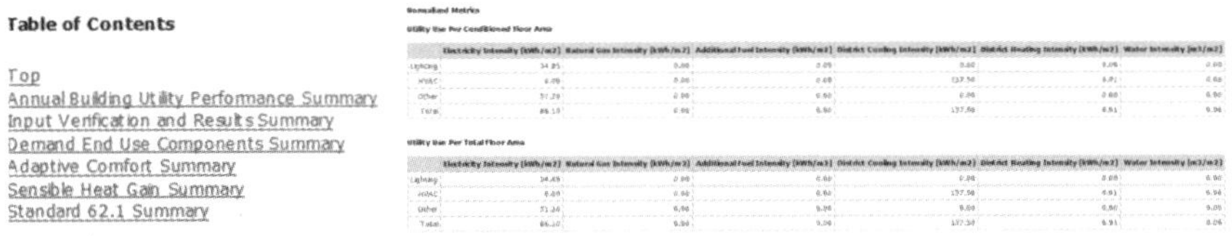

图2-24 "Summary"栏输出目录（左）和冷热负荷模拟结果（右）

思考题与练习题

1. 主要的建筑气候要素有哪些？

2. 建筑热舒适评价过程中需要考虑哪些气候参数？举例说明不同的热舒适评价指标中气候参数的差异。

3. 请举例说明生物气候图在不同气候分区中体现出被动式设计的潜力。

参考文献

［1］ RYOZO OOKA. Recent development of assessment tools for urban climate and heat-island investigation especially based on experiences in Japan [J]. International Journal of Climatology, 2007, 27(14): 1919-1930.

［2］ 闫业超，岳书平，刘学华，等. 国内外气候舒适度评价研究进展[J]. 地球科学进展，2013，28（10）：1119-1125.

［3］ 茅艳. 人体热舒适气候适应性研究[D]. 西安：西安建筑科技大学，2007.

［4］ 杨柳，杨茜，王丽，等. 温和地区人体热舒适气候适应模型研究[C]//中国建筑学会建筑物理分会城市与建筑遗产保护教育部重点实验室. 2010年建筑环境科学与技术国际学术会议论文集. 南京，东南大学出版社：213-217.

［5］ O LGYAY V. Design with climate: bioclimatic approach to architectural regionalism[M]. New Jersey: Princeton University Press, 1963.

［6］ BARUCH, GIVONI. Man, climate and architecture[M]. 2nd ed. London: Applied Science Publishers, 1976.

［7］ G·Z·布朗，马克·德凯. 太阳辐射、风、自然光——建筑设计策略[M]. 常志刚，刘毅军，朱宏涛，译. 北京：中国建筑工业出版社，2007.

［8］ 建筑学名词审定委员会. 建筑学名词2014[M]. 北京：科学出版社，2014.

［9］ AL-RAWAHI N, AL-AZRI N, ZURIGAT Y. Development of bioclimatic chart for passive building design in Muscat-Oman[J]. Renewable Energy and Power Quality Journal, 2012, 1(10): 1809-1815.

［10］ 鲁俊忱. 建筑生物气候图的修正与应用[D]. 西安：西安建筑科技大学，2023.

第 3 章　室外物理环境模拟

3.1.1 建筑日照原理及方法

日照是指太阳光的直接照射。它是由太阳向地球发出的光线在大气中传播到地面或物体表面的过程。日照的强度取决于太阳的位置、大气的透明度以及地面的朝向和高度等因素。建筑日照是指利用自然光线照亮建筑内部空间的设计和实践。它是通过在建筑设计中考虑光线的进入和分布，以最大限度地减少对人工照明的依赖，提高建筑内部环境的舒适度和能源效率。

1）建筑日照设计

建筑日照设计的任务主要包含以下内容：

（1）按照当地的地理纬度、地形条件和建筑周围环境，分析阳光的遮挡情况及建筑阴影变化，确定规划的路网方位、道路宽度、街道空间形态。

（2）根据日照标准中对于建筑中各房间的日照要求分析邻近建筑遮挡情况，合理选择建筑的朝向与间距。

（3）根据日照变化，确定采光口及建筑构件的位置形状及尺寸。

（4）正确设计遮阳构件。

2）建筑日照规范

（1）《住宅设计规范》GB 50096—2011第7.1.1条规定，每套住宅至少应有一个居住空间能获得冬季日照；第7.1.2条规定，需要获得冬季日照的居住空间的窗洞开口宽度不应小于0.60m。

（2）《城市居住区规划设计标准》GB 50180—2018第4.0.9条规定，住宅建筑的间距应符合表3-1的规定。对于特定情况还应符合下列规定：①老年人居住建筑不应低于冬至日日照时数2h；②在原设计建筑外增加任何设施不应使相邻住宅原有日照标准降低，既有住宅建筑进行无障碍改造加装电梯除外；③旧区改建的项目内新建住宅日照标准不应低于大寒日日照时数1h。

住宅建筑日照标准　　　　　　　　　　　　　表3-1

建筑气候区划	Ⅰ、Ⅱ、Ⅲ、Ⅶ气候区		Ⅳ气候区		Ⅴ、Ⅵ气候区
城区常住人口（万人）	≥50	<50	≥50	<50	无限定
日照标准日	大寒日				冬至日
日照时数（h）	≥2		≥3		≥1
有效日照时间带（当地真太阳时）	8:00—16:00				9:00—15:00
计算起点	底层窗台面				

注：底层窗台面是指距室内地坪0.9m高的外墙位置。

3）日照计算参数与方法

（1）日照计算参数

日照计算的预设参数应符合下列规定：

①日照基准年应选取2001年。日照标准年是在建筑日照计算中规定的相关太阳数据的取值年份。目的是避免因采用不同的年份导致建筑日照计算结果不同。

②日照标准日为大寒日和冬至日。日照标准日是在制定建筑日照标准时，为了测定和衡量日照时间，根据纬度、建筑气候分区等因素在一年中选择的某个或某几个特定日期。

③以冬至日为日照标准日的，有效日照时间带为9:00—15:00；以大寒日为日照标准日的，有效日照时间带为8:00—16:00。

（2）日照时间的计算起点

日照时间的计算起点应符合现行国家标准《城市居住区规划设计标准》GB 50180的有关规定，并应符合下列规定：

①落地窗、凸窗和落地凸窗应以虚拟的窗台面位置为计算起点。

②直角转角窗和弧形转角窗应以窗洞口所在的虚拟窗台面位置为计算起点。

③异型外墙和异型窗体可为简单的几何包络体。

④宽度小于等于1.80m的窗户，应按实际宽度计算；宽度大于1.80m的窗户，可选取对日照有利的1.80m宽度计算。

3.1.2　软件介绍

1）Ladybug Tools

Ladybug Tools是一组基于Grasshopper和Rhino平台的免费开源插件，用于进行复杂的日照分析和能源模拟。它支持高级的日照模拟，如动态天空模型、阴影分析等，适用于复杂的建筑和环境设计。

2）天正日照分析软件T-Sun和T20-Sun

天正日照分析软件T-Sun和T20-Sun：这两款软件由北京天正软件股份有限公司开发，主要用于解决住宅日照间距问题。它们具有日照建模、日照分析、点面分析等多种功能，并可与CAD完美兼容。

3）绿建斯维尔日照分析软件SUN

绿建斯维尔日照分析软件SUN：这是一款专注于光照度分析的软件，具有多种日照分析功能。本章主要使用SUN软件来进行日照分析。

3.1.3　标准化流程

1）日照参数设置：【定制设置】→【日照标准】（RZBZ）

建筑日照标准是根据城市规模和建筑物（场地）所处的气候（场地）的使用性质，在日照标准日的有效日照时间带内阳光应直接照射到建筑物（场地）上的最低日照时数。

最终判断日照窗是否满足日照要求的规定，日照时间低于此值为不合格，日照分析表格中用红色标识。警报时间范围可以设置临界区域，即危险区域，接近不合格，日照分析表格中用黄色标识。

2）日照模型建立

建筑日照建模是依据日照计算数据建立几何模型，模型的内容应包括计算范围内的遮挡建筑、被遮挡建筑（场地）、地形及其相互关系。本节介绍室外部分的建筑日照模拟分析，重点介绍总图建模部分。

（1）总图建模

日照模型的生成有两种，一种在绿建斯维尔软件中直接建模，另一种在CAD中绘制平面图，再导入绿建斯维尔日照软件中，赋予其高度、窗户等信息，本节使用的为第二种方法，以下为总图建模的具体步骤：

①建筑高度：【基本建模】→【建筑高度】（JZGD）。

给场地中的建筑赋予高度信息。

②建总图框：【单总分析】→【建总图框】（JZTK）。

③导入建筑：【基本建模】→【导入建筑】（DRJZ）。

导入建筑的必要条件：建筑图中每层都有建筑轮廓对象；有正确的楼层表（内部楼层表或楼层框），层号无重叠无间断。

④本体入总：【单总分析】→【本体入总】（BTRZ）。

（2）基本建模

①多层阳台：【基本建模】→【多层阳台】（DCYT）。

直线阳台：绘制平行于直外墙的直线型阳台，适于直墙。从阳台的起点到终点为阳台长度，对话框上的挑出距离为阳台偏移出墙距离。

②顺序插窗：【基本建模】→【顺序插窗】（SXCC）。

③等分插窗：【基本建模】→【等分插窗】（DFCC）。

④映射插窗：【基本建模】→【墙面展开】（QMZK）。

【基本建模】→【映射插窗】（YSCC）。

本组命令分为两步插日照窗，【墙面展开】把建筑的某个墙面按立面展开，在展开的矩形轮廓内绘制日照窗，【映射插窗】把这些窗逐层地映射回墙面上。

（3）命名编组

①日照窗编号：【命名编组】→【改窗层号】（GCCH）。

【命名编组】→【改窗位号】（GCWH）。

完整的窗编号由层号和位号表示，层号代表竖向的位置，位号代表平面上的位置。

②建筑命名：【命名编组】→【建筑命名】（JZMM）。

【命名编组】→【建筑编组】（JZBZ）。

对于情况复杂的建筑群，需要进行编组命名，以便理清日照遮挡关系和责任。

3）日照分析

①阴影轮廓（图3-1）：【常规分析】→【阴影轮廓】（YYLK）。

不同时刻的轮廓线用不同颜色的曲线表示。

未编组的建筑只分析计算每个日照窗的总有效日照时间，已编组的建筑对话框右侧会显示编组清单，计算输出的是各组的叠加遮挡分析表。

②全景日照（图3-2）：【高级分析】→【全景日照】（QJRZ）。

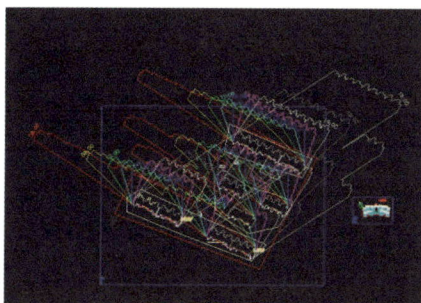

图3-1　阴影轮廓分析图

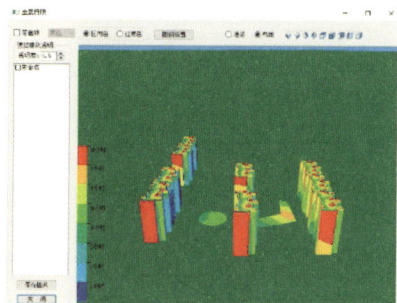

图3-2　全景日照分析图

用于计算建筑物表面各点某个日期的日照时长，被分析建筑的外表不同位置对应其位置所受的日照时长。

③区域分析（图3-3）：【常规分析】→【区域分析】（QYFX）。

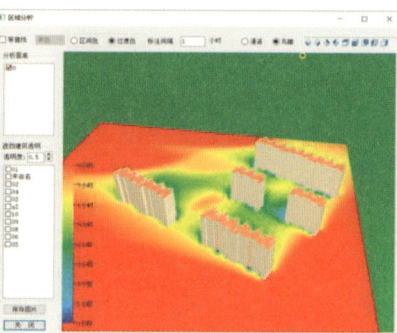

图3-3　区域分析图

可以选择输出为DWG分析图或者伪彩图，分析图会用彩色数字显示出各点的日照时数。

④日照报告：【常规分析】→【日照报告】（RZBG）。

按项目所在地自动匹配日照报告模板，填写相关分析内容，输出日照分析报告。

4）太阳能利用分析

建筑中的太阳能系统设计主要是确定集热面板的参数、辐照计算、集热需求计算和经济评价（图3-4）。本节介绍集热面板的建模和倾角计算、集热面的辐照分析和单点的辐照计算，以及集热量和集热面的计算。

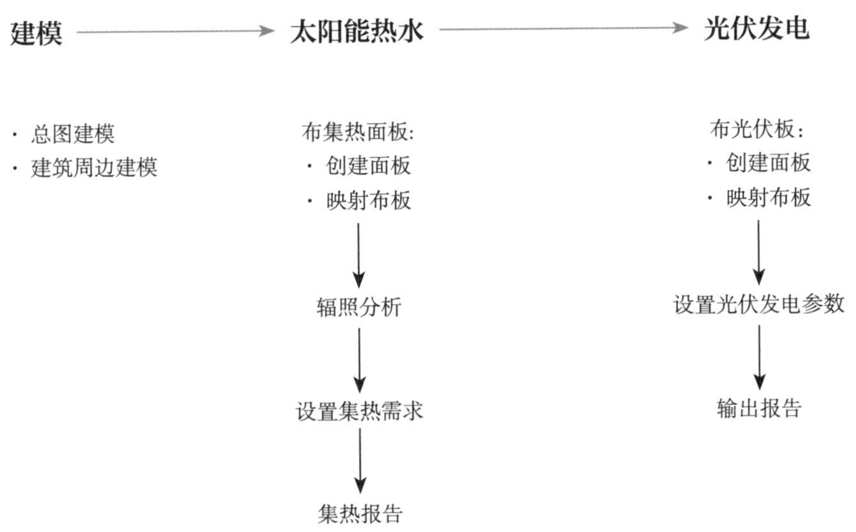

图3-4　太阳能利用分析流程图

①布集热面板：【太阳能】→【集热面板】（JRMB）。

先用闭合PLINE建立集热面板的平面投影轮廓，然后输入朝向、倾角和轮廓关键点标高，使其转换成三维集热面板。

②紧贴墙面布板：【太阳能】→【墙面展开】（QMZK）。

【太阳能】→【映射布板】（YSBB）。

运行【墙面展开】，把建筑轮廓的某个墙面按立面展开，在展开的矩形内绘制集热面板，【映射布板】把这些集热面板逐层地映射回墙面上。

③倾角分析：【太阳能】→【集热面板】（JRMB）。

按照对话框给定的条件，计算分析太阳能最有利的集热面板倾角。所谓"最有利"就是在计算时间段内，集热面板获取的太阳辐照度最大。

④辐照分析：【太阳能】→【辐照分析】（FZFX）。

⑤全景辐射：【太阳能】→【全景辐射】（QJFS）。

光伏板的布置流程与集热面板类似。

5）设计中的应用

本节以第五届绿色建筑大赛三等奖的两个获奖作品为例来说明日照模拟分析在建筑设计中的应用。两个项目都为低碳背景下的游客服务中心设计。

（1）案例一：叠构·空间

①项目背景：场地位于鄂州规划新区红莲湖新区中，处于亚热带季风气候区，四季分明，日照充足，在冬至日都有超过8h的日照。该项目旨在建成集服务、娱乐于一体的中心公园游客中心，符合绿色建筑标准，为节能减排提出实用性方案（图3-5）。

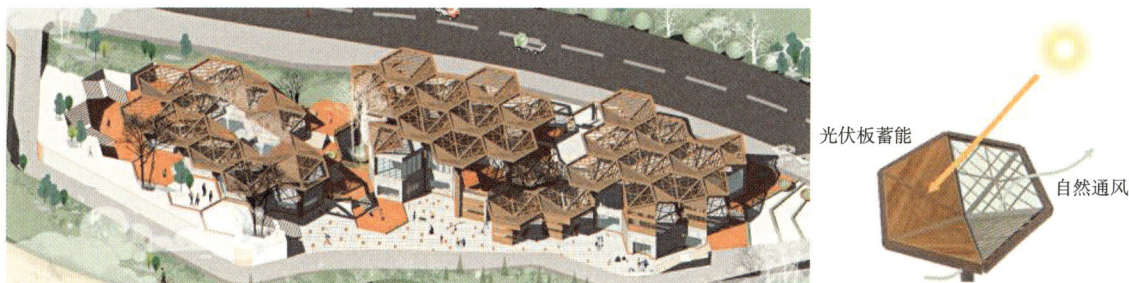

图3-5 案例一效果图与屋顶蓄能遮阳分析图

②绿建措施：主要使用了垂直绿化、集热蓄热墙、光伏发电+太阳能蓄电池、绿化庭院等手段（图3-6）。

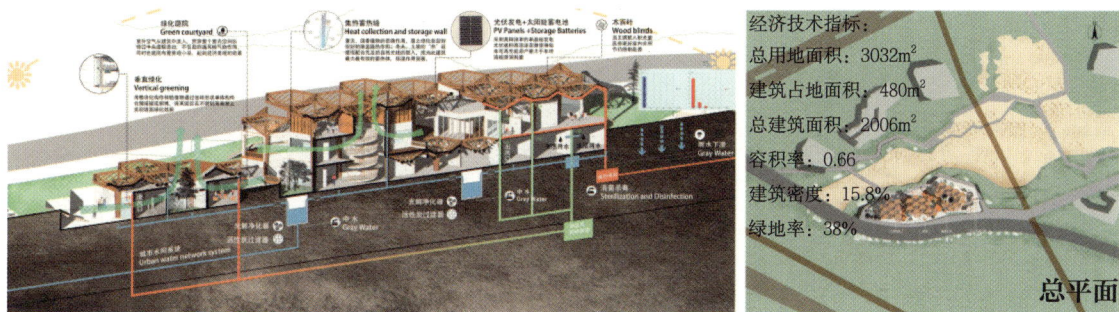

图3-6 案例一绿建措施图与总平面图

③日照模拟与利用：利用日照太阳能模拟计算得出在不同的抬升高度下一年内屋顶接受太阳辐射总量的和单块屋面板受太阳辐射量最理想的屋面倾角，在朝向南面的部分放上光伏面板储蓄太阳能（图3-7）。

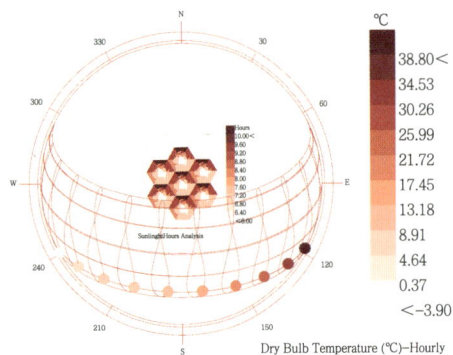

图3-7 案例一太阳能辐射分析图

（2）案例二："东风至"游客中心设计

①设计说明

在低碳背景下，位于华容区核心位置的城市公园承担着"城市之肺"的功能。设计场地就位于此公园西南角落，在公园中位置较为不利，背靠山、面向水，且临近马路，有噪声影响。基于低碳思维，场地设计尽量增加室外活动场地，减少能耗；建筑布局利于夏季通风、冬季挡风，增加室外活动区域舒适度；建筑单体采用双层屋顶、地道风、风塔和中空隔声墙等绿色技术，并且结合遗传算法优化屋顶的造型以取得最大化的辐射发电，增加清洁能源的利用（图3-8）。

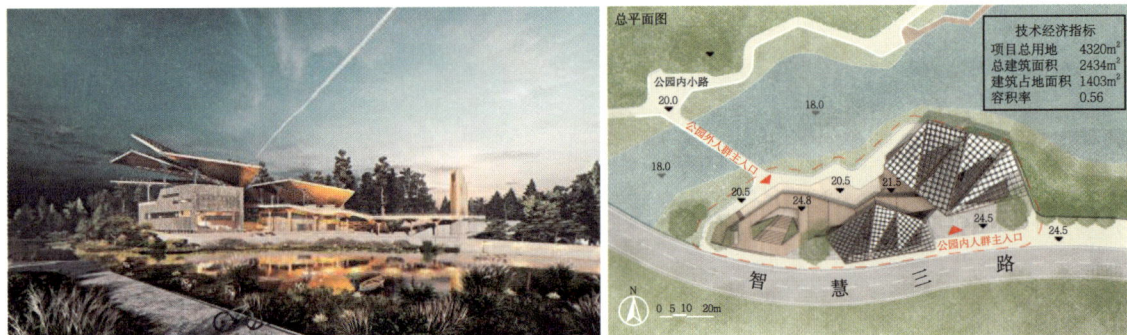

图3-8 案例二效果图与总平面图

②方案生成（图3-9）

案例二充分利用场地内太阳能，并且兼顾太阳能板与屋顶的整体性以及屋顶与平面的对应关系，使用Grasshopper的遗传算法对顶层屋顶进行形态优化，以实现屋顶太阳辐射最大化。

③日照模拟与利用

优化前，设计屋顶相对平屋顶的年太阳辐射量提升仅2.3%。优化后，设计屋顶的年太阳辐射量为2810MWh，相对平屋顶增幅为17.3%（图3-10）。

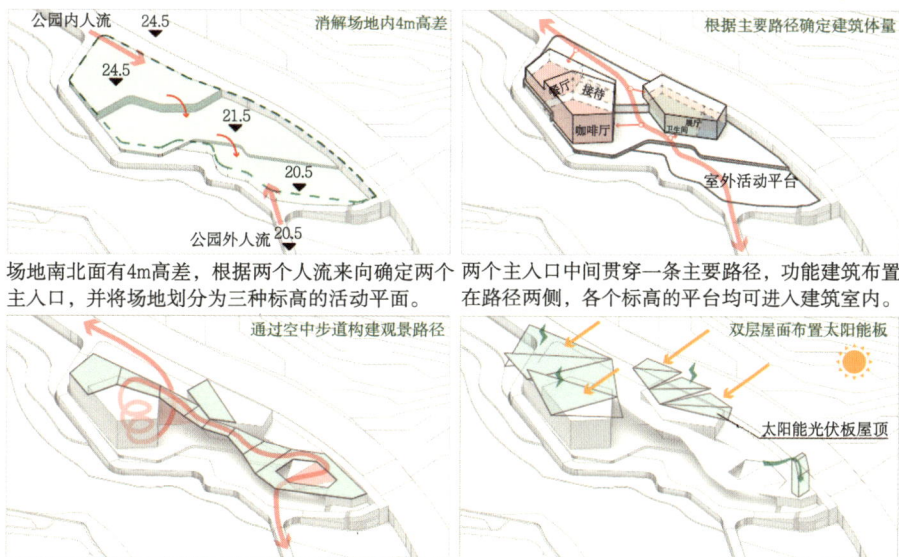

场地南北面有4m高差，根据两个人流来向确定两个
主入口，并将场地划分为三种标高的活动平面。

两个主入口中间贯穿一条主要路径，功能建筑布置
在路径两侧，各个标高的平台均可进入建筑室内。

通过空中步道连接室外活动场地、屋顶花园和各个
室内平台，形成一条观景和体验建筑的完整流线。

双层屋面布置太阳能板，屋顶折面通过计算达到更
大辐射量。设风塔作地道风进风口和场地标识。

图3-9 案例二方案生成图

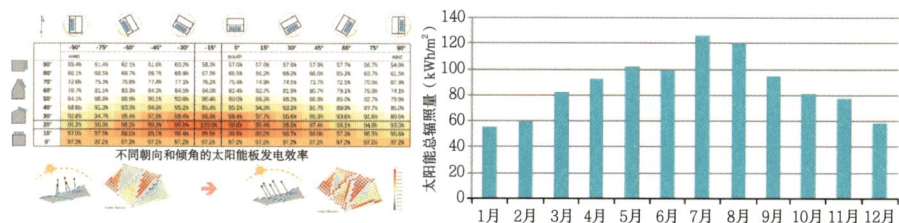

不同朝向和倾角的太阳能板发电效率

图3-10 不同朝向和倾角的太阳能板发电图

3.2 室外风环境模拟

3.2.1 室外风环境

1）建筑风环境

风是气象要素之一，是相对于地表的大气运动，对于建筑层面的风，仅指气流循环中的近地运动部分。风场中的建筑物，如同水流中的石块，由于其存在改变了周围的流场分布，从而引起流体的速度和压力变化。

随着城市建筑密度的增加，盛行风吹过建筑时会受到不同程度的阻碍，导致产生各种不同的升降气流、绕流、涡流等，使得建筑物周围的流场变得非常复杂。相同地区或城市中存在不同风格的居住形式和建筑特征，这些建筑因其各自的平面布局、空间组织、建筑形式、地形地势等，形成不同的建筑风环境。建筑室外风环境，即可看作室外空间的风速风向分布。取得良好的建筑室外风环境主要在于提高场地内人活动区的舒适性，控制风速放大系

51

数，规划"风道"，避免局部强风、涡流和强烈紊流、夏季静风，避免污染物的扩散影响居民健康等方面。

2）绿色建筑室外风环境评价标准要求

《绿色建筑评价标准》GB/T 50378—2019（2024年版）中规定：

8.2.8 场地内风环境有利于室外行走、活动舒适和建筑的自然通风，评价总分值为10分，并按下列规则分别评分并累计：

1 在冬季典型风速和风向条件下，按下列规则分别评分并累计：

（1）建筑物周围人行区距地高1.5m处风速小于5m/s，户外休息区、儿童娱乐区风速小于2m/s，且室外风速放大系数小于2，得3分；

（2）除迎风第一排建筑外，建筑迎风面与背风面表面风压差不大于5Pa，得2分。

2 过渡季、夏季典型风速和风向条件下，按下列规则分别评分并累计：

（1）场地内人活动区不出现涡旋或无风区，得3分；

（2）50%以上可开启外窗室内外表面的风压差大于0.5Pa，得2分。

3.2.2 常用CFD软件介绍

为分析室外人行高度风环境的特征，一般采用外场实验、风洞实验、数值模拟方法。随着计算机技术的快速发展，计算流体力学（CFD）数值模拟技术也日渐成熟，同时具备便捷、稳定、安全、不受场地约束等优势。因此，CFD软件在建筑风环境模拟中获得了较为广泛的应用。本节主要介绍几款常用的CFD软件，包括Fluent、Phoenics、OpenFOAM、VENT。

1）Fluent

Fluent是美国公司ANSYS旗下的一款CFD商业软件，功能强大且应用广泛，擅长处理流体、传热与化学反应等工程技术问题。Fluent与Design Modeler、ICEM、CFD-Post等工具集成在Workbench下，并与CAD系统双向连接，为用户处理各种物理问题提供了简洁的平台与稳定的结果输出。

2）Phoenics

Phoenics软件是世界上第一套计算流体力学与计算传热学的商用软件，具有最大限度的开发性与兼容性。同时提供了基于粒子运动的拉格朗日算法与欧拉算法，集成了各种功能模块，例如FLAIR模块是专门针对建筑及暖通空调专业的CFD专用模块。

3）OpenFOAM

OpenFOAM是在Linux平台运行的一款基于C++的开源CFD软件包，预处理阶段可以使用Foam X操作数据，Block Mesh则可以生成简单的结构化网格；核心求解模块包括simpleFoam等各种求解器；后处理过程可以使用ParaFOAM将结果可视化。

4）VENT

VENT是由北京绿建软件股份有限公司开发的一款专为绿色建筑设计及技术应用开发的CFD软件。它以AutoCAD为构筑平台，具备建筑建模、图形检查、CFD设置，风场模拟和辅助工具五大模块，并与该公司的其他绿色建筑系列模拟软件的模型兼容，实现一模多算。本节以VENT软件为例，介绍室外风环境模拟的标准工作流程。

3.2.3　标准化流程

1）建立室外总图模型

建立室外总图模型是计算的基础，总图模型除了包含单体模型（对象建筑），还需要周边建筑、地形乃至绿植等实体体量作为环境模型。单体和总图的建模方法不同，二者通过楼层框、总图框、指北针联系成整体。

《民用建筑绿色性能计算标准》JGJ/T 449—2018（以下简称为《计算标准》）第4.2.1条要求：进行物理建模时，对象建筑（群）周边$H \sim 2H$（H为对象建筑或建筑群特征高度）范围内应按建筑布局和形状准确建模；建模对象应包括主要建（构）筑物和既存的连续种植高度不小于3m的乔木（群）；建筑窗户应以关闭状态建模，无窗无门的建筑通道应按实际情况建模。

（1）单体建模

单体建模可以通过VENT软件左侧工具栏的条件图、轴网、墙柱、门窗、屋顶以及空间划分等工具建模。也可以导入绘制好的建筑平面图以简化操作，例如将t8格式的天正CAD文件导入到VENT中，以省去墙柱门窗的重复建模。

（2）总图建模

总图建模主要使用"室外总图"工具栏，用于创建总图模型，包括对象建筑、周边建筑、建筑红线、迎风建筑、树木、活动区域、指北针等。在单体模型建模完毕后，要先绘制一个总图框，并将总图对齐点移动到平面图对齐点所对应的场地中的位置，再使用"本体入总"命令即可生成总图中的设计建筑。周边建筑则需要先准备好闭合的建筑轮廓线，再使用"建筑高度"命令建模（图3-11）。

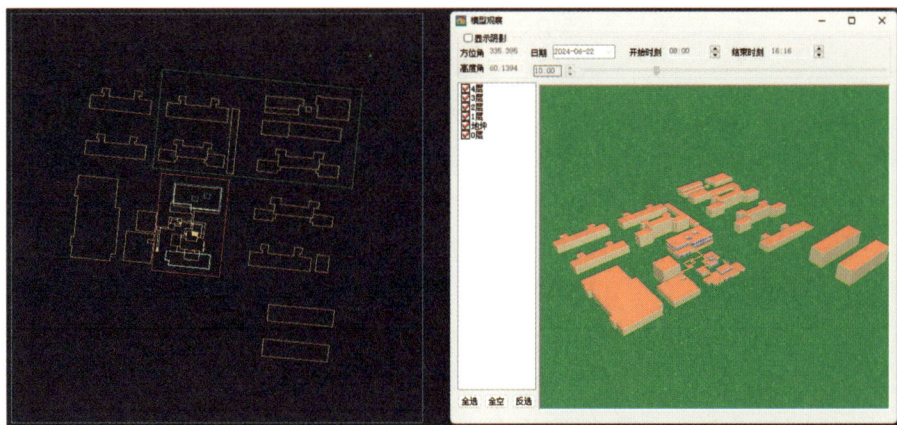

图3-11　总图平面及模型观察视图

通过"建筑红线"命令可将闭合多段线转变为建筑红线，从而指定对象建筑，对象建筑周围将会局部网格加密，以提升计算精度；"迎风建筑"可以通过闭合多段线指定迎风方位的建筑群；"PL转树木"可将闭合多段线转变为绿线，从而模拟树木；"活动区域"可将闭合多段线设定为室外行人活动区域，是室外风环境评价的重点关注对象。最后，要注意在总图中用"指北针"命令绘制指北针。建模完毕后，可以用检查工具中的"重叠检查""柱墙检查""模型检查""墙基检查"命令，框选所有总图对象进行检查。

2）风场创建

室外风场通常为一个包围建筑群的长方体，在流体力学中称为计算区域或计算域。开始模拟计算前，需要确定合理的计算域范围，即风场范围。计算域过小，不能真实反映建筑尾流流场情况；计算域过大，网格会过多，导致计算时间加长。

《计算标准》第4.2.1条要求：对象建筑（群）顶部至计算域上边界的垂直高度应大于5H；对象建筑（群）的外缘至水平方向的计算域边界的距离应大于5H；与主流方向正交的计算断面大小的阻塞率应小于3%；流入侧边界至对象建筑（群）外缘的水平距离应大于5H，流出侧边界至对象建筑（群）外缘的水平距离应大于10H。

（1）工程设置

建模完成后，需要在左侧设置工具栏点击工程设置，选择项目的地理位置、热工分区以及基本信息进行填写，这有助于后续输出分析报告的完整性。

（2）剖面创建

风场模拟是在三维空间进行的，但用剖面观察计算结果更加方便。在设置工具栏中，"水平剖面"可以定义需要浏览的水平剖面视图，软件默认显示距地1.5m高度处的风场；"垂直剖面"在平面图上以一组剖切号的形式标注观察的位置和方向。软件支持多个水平剖面和垂直剖面的添加（图3-12）。

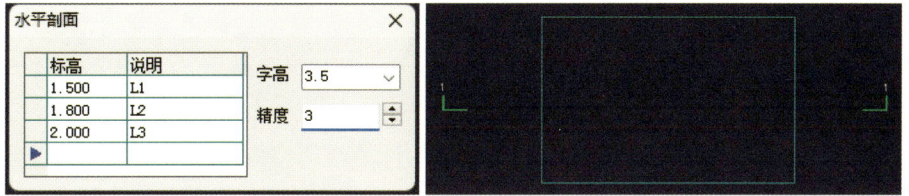

图3-12　创建水平剖面（左）和垂直剖面（右）

（3）风场范围

在众多CFD软件中，风场的长度、宽度和高度设置需要考虑建筑群的尺度、迎风方向等，且尾流区域要足够大。VENT提供了自动生成风场的命令"风场范围"。首先，框选需要分析的对象，然后在参数设置面板中设置风速和风向（可从库中选取）以及要分析的工况。点击确定，软件便会自动生成一个风场，也可以根据标准要求对双击生成的风场自定义尺寸（图3-13）。

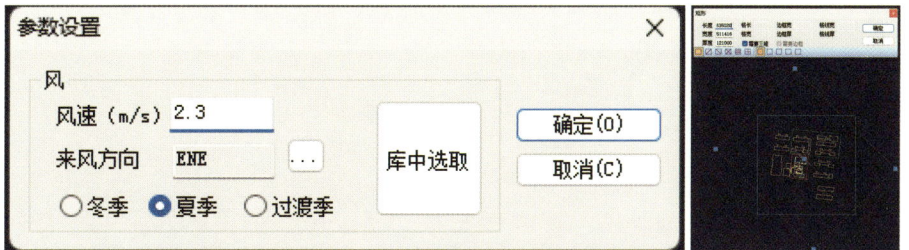

图3-13　风场范围参数设置（左）和风场尺寸修改（右）

3）模拟计算

由于CFD计算很复杂，需要在计算精度、内存需求、计算时间之间寻求适当的平衡，VENT固化了很多CFD计算参数，使得计算更容易收敛，用户更方便使用。

《计算标准》第4.2.1条要求：湍流计算模型宜采用标准$k-\varepsilon$模型或其修正模型；地面或建筑壁面宜采用壁函数法的速度边界条件；流入边界条件应符合高度方向上的风速梯度分布，风速梯度分布幂指数α应符合表3-2的规定；流出边界条件应符合下列规定：①当计算域具备对称性时，侧边界和上边界可按对称面边界条件设定；②当计算域未能达到规定的阻塞率要求时，边界条件可按自由流入流出或按压力设定。

风速梯度分布幂指数α 表3-2

地面类型	适用区域	α	梯度风高度（m）
A	近海地区、湖岸、沙漠地区	0.12	300
B	田野、丘陵及中小城市、大城市郊区	0.16	350
C	有密集建筑的大城市市区	0.22	400
D	有密集建筑群且房屋较高的城市市区	0.30	450

室外风环境计算的计算域网格应符合下列规定：①地面与人行区高度之间的网格不应少于3个；②对象建筑附近网格尺度应满足最小精度要求，且不应大于相同方向上建筑尺度的1/10；③对形状规则的建筑宜使用结构化网格，且网格过渡比不宜大于1.3；④计算时应进行网格独立性验证。

（1）参数设置

点击计算分析中的"室外风场"，选择上一步生成的风场后弹出参数设置面板。计算精度体现在网格划分和迭代次数上，软件提供了"粗略""一般""精细"3档参数配置用于快速设置参数。软件依据标准$k-\varepsilon$湍流模型进行室外风场计算。"入口风"已考虑梯度风函数，只需选择需要模拟的工况并配置好风速和风向即可（点击单元格右侧白色方块可从库中选取参数）。若后续需要模拟室内通风，则必须勾选"计算完毕提取单体门窗风压表"（图3-14）。

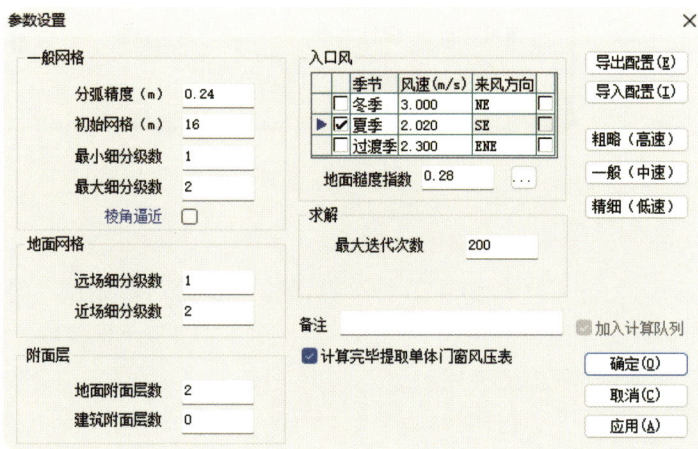

图3-14 室外风场参数设置面板

（2）迭代计算

软件会根据参数设置划分网格，之后开始迭代计算，界面将会显示收敛图。当收敛图中的结果不再随迭代次数变化，各项数值平稳接近横坐标时，可以判定计算收敛。计算完成后，若界面提示"已完成！已收敛！"，表明计算已经达到收敛标准；若仅提示"已完成！"，则计算出错或未收敛（图3-15）。

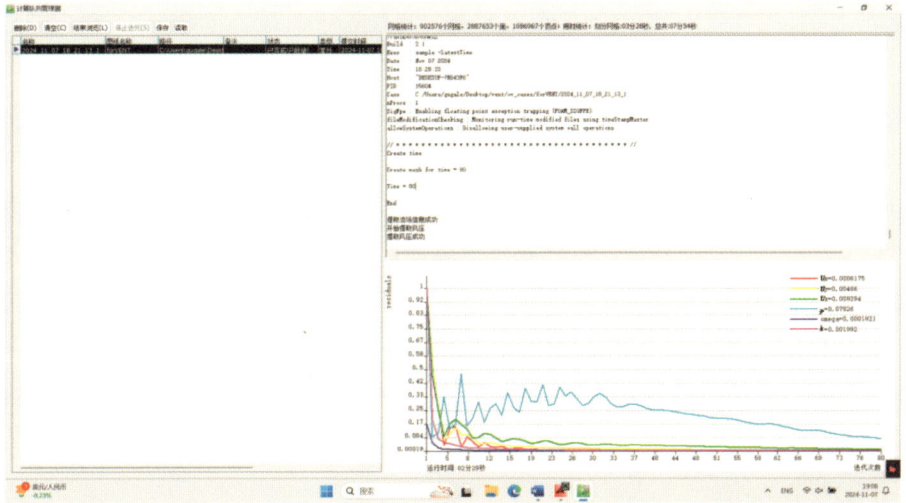

图3-15 迭代计算界面

4）结果查看与分析

计算完成且收敛后，需要观察计算结果，分析室外风环境情况。根据建筑通风的模拟结果可获得整个风场中的风速、风速放大系数分布和风压分布，VENT提供多种可视化方法查看这些参数的分布。

（1）计算结果查看（图3-16）

可以在计算界面选中某一栏计算结果，点击"结果浏览"即可查看计算结果的可视化视图；也可以回到屏幕左侧工具栏，点击计算分析中的"结果

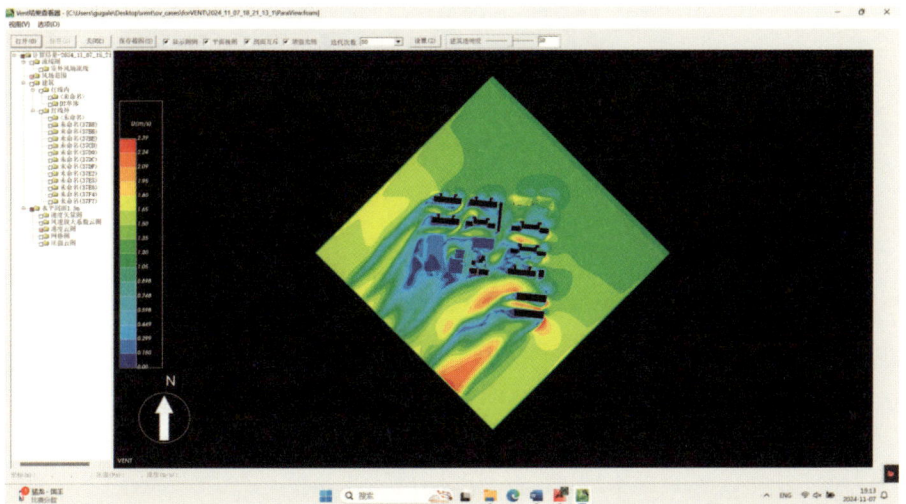

图3-16 结果浏览（可视化视图）

57

管理"，同样是选中某一条数据后点击"结果浏览"进行查看。在结果浏览界面中，可以切换三维视图或平面视图，使用鼠标可以拖动或旋转视图；勾选左侧菜单中的文件可显示对应图像，右键单击可以设置属性；点击上方"设置"可设置图例、背景颜色等。

（2）结果分析

室外风环境模拟应当得到以下结果：不同工况下场地内1.5m高处的风速分布、风速放大系数、典型楼层的迎风面和背风面表面的压力分布。

风速云图用伪彩色反映某一标高剖切面的风速分布情况，用于快速判断人行区域风速是否达标；风速矢量图通过箭头指向标明风向，颜色表示风速大小，主要用于观察是否出现涡流，以及建筑群内部的气流方向是否利于空气流通；风速放大系数用来评价室外建筑通风的特性，直观判断行人活动区域的达标情况；参考压力云图分布，可分析是否有利于建筑夏季通风和冬季防风，保证室内舒适性。

5）设计中的应用

案例一：廊院·共创·循环——高校公共建筑绿色低碳更新

（1）项目介绍

本案例选自第六届高等院校绿色建筑技能大赛一等奖作品，项目位于湖北省武汉市洪山区某高校，用地面积为7710m²，总建筑面积4555m²，建筑占地面积2171m²，建筑最高位置高度为14.7m，层数为3层（图3-17）。

图3-17 项目总平面（左）和效果图（右）

该设计针对高校内的老旧食堂展开，场地中存在建筑通风、采光等物理环境不佳等问题。通过绿色技术，改善场地的物理环境，降低建筑的能耗。同时，结合校园内的师生需求，项目依托场地周边良好的交通条件，将场地与建筑改造成以校园综合体为基础的众创空间，为师生的学习与生活提供便利。

（2）模拟结果及分析

武汉冬季的主导风向为东北风，平均风速为2.06m/s。通过分析1.5m高处的风速云图，可以看出在冬季，本项目的室外人员活动区域平均风速控制在5m/s以下，场地内最大风速为1.57m/s。这是由于本项目依据模拟结果调整了建筑布局，使得总体布局偏东北并在中心布置庭院。将体量最大的建筑放在北侧，可以起到冬季防风的作用；庭院中心布置店铺，分散了从东侧吹进来的东北风，使得室外整体取得较为舒适的风环境，也满足了标准的要求（图3-18）。

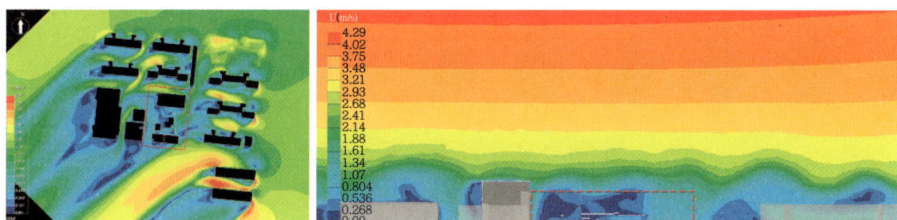

图3-18　冬季室外1.5m高度处风速云图（左）和剖面风速云图（右）

案例二：桥——绿色孪生社区营造

（1）项目介绍

本案例选自第四届高等院校绿色建筑技能大赛一等奖作品，项目位于湖北省武汉市江汉区积庆社区东区，用地面积为11683m²，总建筑面积11874m²，建筑占地面积5919m²，建筑最高位置高度为16.3m，层数为2层（图3-19）。

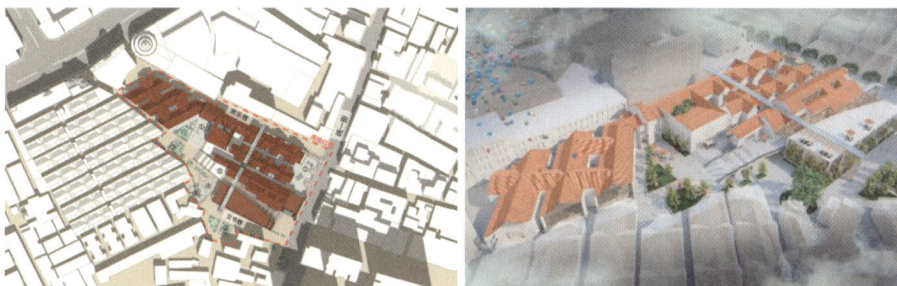

图3-19　项目总平面（左）和效果图（右）

本项目营造方案结合周边城市功能情况，以激活周边里份建筑、文保建筑、商业活动区、新老人群的"孪生"概念出发，结合绿色社区理念营造合理城市功能。在城市缝隙中创造"桥"的设计概念。联通新旧城市空间，创造文保与商业的良性互通发展方式，搭建新老人群交流渠道，创造新时代使用者回忆旧城市记忆的媒介，充分发挥绿色社区应有的潜力。

（2）模拟结果及分析

与案例一的工况相同，本案例的冬季盛行风——东北风的平均风速为2.06m/s。通过分析1.5m高处的风速云图可以得出结论，本项目的室外人员活动区域平均风速在5m/s以下，场地内最大风速为1.46m/s（图3-20）。

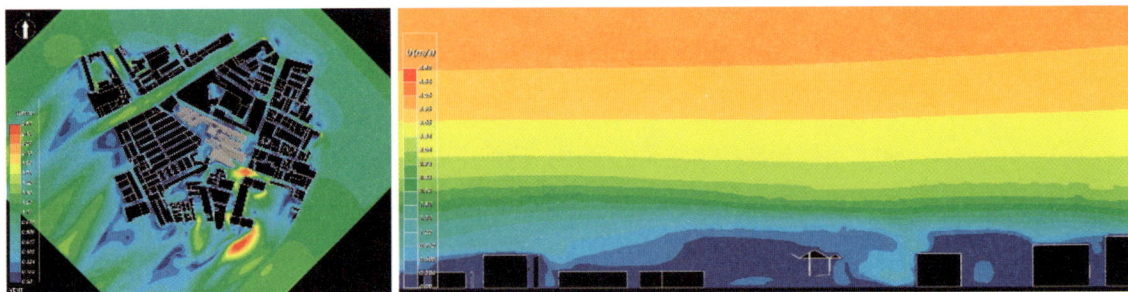

图3-20　冬季室外1.5m高度处风速云图（左）和剖面风速云图（右）

在场地设计方面，基于VENT得出的风环境模拟结果，通过控制权衡变量并进行舒适区叠加，还原当地人员活动集中地的建筑环境及人文特征优缺点，补充合适的室外活动区域及绿地，最大限度地将最优质的室外场地还给人。除了广场，项目通过空间设计，将室内空间室外化，创造夏季与冬季不同的人群流线区域，营造良好的通风条件。同时连通室外空间，强化"冷暖巷"的概念：冷巷在夏季遮阳通风，暖巷则利用阳光房的原理遮风采光，从而提升夏季和冬季室外人行活动区的舒适度。

3.3.1　建筑室外热环境

1）室外热环境影响因素

室外热环境是城市室外环境研究的重要组成部分，它以室外空气及辐射、建筑及表皮、地面及植被、人工排热等为研究对象，涉及空气温度、空气湿度、下垫面温度、空气流速等参数。室外热环境的影响因素示意图见图3-21。

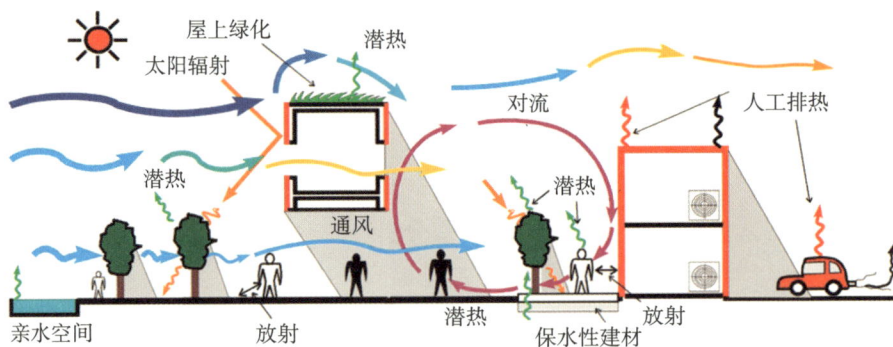

图3-21　室外热环境影响因素示意图

影响室外热环境的气候要素主要有太阳辐射、空气温度、风向与风速、空气湿度、凝结与降水等。这些要素互相关联,不仅与人体热舒适有关,也与建筑节能密切相关:比如太阳辐射是建筑外部的热源;空气温度决定建筑热工性能计算;风向与风速关系到建筑布局与自然通风;降水关系到建筑造型与除湿等。

影响室外热环境的城市要素包括建筑的形体、朝向、间距、植被与水体,以及人工排热(交通排热和空调排热)。建筑群的布局影响风环境,从而导致室外空间内部有不同的风向与风速分布;高低错落的建筑及树木遮挡太阳辐射,导致室外空间各类建筑物的表皮吸收太阳辐射的差异,从而造成不同空间空气温度的差异,甚至由于浮力作用而影响气流分布;植被与水体通过蒸腾作用降低室外空间各类建筑物表皮的温度,从而缓和室外的高温等。

现实中的室外热环境研究对象应该是建筑群及其附属构件,只有在建筑群中才能体现室外热环境的各种影响因素。因此室外热环境的各种影响因素互相关联并对整体产生影响。而环境中的各种要素(建筑、树木等)对环境的影响存在着两面性,对室外热环境不当的或者过度的设计策略可能达不到设计者所期望的效果,甚至可能在局部存在恶化的趋势。

2)绿色建筑室外热环境评价标准要求

(1)《绿色建筑评价标准》GB/T 50378—2019(2024年版)中规定:

8.2.9 采取措施降低热岛强度,评价总分值为10分,按下列规则分别评分并累计:

1 场地中处于建筑阴影区外的步道、游憩场、庭院、广场等室外活动场地设有乔木、花架等遮阴措施的面积比例,住宅建筑达到30%,公共建筑达到10%,得2分;住宅建筑达到50%,公共建筑达到20%,得3分;

2 场地中处于建筑阴影区外的机动车道,路面太阳辐射反射系数不小于0.4或设有遮阴面积较大的行道树的路段长度超过70%,得3分;

3 屋顶的绿化面积、太阳能板水平投影面积以及太阳辐射反射系数不小于0.4的屋面面积合计达到75%,得4分。

(2)《城市居住区热环境设计标准》JGJ 286—2013中规定:

3.3.1 当进行评价性设计时,应采用逐时湿球黑球温度和平均热岛强度作为居住区热环境的设计指标,设计指标应符合下列规定:

1 居住区夏季逐时湿球黑球温度不应大于33℃;

2 居住区夏季平均热岛强度不应大于1.5℃。

3.3.2　室外热环境模拟软件介绍

北京绿建软件股份有限公司开发的热环境模拟软件TERA可以辅助设计师进行室外热环境的设计。TERA以《城市居住区热环境设计标准》JGJ 286—2013提出的CTTC集总参数法体系为支撑，无需CFD复杂的参数设计和漫长的计算过程，具有简明实用、快速精准的优势，尤其适用于工程应用。TERA综合了国家现行标准《城市居住区热环境设计标准》JGJ 286和《绿色建筑评价标准》GB/T 50378对居住建筑室外热环境的规定，提供平均热岛强度、湿球黑球温度、平均迎风面积比以及活动场地遮阳覆盖率计算，还可提供典型日室外和建筑外表面逐时温度分布云图；提供《规定性设计报告书》和《评价性设计报告书》，满足不同的需求。

3.3.3　标准化流程

1）设计流程

图3-22列出了TERA数值模拟的流程。利用TERA进行室外热环境模拟时，首先要建立室外建筑总图模型，其次对模型进行计算参数设置、设计方案制定、场地材质设置操作后，即可进行室外热环境计算分析，并输出室外热环境分析报告。

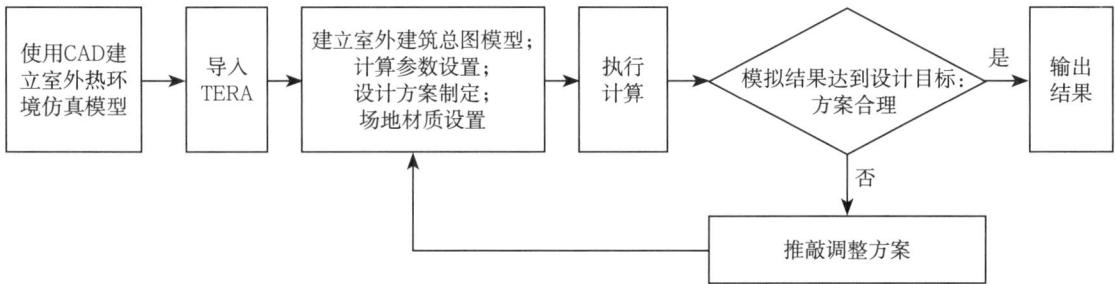

图3-22　TERA数值模拟流程

2）模拟参数设置

本小节介绍TERA的总图建模和计算分析两个主要步骤。

（1）总图建模

总图建模包括红线范围，建筑分布，广场、游憩场、人行道、停车场、车道等各类活动场地，水面、绿地、乔木、亭廊、爬藤、屋顶绿化等的设置，检查各个区域是否出现重叠并修改。针对室外热环境的设计主要是建筑分布和室外活动场地、绿化和水体的布置等。

在建好整个场地的建筑三维模型并链接到单体目标建筑后，进行室外热环境相关的参数和环境设置。选择夏热冬冷地区某市的两个项目作为分析示例，最后的项目总图效果见图3-23。

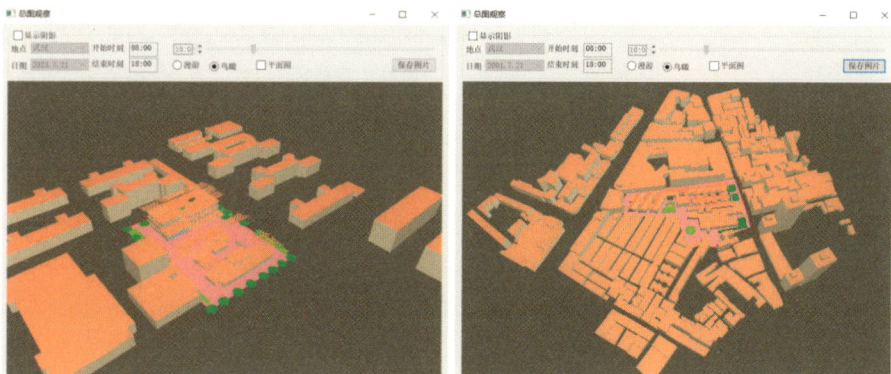

图3-23　3.2.3节案例一总图模型（左）和案例二总图模型（右）

（2）计算分析

室外热环境的计算分析的评价性指标主要有热岛强度和湿球黑球温度。在TERA的计算分析板块，除了以上两个量化指标，还提供了温度分布、迎风面积计算、遮阳覆盖率计算、屋面绿化率计算、绿化遮阳体叶面面积计算、渗透蒸发比率计算、底层架空率计算等功能。在设置完项目所在地点后，TERA会自动填充对应地点的气象参数，包括风速、风向、太阳辐照度等。

【热岛强度】命令提供热岛强度相关的分析计算功能。除了计算平均热岛强度指标以外，还可以对各项区域面积进行修改来调试结果。

【湿黑温度】命令用于计算并分析湿球黑球温度，对话框、调整设计与热岛强度基本一致。

【温度分布】命令用于在典型日对住区的温度分布进行网格化模拟计算。运行命令后，有"住区气温""建筑表面"两种计算模式。前者得出典型日白天逐时住区内地面1.5m高处的气温分布，后者得出典型日白天建筑表面温度分布。

（3）模拟结果解读

TERA的热环境分析报告分为规定性设计、评价性设计和热岛强度报告3种。TERA规定性设计结论示例见表3-3。TERA评价性设计结论示例见表3-4。强制性条文的检查项必须满足要求，而规定性设计和评价性设计的要求满足其一即可认定设计满足室外热环境要求。

TERA规定性设计结论示例　　　　　　　　　表3-3

类别	检查项	结论	备注
强制性条文	平均迎风面积比	满足	强制性条文，必须满足
	活动场地遮阳覆盖率	满足	

类别	检查项	结论	备注
规定性设计	底层通风架空率	满足	不满足任意一条时，进行评价性设计
	绿化遮阳体叶面面积指数	满足	
	渗透蒸发指标	满足	
	屋面绿化率	不满足	
结论			不满足

TERA评价性设计结论示例 表3-4

类别	检查项	结论	备注
强制性条文	平均迎风面积比	满足	强制性条文，必须满足
	活动场地遮阳覆盖率	满足	
评价性设计	平均热岛强度	满足	需同时满足强制性条文
	湿球黑球温度	满足	
结论			满足

3.3.4 设计中的应用

下面用两个夏热冬冷地区设计案例介绍室外热环境分析在具体设计中的应用。

案例一：廊院·共创·循环——高校公共建筑绿色低碳更新

本设计的设计对象为位于夏热冬冷地区某市高校内的老旧食堂（图3-25）。其中，南侧食堂一半已经荒废，北侧食堂一层与三层已闲置，二层分布少量便民商铺与简餐。两栋建筑中间的庭院内有少量荒废的单层建筑。整体而言，场地中存在建筑通风、采光等物理环境不佳及建筑能耗较大等问题。

场地设计方面，在原有南北两侧食堂中均增加了中庭空间，利用自然空气流动产生拔风效应，减少对机械通风的依赖，从而在保证建筑内部的舒适性的同时降低建筑能耗。另外项目对绿色技术的应用，包括垂直绿化、屋面太阳能收集等可以较大程度改善场地的物理环境，降低建筑的能耗。

案例一建筑鸟瞰图、室外热环境分析平面图如图3-24所示。其中案例一建筑温度分析图、建筑表面温度分析图如图3-25所示，案例一概况和指标如表3-5和表3-6所示。

图3-24 案例一建筑鸟瞰图（左）、室外热环境分析平面图（右）

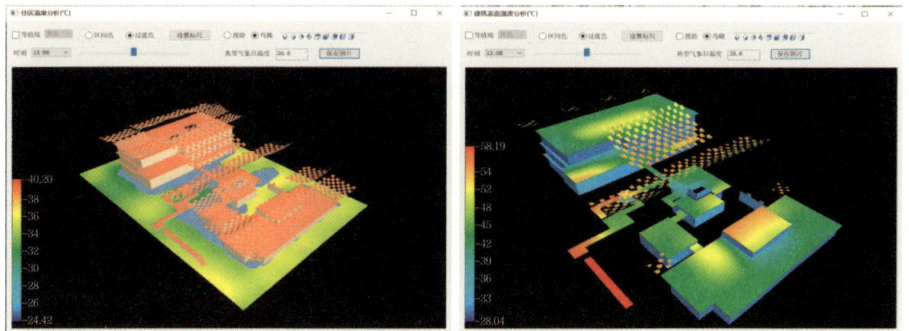

图3-25 案例一建筑温度分析图（左）、建筑表面温度分析图（右）

案例一概况 表3-5

工程名称	某市高校食堂商业改造	
工程地点	夏热冬冷地区某市	
地理位置	北纬30.58°	东经114.28°
建筑气候区	ⅢB	
主导风向	东南	

案例一指标 表3-6

地块面积（m²）	8260.67
建筑密度	0.60
室外面积（m²）	3325.99
道路面积（m²）	539.17
绿地面积（m²）	352.89
绿化屋面面积（m²）	1536.86
乔木爬藤面积（m²）	1735.31
渗透型硬地面积（m²）	5651.80
地表平均太阳辐射吸收系数	0.85
地面粗糙系数	0.30

65

案例一规定性设计指标、热岛强度、湿球黑球温度检查结论如表3-7、表3-8及表3-9所示。

案例一规定性设计指标检查结论 表3-7

序号	检查项	标准值	计算值	结论
1	平均迎风面积比	≤0.70	0.40	满足
2	绿化遮阳体叶面面积指数	≥3	>3	满足
3	渗透蒸发指标	渗透面积比率、透水系数及蒸发量不应低于标准规定限值	1.00	满足

案例一热岛强度检查结论 表3-8

时间	平均温度（℃）	太阳辐射升温（℃）	长波辐射降温（℃）	蒸发换热降温（℃）	居住区温度（℃）	典型气象温度（℃）	温差（℃）
8:00		1.3	2.7	0.8	26.2	27.3	−1.1
9:00		2.9	2.6	0.9	27.8	28.2	−0.4
10:00		4.6	2.6	0.9	29.5	29.0	0.5
11:00		5.4	2.6	0.9	30.3	29.7	0.6
12:00		6.6	2.6	0.9	31.5	30.2	1.3
13:00	28.4	7.2	2.5	0.9	32.2	30.6	1.6
14:00		7.8	2.4	0.9	32.9	30.9	2.0
15:00		8.5	2.5	0.8	33.6	31.2	2.4
16:00		8.8	2.5	0.6	34.1	31.2	2.9
17:00		8.8	2.6	0.5	34.1	30.9	3.2
18:00		8.2	2.6	0.5	33.5	30.2	3.3
平均热岛强度（℃）	1.48						
依据	根据《城市居住区热环境设计标准》JGJ 286—2013第3.3.1条规定指标，按照该标准第5.0.2条的公式计算						
标准要求	居住区夏季平均热岛强度不应大于1.5℃						
结论	满足						

案例一湿球黑球温度检查结论 表3-9

时间	居住区温度（℃）	空气相对湿度	太阳辐射照度（W/m²）	地表短波辐射强度（W/m²）	湿球黑球温度（℃）
8:00	26.2	0.9	138.8	31.0	25.6
9:00	27.8	0.8	276.3	61.6	26.5
10:00	29.5	0.7	327.5	73.1	27.3

时间	居住区温度（℃）	空气相对湿度	太阳辐射照度（W/m²）	地表短波辐射强度（W/m²）	湿球黑球温度（℃）
11:00	31.5	0.6	409.1	91.3	28.6
12:00	33.6	0.6	467.1	104.2	30.2
13:00	35.2	0.5	428.6	95.6	31.2
14:00	36.5	0.5	378.5	84.4	32.0
15:00	37.2	0.5	327.0	72.9	32.4
16:00	37.4	0.5	256.2	57.1	32.4
17:00	37.1	0.5	166.2	37.1	31.9
18:00	36.3	0.5	77.2	17.2	31.0
最大湿球黑球温度（℃）	32.4				
依据	根据《城市居住区热环境设计标准》JGJ 286—2013第3.3.1条规定指标，按照该标准5.0.1条的公式计算				
标准要求	居住区逐时湿球黑球温度不应大于33℃				
结论	满足				

本项目满足平均迎风面积比和活动场地遮阳覆盖率两条强制性条文的要求，虽然不能满足屋面绿化率的规定性设计要求，但是满足热岛强度和湿球黑球温度两个评价性设计要求。因此最终判断本项目的住区热环境符合《城市居住区热环境设计标准》JGJ 286—2013的规定。

案例二：桥——绿色孪生社区营造

项目用地位于该市重要商圈附近，周边现代商业体及商业街密集；项目用地属于传统商业及饮食区辐射范围，周边街道存在较多老字号或传统店铺，项目可联通新旧不同餐饮购物商业圈，联通新旧城市空间。

在场地设计方面，通过模拟软件计算结果，基于建筑整体风格与周边环境，创造适宜使用的"冷巷"与"暖巷"，试图创造全年适宜的体验环境，通过计算全年阳光入射角度，设计屋檐与巷道高度与层数，使得冬季"暖巷"内有采光，而夏季"冷巷"内阴凉通风。

在进行整体布局及单体设计的同时，充分挖掘场地"绿色"资源，利用场地现有古树，打造"一棵树"广场。TERA模拟分析结果见图3-26。

案例二概况和指标如表3-10和表3-11所示，规定性设计指标检查结论如表3-12所示，评价性指标检查结论见表3-13与表3-14。

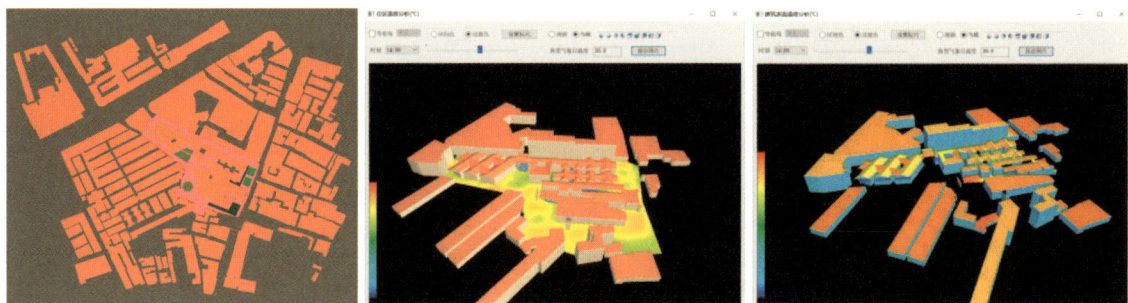

图3-26 项目室外热环境分析平面图（左）、项目温度分析图（中）、项目建筑表面温度分析图（右）

案例二概况　　　　　　　　　　　　　表3-10

工程名称	某市社区商业改造	
工程地点	夏热冬冷地区某市	
地理位置	北纬30.58°	东经114.28°
建筑气候区	ⅢB	
主导风向	东南	

案例二指标　　　　　　　　　　　　　表3-11

地块面积（m²）	15579.49
建筑密度	0.46
室外面积（m²）	8355.33
绿地面积（m²）	788.73
乔木爬藤面积（m²）	522.59
渗透型硬地面积（m²）	6033.31
地表平均太阳辐射吸收系数	0.78
地面粗糙系数	0.30

案例二规定性指标检查结论　　　　　　　表3-12

序号	检查项	标准值	计算值	结论
1	平均迎风面积比	≤0.70	0.70	满足
2	绿化遮阳体叶面面积指数	≥3	＞3	满足
3	渗透蒸发指标	渗透面积比率、透水系数及蒸发量不应低于标准规定限值	1.00	满足

案例二热岛强度检查结论   表3-13

时间	平均温度（℃）	太阳辐射升温（℃）	长波辐射降温（℃）	蒸发换热降温（℃）	居住区温度（℃）	典型气象温度（℃）	温差（℃）
8:00		0.6	2.6	0.3	26.0	27.3	−1.306
9:00		1.3	2.6	0.3	26.7	28.2	−1.503
10:00		2.3	2.6	0.3	27.7	29.0	−1.287
11:00		3.5	2.5	0.3	29.0	29.7	−0.742
12:00		4.7	2.5	0.3	30.3	30.2	0.095
13:00	28.4	5.8	2.5	0.3	31.4	30.6	0.822
14:00		6.7	2.5	0.2	32.4	30.9	1.462
15:00		7.3	2.5	0.2	33.0	31.2	1.786
16:00		7.6	2.6	0.1	33.3	31.2	2.086
17:00		7.7	2.6	0.1	33.3	30.9	2.442
18:00		7.5	2.6	0.1	33.1	30.2	2.929
平均热岛强度（℃）	0.62						
依据	根据《城市居住区热环境设计标准》JGJ 286—2013第3.3.1条规定指标，按照该标准第5.0.2条的公式计算						
标准要求	居住区夏季平均热岛强度不应大于1.5℃						
结论	满足						

案例二湿球黑球温度检查结论   表3-14

时间	居住区温度（℃）	空气相对湿度（%）	太阳辐射照度（W/m²）	地表短波辐射强度（W/m²）	湿球黑球温度（℃）
8:00	26.0	0.9	127.5	28.0	25.5
9:00	26.7	0.9	227.0	49.9	26.0
10:00	27.7	0.8	341.8	75.2	26.6
11:00	29.0	0.7	429.2	94.4	27.3
12:00	30.3	0.7	471.2	103.7	28.2
13:00	31.4	0.7	437.2	96.2	28.6
14:00	32.4	0.6	366.9	80.7	28.9
15:00	33.0	0.6	302.2	66.5	29.1
16:00	33.3	0.6	212.0	46.6	29.0
17:00	33.3	0.6	120.1	26.4	28.8
18:00	33.1	0.6	50.1	11.0	28.5
最大湿球黑球温度（℃）	29.1				

时间	居住区温度（℃）	空气相对湿度（%）	太阳辐射照度（W/m²）	地表短波辐射强度（W/m²）	湿球黑球温度（℃）
依据	根据《城市居住区热环境设计标准》JGJ 286—2013第3.3.1条规定指标，按照该标准第5.0.1条的公式计算				
标准要求	居住区逐时湿球黑球温度不应大于33℃				
结论	满足				

　　本项目满足平均迎风面积比和活动场地遮阳覆盖率两条强制性条文的要求，虽然不能满足屋面绿化率的规定性设计要求，但是满足热岛强度和湿球黑球温度两个评价性设计要求。因此最终判断本项目的住区热环境符合《城市居住区热环境设计标准》JGJ 286—2013的规定。

3.4

3.4.1　建筑声环境

1）室外声环境噪声传播

（1）室外噪声的来源及评价

　　我国城市噪声主要来源于道路交通噪声、建筑施工噪声、工业生产噪声以及社会生活噪声等。噪声评价是指在不同条件下，采用适当的评价量和合适的评价方法，对噪声的干扰与危害进行评价。总声压级、A声级、噪声评价数、语言干扰级、交通噪声指数等噪声评价量是常用的用于描述噪声暴露的评价量。

（2）噪声控制方法

　　声音自声源发出后，经中间环境的传播，扩散到达接收者。所以解决噪声污染的问题需从噪声源、传播途径和接收者3个方面采取合理措施。

　　①声源的噪声控制：最根本有效控制噪声的措施是降低声源噪声。

　　②传声途径中的控制：在无法消除声源的情况下，利用声波在介质中传播时能量是逐渐衰减的，可以采取声源密闭、设置防振装置、消声装置等方式切断声源向外传播或吸收消除噪声。

　　③接收点的噪声控制：对接收者进行防护，主要是利用隔声原理来阻挡噪声传入人耳，可以尽量减少人员在噪声中暴露的时间。

2）绿色建筑声环境评价标准要求

（1）《绿色建筑评价标准》GB/T 50378—2019（2024年版）中规定：

　　8.2.6　场地内的环境噪声优于现行国家标准《声环境质量标准》GB 3096

的要求，评价总分值为10分，并按下列规则评分：

1 环境噪声值大于2类声环境功能区噪声等效声级限值，且小于或等于3类声环境功能区噪声等效声级限值，得5分。

2 环境噪声值小于或等于2类声环境功能区噪声等效声级限值，得10分。

（2）《建筑环境通用规范》GB 55016—2021中规定：

2.1.2 噪声与振动敏感建筑在2类或3类或4类声环境功能区时，应在建筑设计前对建筑所处位置的环境噪声、环境振动调查与测定。声环境功能区分类应符合本规范附录A的规定。

（3）《声环境质量标准》GB 3096—2008中规定了五类声环境功能区的环境噪声限值（表3-15）：

声环境功能区分类［单位：dB（A）］   表3-15

声环境功能区分类	时段		区域特征
	昼间	夜间	
0类	50	40	指康复疗养区等特别需要安静的区域
1类	55	45	指以居民住宅、医疗卫生、文化教育、科研设计、行政办公为主要功能，需要保持安静的区域
2类	60	50	指以商业金融、集市贸易为主要功能，或者居住、商业、工业混杂，需要维护住宅安静的区域
3类	65	55	指以工业生产、仓储物流为主要功能，需要防止工业噪声对周围环境产生严重影响的区域
4类 4a类	70、	55	指交通干线两侧一定距离之内，需要防止交通噪声对周围环境产生严重影响的区域，包括4a类和4b类两种类型。4a类为高速公路、一级公路、二级公路、城市快速路、城市主干路、城市次干路、城市轨道交通（地面段）、内河航道两侧区域；4b类为铁路干线两侧区域
4b类	70	60	

注：根据《中华人民共和国环境噪声污染防治法》，"昼间"是指6:00—22:00之间的时段；"夜间"是指22:00至次日6:00之间的时段。

3.4.2 模拟软件介绍

北京绿建软件股份有限公司开发的建筑声环境软件SEDU，是一款可实现室外噪声与室内隔声接力计算的模拟软件，可对项目建筑受到的噪声污染及室内声环境进行仿真计算，是评估建筑声环境的重要工具。软件模拟以现行国家标准《绿色建筑评价标准》GB/T 50378、《声环境质量标准》GB 3096等标准为依据，综合考虑声传播过程中的多种因素。SEDU软件特点如下：

（1）支持一模多算，支持复杂建筑形态；实现室外、室内接力计算。

（2）支持现行隔声设计标准中六类民用建筑隔声计算；可实现工业项目噪声模拟，提供点声源、线声源、面声源等相关声源设置和计算。

（3）依据建筑环境和声环境相关规范，对不同声功能区室外噪声进行计算。

（4）提供室外噪声分析、建筑构件隔声性能、室内噪声级报告书，计算流程清晰，数据详细。

（5）与绿建斯维尔系列模拟软件共享模型，实现绿色建筑设计全覆盖。

3.4.3 标准化工作流程

利用SEDU计算室外噪声时，首先要建立室外总图模型，其次对模型进行声功能区划分、网格设置等计算设置操作，之后即可进行室外噪声计算，依据标准中的要求得出噪声结果，并输出室外噪声分析报告（图3-27）。

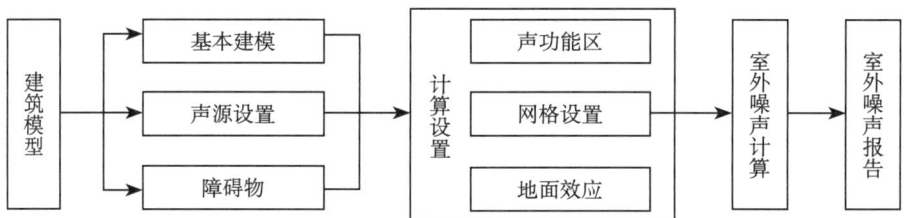

图3-27　SEDU室外噪声工作流程

1）单体建模

SEDU可以打开、导入或转换部分建筑设计软件的图纸模型。依据建筑基础墙体门窗设定、空间划分、设置屋顶等操作，形成建筑单体模型。

2）总图建模

室外噪声计算的总图建模需设置声源、桥梁、障碍物等。在设置完声源环境后，再对噪声计算进行参数设置，进而进行室外噪声分析计算。

（1）设置

【工程设置】输入工程地点、名称等，用于报告书输出，与计算无关。

【标准选择】SEDU系统默认以现行国家标准《绿色建筑评价标准》GB/T 50378作为模拟依据，使用者可依据项目具体情况对全国范围内的不同标准进行选择。

（2）基本建模

总图模型包括场地及场地周边建筑物和环境。总图中应包含场地内建筑物、声源、声屏障、障碍物等对噪声计算产生影响的因素。

【建筑高度】通过给代表建筑轮廓的闭合PLINE赋予给定的高度和底标高，从而生成三维的建筑模型，可通过观察模型进行检查。

【建筑命名】室外噪声计算模型场地内可能不止一个计算对象，同一建筑项目的部分应按照整体统一命名，赋予唯一ID。

【建总图框】对建筑场地创建总图框，按照提示步骤确定总图范围以及对齐点，设置内外高差。

【设红线层】设置建筑红线，软件对红线内已命名的建筑进行统计和得分判断。如未绘制建筑红线，则已命名的全部建筑参与对标统计。

【本体入总】将建筑单体模型导入总图。

（3）声源设置

【公路声源】可用于公路、城市道路等的噪声评价（图3-28）。公路声源需要对公路参数和源强设置这两部分内容进行参数设置后，依据软件提示选择图中用PL线绘制道路或通过"选择基线"，点击需要设置声源的道路基线。

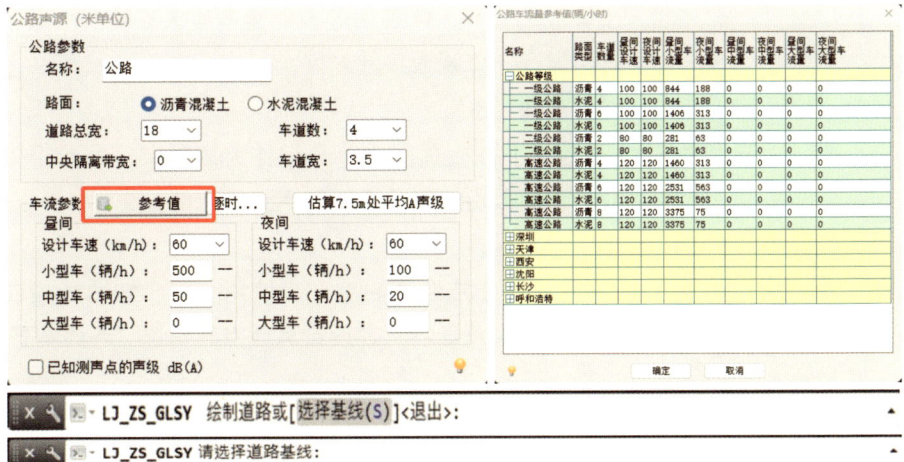

图3-28 公路声源标准选择界面

方法1：车流参数

《环境影响评价技术导则 声环境》HJ 2.4—2021将车辆分为大、中、小3种车型，通过设定昼夜车流量，再结合软件依据车流量信息估算出每一车道7.5m处平均A声级的值，便于查看公路声源噪声值情况。

方法2：根据测声点确定公路源强

在难以获取车流量信息的情况下，可在道路两侧选点进行实测，并将实测所得噪声数据在软件中输入。

【轨道声源】设定轨道名称以及昼夜间车辆参数以用于轨道交通噪声模拟评价。

【桥梁】桥梁计算上实际作为道路下方水平声屏障，能够有效降低道路两侧较近范围内的噪声值。

【交叉路口】两条公路交叉形成交叉路口，车辆汇聚在交叉路口进行加速启动以及减速停车时均会使得周围噪声值有所增加。

【点声源】假如声源很小（其几何尺寸比声波波长小得多或传播距离小很多），且声源的指向性不强时，可以把此声源近似作为点声源。

【线声源】由一线状或由无数互不相干的点声源组成的线状声源，如铁路轨道、车流量很大的交通干线等。

【面声源】面声源为辐射平面声波的振动体，面声源的波阵面为平行于与传播方向垂直的平面，波阵面上各点具有相同的振幅和相位。一般比模拟区域大时才使用面声源，环境模拟中很少用面声源，多见于工业项目。

（4）障碍物

【绿化带】通过树冠吸收声能而有很好的噪声衰减效应，是天然降噪屏障。

【声屏障】立于噪声源和受声点之间的一种声学障碍物，如围墙、建筑物、土坡或地堑等，能够引起声能量的较大衰减。一般来讲，声屏障越高或离声屏障越远，降噪效果就越好。

（5）离散点

【离散点】在相关图中取一点作为离散点，输入相关参数。噪声计算完成后双击该离散点可显示该离散点处声压值数据。

（6）背景噪声

【背景噪声】结合离散点一起使用。用已知场地内自身背景噪声对比其他声源对场地噪声影响，在设置离散点时勾选"考虑背景噪声"。

3）计算设置

介绍室外噪声计算的参数设置、计算过程等内容。

（1）声功能区

【声功能区】在进行项目室外噪声计算时，声功能区的划分是确定声环境影响评价标准的因素之一，让项目与对应声功能区标准进行对比。基于现行国家标准《绿色建筑评价标准》GB/T 50378模拟噪声时，无需绘制声功能区。

（2）设置管理

【计算设置】用于设置噪声计算条件和参数。可根据项目情况调整网格间距、反射次数、地面效应等。一般情况下此界面的参数取默认值即可。

4）噪声计算

（1）室外噪声计算

【噪声计算】得出计算区域内的昼夜噪声值，并在结果图中显示建筑昼夜噪声最大值。计算区域确定后，可在对话框中检查模型信息、计算参数，进行多核计算；可输出室外噪声计算彩图以及DWG平面网格数据（图3-29～图3-31）。

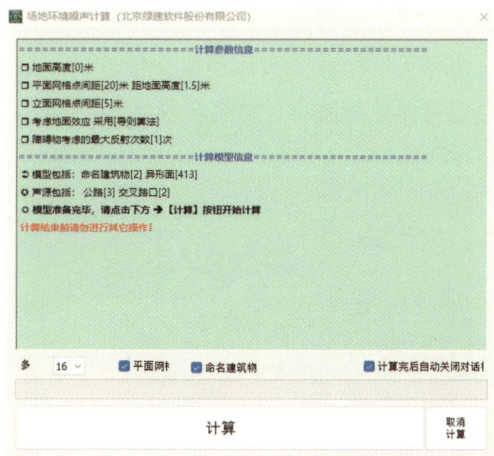

图3-29 室外噪声计算界面

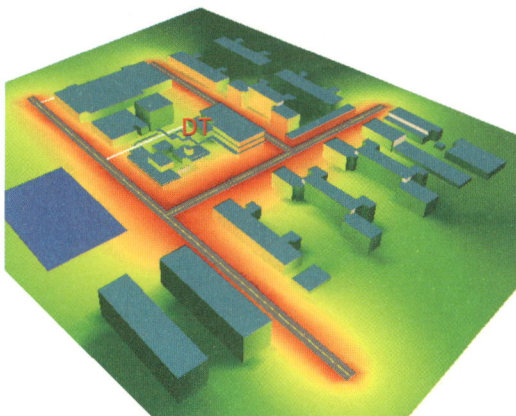

图3-30 室外噪声计算彩图
注：DT代表模拟的建筑对象。

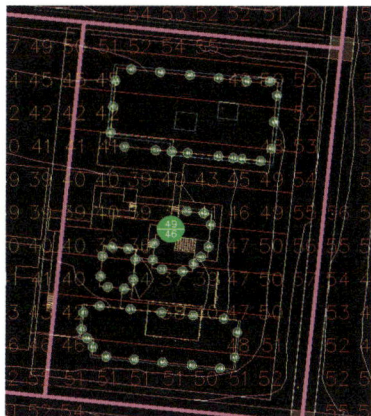

图3-31 室外噪声计算DWG平面网格数据

（2）模拟结果及分析输出

报告中输出项目概况、评价标准、模拟方法、结果分析以及现行国家标准《绿色建筑评价标准》GB/T 50378要求的评价内容。经过软件模拟计算，预测出昼、夜两种工况下的场地噪声分布情况，包括场地噪声平面分布彩图、参评建筑沿建筑底轮廓线1.5m高度处噪声分布、参评建筑立面噪声级分布等数据分析图。

5）室外声环境模拟案例分析

案例一：以框对景——开放、灵活、模块式的游客中心绿色建筑设计

（1）案例介绍

本案例选自第五届全国高等院校绿色建筑技能大赛一等奖作品，游客中心设计基于湖北省鄂州市红莲湖旅游度假区的实际地块，建筑体量与观景平台形成层叠错落的空间节奏。虚实结合的建筑体量叠加建筑高度的错落，使

得游客中心与周边的山、水、树木相映成趣。设计通过使用架空、下沉等手法尽可能地减少实体建筑功能空间，将地面层空间开放给游客和居民。游客则可以参与其中，体会自然（图3-32）。

图3-32　案例一效果图

（2）声环境模拟结果

建设项目室外声环境分析模型平面图见图3-33。

①场地噪声分布（图3-34、图3-35）

图3-33　建设项目室外声环境分析模型平面图

| 建筑 | 公路 | 轨道 | 绿化带 | 离散点 | 声屏障 | 点声源 | 线声源 | 面声源 | 垂向面声源 |

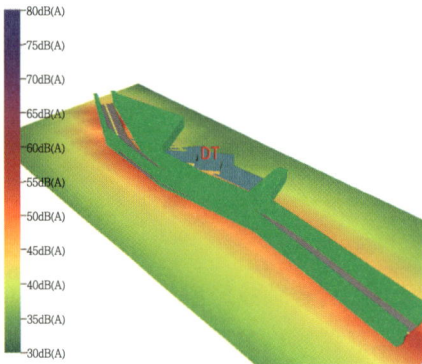

图3-34　场地噪声分布俯瞰图（昼间）

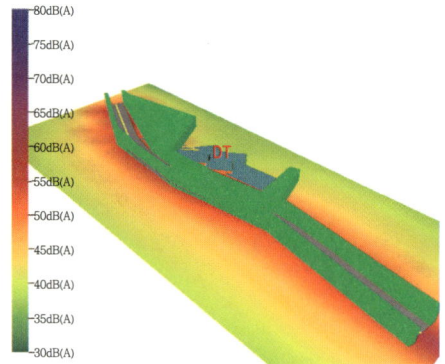

图3-35　场地噪声分布俯瞰图（夜间）

②噪声敏感建筑噪声分布情况（图3-36、图3-37）

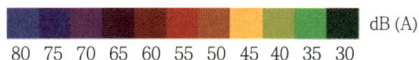

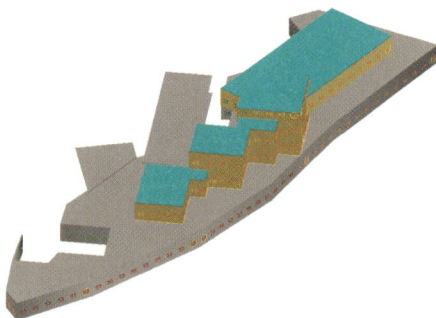

图3-36　参评建筑附近区域声压级分布图（昼间）　　图3-37　参评建筑附近区域声压级分布图（夜间）

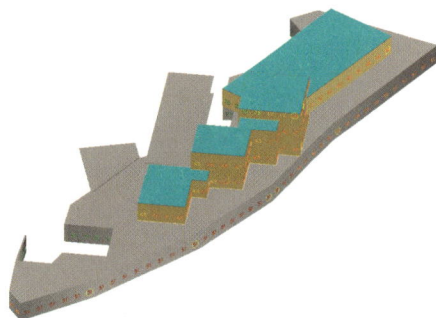

③结论（表3-16）

环境噪声综合得分表　　　　　表3-16

时段	噪声最大值 [dB（A）]	2类噪声限值 [dB（A）]	3类噪声限值 [dB（A）]	得分情况 （分）
昼间	54	60	65	10
夜间	50	50	55	

《绿色建筑评价标准》GB/T 50378—2019[①]第8.2.6条要求：场地内的环境噪声优于现行国家标准《声环境质量标准》GB 3096的要求，评价总分值为10分。

图3-38　建设项目室外声环境分析模型平面图

综上所述，经过软件模拟和结果统计分析，最终判定本项目符合《绿色建筑评价标准》GB/T 50378—2019[①]第8.2.6条的规定，得10分。

案例二：桥——绿色孪生社区营造

（1）案例介绍

该案例与3.2.3节的室外风环境案例二采用同一案例，建设项目室外声环境分析模型平面图见图3-38。

（2）声环境模拟结果

①场地噪声分布（图3-39、图3-40）

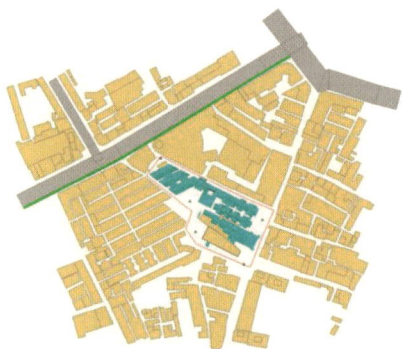

---

① 此处引用的是设计本案例时的现行标准。

建筑　公路　轨道　绿化带　离散点　声屏障　点声源　线声源　面声源　垂向面声源

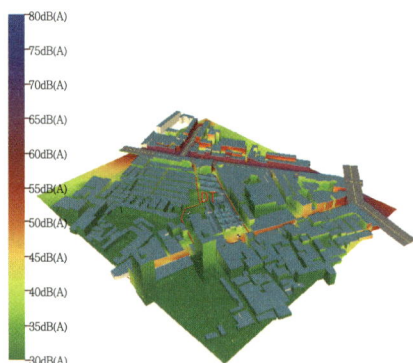

图3-39　场地噪声分布俯瞰图（昼间）

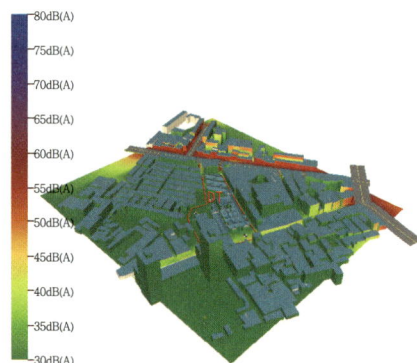

图3-40　场地噪声分布俯瞰图（夜间）

②噪声敏感建筑噪声分布情况（图3-41、图3-42）

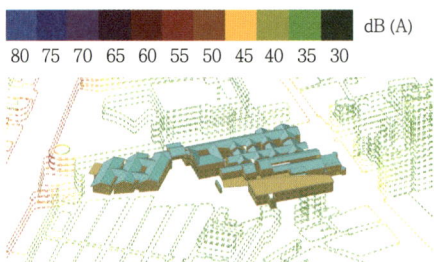

图3-41　参评建筑附近区域声压级分布图（昼间）

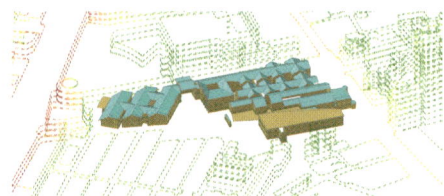

图3-42　参评建筑附近区域声压级分布图（夜间）

③结论（表3-17）

环境噪声综合得分表　　　　　　　　表3-17

时段	噪声最大值 ［dB（A）］	2类噪声限值 ［dB（A）］	3类噪声限值 ［dB（A）］	得分情况 （分）
昼间	44	60	65	10
夜间	40	50	55	

《绿色建筑评价标准》GB/T 50378—2019第8.2.6条的要求：场地内环境噪声优于现行国家标准《声环境质量标准》GB 3096的要求，评价总分值为10分。

综上所述，经过软件模拟和结果统计分析，最终判定本项目符合《绿色建筑评价标准》GB/T 50378—2019第8.2.6条的规定，得10分。

思考题与练习题

1. 请简述建筑室外风环境模拟的标准化流程。

2. 请简述减少城市噪声干扰的合理措施以及影响室外声环境模拟的相关设置。

3. 请简要说明日照模拟在低碳建筑设计中的作用。

参考文献

［1］ 刘琦，王德华. 建筑日照[M]. 北京：知识产权出版社，2018.

［2］ 田真，晁军. 建筑通风[M]. 北京：知识产权出版社，2018.

［3］ 曾理，万志美，徐建业，等. 绿色建筑室外风环境与热环境分析入门[M]. 北京：中国建筑工业出版社，2018.

［4］ 杨柳. 建筑气候学[M]. 北京：中国建筑工业出版社，2010.

［5］ 孟庆林，赵立华. 住区热环境[M]. 北京：知识产权出版社，2022.

［6］ 刘丛红. 性能模拟与绿色设计方案解析[M]. 天津：天津大学出版社，2023.

［7］ 孟琪，闵鹤群. 建筑声环境[M]. 北京：知识产权出版社，2021.

［8］ 李念平. 建筑环境学[M]. 北京：化学工业出版社，2010.

第 4 章
室内物理环境模拟

4.1.1　室内热环境

1）定义

室内热环境受温度、湿度、热辐射等因素的综合影响。合适的室内热环境有利于人们的健康和舒适感，同时也是影响建筑能源消耗的重要因素。室内热舒适是人们在特定环境条件下对室内热环境的感受，与个体的生理和心理特征密切相关，不同的人对同一环境条件下的热舒适感受可能有所不同。

建筑在使用过程中消耗的能源称为建筑能耗，主要包括供暖、制冷、通风、照明、插座设备、电梯等方面的能耗。室内热环境与建筑能耗密切相关，一般来说，维持室内良好热环境的供暖、制冷与通风能耗是建筑运行能耗的主要组成部分。

2）影响因素

建筑室内热环境受到室内外多个影响因素的共同作用，这些影响因素对建筑室内热环境产生直接或者间接的作用。地区性气候影响作用下的局部气候作用于建筑，形成建筑本体外部的微气候。微气候如室外温度、湿度、日照与太阳辐射、风速与风向等是直接影响建筑室内热环境的外部因素，并通过建筑围护结构的传热最终影响室内热环境。

在室内空间中，影响热环境的主要因素包括相邻房间的通风和传热，以及房间内的空气流动和室内得热，如人员、照明、设备等。同时可以通过人工环境控制，如供暖、空调等方式来调节室内热环境。

3）人体热平衡及热舒适

健康人体的"核心"温度约37℃，而且人体通常需要向环境净散发热量（散热大于得热）。人体通过以下方式向环境散发热量：①吸入凉爽干燥的空气，呼出温暖潮湿的空气；②通过裸露的皮肤向周围辐射热量；③空气流动将热量从衣服和裸露的皮肤上带走，通过出汗蒸发提供蒸发冷却；④通过衣服和脚向周围表面以及气流传导/辐射热量。当这些方法由于环境条件而变得不太有效时，人体可能会过热。例如，高湿度会降低出汗的效率，而高气温会降低方式①、②和④的效率。

人员热舒适，取决于建筑系统中4个可控制因素之间的平衡，即空气温度、平均辐射温度（Mean Radiant Temperature，*MRT*）、空气流速和空气湿度。还有两个因素取决于人员本身，即新陈代谢和衣服热阻。而适应性热舒适模型增加了其他因素，如当地室外温度的历史记录、人员可开启窗户自然通风的能力和人员心理方面的因素等。

大多数人将热舒适与气温联系在一起。家用空调温控器一般根据室内空气温度来进行调节控制。人员所处环境的平均辐射温度同样影响人员的热舒适度，而平均辐射温度仅间接受提供的冷/热空气影响。因此，许多低能耗建筑使用辐射供冷/供热，这是提高人员热舒适更高效的方法。

4）室内热舒适评价

室内热环境受到空气温度、空气湿度以及风速等客观物理指标的影响，同时这些指标的要求与限值已在各国家标准和行业规范中得到详细的阐述。

由于人员对全年不断变化的室外温度的适应性，而每个人都有个人的差异和偏好，因此不可能为所有的用户设计出一个完美的热环境。室内人员热舒适的定义和描述可作为室内热环境评价的一个基准。下面详细介绍一些相关的模型：

*PMV-PPD*模型，早期的人员热舒适模型主要关注环境参数对热舒适感的影响，其中最具代表性的是Fanger于1970年提出的Predicted Mean Vote（*PMV*）模型。*PMV*模型通过考虑空气温度、相对湿度、风速等因素，以及服装和代谢率等个体特征，预测人群对于整体热环境的平均满意度。大多数研究要求人员在-3（冷）～+3（热）的范围内对他们的热感觉进行评分，其中0是热中性（不冷不热）。如果计算出的预计*PMV*在-0.5～+0.5，则可以认为该房间是舒适的。在实地研究中发现，这一范围的*PMV*可以满足80%人员的热舒适。然而，*PMV*模型较为简单地将人群视为一个整体，忽略了个体差异，因而在实际应用中存在一定的局限性。

适应性热舒适模型，为了解决上述问题，学者们提出了适应性热舒适评价模型，认为人们的热舒适每天和每周都会发生变化，尤其是与近期当地的室外温度有关。这就是所谓的气候的适应性。环境满足人员期望的程度，或者人员对环境的适应性都起着作用。该模型假定人员可增添或减少衣物以便他们能够在更加宽松的温度范围内保持热舒适，而不是被动地接受狭窄范围内的温度。而且也有分析证明居住在自然通风建筑中的用户喜欢的温度范围比静态热舒适模型中所预测的温度范围更宽，这与室外温度等其他因素有关。研究还显示，住在有暖通空调设备建筑里的用户更喜欢他们过去所习惯的较窄范围的舒适条件，这暗示了心理学和适应性在热舒适方面所起到的作用。

4.1.2 建筑能耗与模拟

在建筑室内热环境模拟中，能耗模拟是重中之重，因为仅靠建筑本身被动性能很难维持室内较好的热环境状况。在建筑能耗中主要包括供热能耗、制冷能耗、通风能耗、照明能耗、房间设备能耗、生活热水能耗等。在冬季，当室内温度低于舒适范围时，需要通过供热系统加热房间，产生供暖能耗；相反，在夏季，当室内温度高于舒适范围时，需要使用制冷设备来降低室内温度，产生制冷能耗。

1）基本原理

室内热环境和建筑能耗受各方面因素的影响很大，环境因素包括天气因素、地理位置影响，建筑因素包含建筑本身结构、围护结构参数、建筑物内设备组成及运行情况，以及建筑内人员等热扰的影响因素等。为准确评估复杂工况下的建筑热性能，通常采用仿真模拟的方法。一般来说，建筑的热性能模拟的组成包括3个部分：

（1）输入参数，即气象参数等与建筑能耗有关的变量。

（2）建筑结构与系统参数，包括建筑类型、围护结构特性、设备参数与运行特征等。

（3）输出参数，在前两个部分确定完成以后，经过计算以后就可以得到建筑性能分析方面的结果，例如室内温湿度、围护结构表面温度以及建筑能耗等。

2）模拟方法

根据所依托的数学模型，可将计算方法分为两大类：一类是建立在稳态传热理论基础上的静态能耗分析法，另一类是建立在非稳态传热理论基础上的动态能耗模拟法。

静态能耗分析法的特点是简单易行。该方法在理论上作了很大简化，但是结果也很粗略。它的基本原理是将供冷期或供暖期中的各旬、各月的耗热量按稳态传热理论进行计算，而不考虑各部分围护结构的蓄热效应。静态能耗分析的方法主要有：当量满负荷运行时间法、有效传热系数法、度日法和温频法。

动态能耗模拟法可以模拟在变化的室外气象参数条件下建筑空间中负荷的动态变化，并考虑建筑围护结构蓄热的影响，比较耗时。该方法主要用于建筑能耗系统及子系统的能耗分析及评估、经济性分析和优化等，是当今国内外能耗模拟研究的重点。目前经常采用的动态能耗模拟法主要为反应系数/传递函数法，也有许多研究采用谐波反应法、有限差分法或有限元法、加权系数法、热平衡法及状态空间法等数值方法。

计算核心是建筑能耗模拟软件中最重要的一环，其算法的优劣直接决定了能耗模拟软件的优劣，大部分都是以DOE-2、EnergyPlus和DeST等为计算核心，加上新的图形界面和一些辅助的扩展功能模块形成的。下文通过这几类计算核心详细介绍模拟软件情况。

4.1.3 常用模拟软件

1）DOE-2类

DOE-2是由美国能源部主持，美国劳伦斯伯克利国家实验室及J. J. Hirsh公司联合开发的建筑全年逐时能耗和负荷模拟软件。DOE-2采用反应系数法，假定室内温度为常数，计算建筑的冷、热负荷，可以确定系统和设备的逐时能耗值。DOE-2可以模拟建筑物供暖、空调的热过程。用户可以输入建筑物的几何形状和尺寸，围护结构细节，室内人员、电器、炊事、照明等的作息时间，全年8760h的气象数据以及空调系统的类型和容量等参数。根据用户输入的数据进行室内热环境及能耗计算，并以各种报告形式来提供。DOE-2主要包括4个模块（图4-1）：

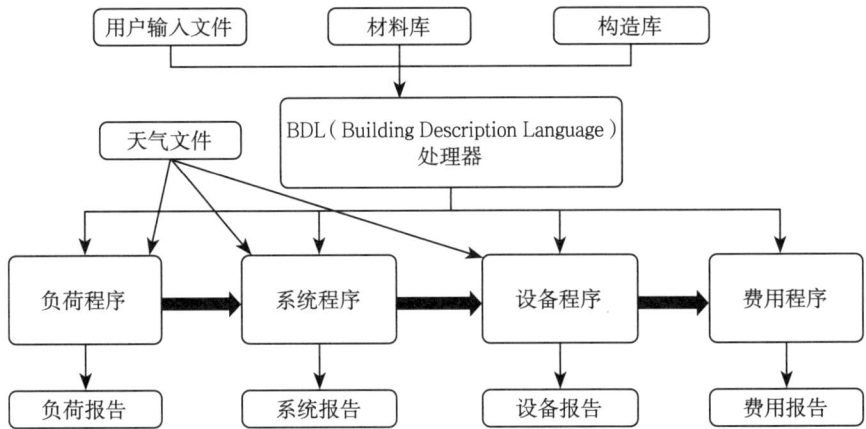

图4-1　DOE-2模拟流程图

（1）负荷（LOADS）模块：根据气象数据和建筑围护结构的热工特性、占用率等，计算房间冷、热负荷，以及照明、热水、电梯等能耗。

（2）系统（SYSTEMS）模块：利用负荷程序的计算结果，计算达到室内设计的温湿度条件下的新风量、冷热水量、电负荷等，此外系统程序还计算控制设备、供暖通风和空调辅助设备、能量回收设备。

（3）设备（PLANT）模块：计算满足单元系统程序要求的供暖通风和空调设备（锅炉冷凝器、冷却塔等）。

（4）费用（ECONOMIC）模块：计算电力和其他能源的费用。

DOE-2已达到较为成熟且广泛普及的阶段，目前我国南方地区的建筑节能设计大多采用DOE-2进行动态计算，而且DOE-2也是进行建筑能耗研究分析的主要程序手段。但DOE-2的计算需要经过专业培训，计算人员要有建筑热工、暖通空调及计算机的专业基础，而且对建筑物的资料输入比较严格，所以对大部分设计人员来说存在不少困难。目前以DOE-2为计算核心已开发了包括e-QUEST、绿建斯维尔BESI（图4-2）在内的商业模拟软件。DOE-2将上述用户输入文件、材料库以及构造库输入BDL处理器中，该处理器负责将用户提供的建筑描述输入（即BDL文件）转换为软件可识别的数据结构，用以进行能耗模拟。使用该处理器使得输入数据标准化，减少了人为操作失误；简化了用户操作，无需用户直接处理底层数据结构。软件通过BDL处理器将用户输入的数据处理后进行室内热环境及能耗计算，并通过4个模块以相应的报告形式来提供计算结果。

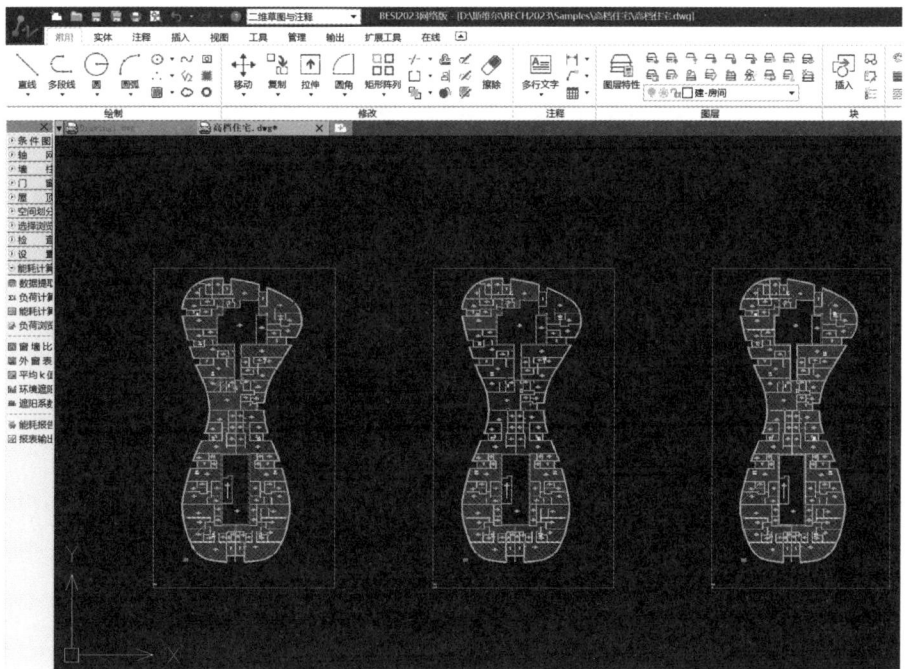

图4-2　绿建斯维尔BESI软件界面

2）EnergyPlus类

EnergyPlus是一款开源的建筑能耗模拟与负荷分析软件，其软件界面如图4-3所示。EnergyPlus是在DOE-2和BLAST的基础上进一步开发的，继承了DOE-2和BLAST能耗模拟软件的优点，采用的是集成同步的模拟方法，同时不仅增加了建筑能耗模拟的模拟范围，还提高了能耗模拟精度并丰富了建筑能源类型的模拟模式。

作为一款目前最流行的能耗模拟软件，EnergyPlus不仅可以用来模拟建筑全年逐时负荷及能耗，还可以为暖通空调设计人员提供合适的建筑空调系统。如果想更加精准明确地计算建筑物的负荷情况，可以使用EnergyPlus内置的传热模块，它采用的是CTF（Conduction Transfer Function）算法或有限差分法来计算建筑围护结构传热对建筑空调负荷的影响。CTF算法实质上是一种反应系数法，但它的计算更为精确，因为它是以墙体的内表面温度为基础进行计算的，而不同于一般基于室内空气温度的反应系数法，它是一种基于室内空气温度、围护结构内外表面温度以及室内家具表面温度之间的热平衡方程组的精确解法；为了能够更加准确地计算建筑全年能耗，EnergyPlus可以计算建筑全年的照明能耗、设备能耗和空调能耗，而对于空调能耗，EnergyPlus内置有不同的空调系统模块，可以模拟不同形式的空调系统对建筑物内空调能耗的影响，其空调设备可以利用厂家样本通过曲线拟合的方法得到更为准确的动态工况下的设备参数，因此可以更为精准地模拟全年动态的空调能耗。

此外，EnergyPlus可以与一些常用的模拟软件链接，并且源代码开放，用户可以根据自己的需要加入新的模块或功能。目前研究者以该算法为核心开发了DesignBuilder和OpenStudio等图形界面软件。

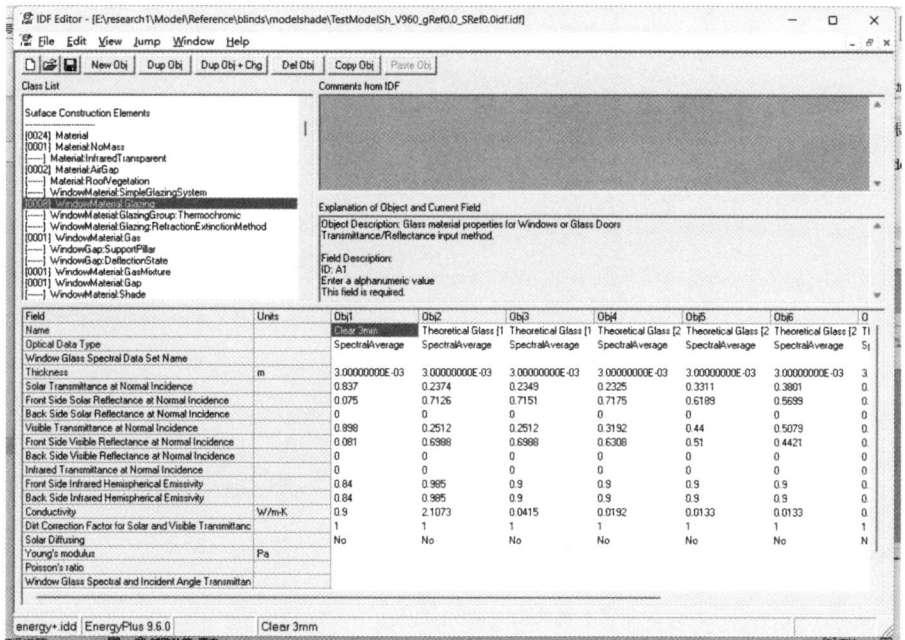

图4-3　EnergyPlus软件界面

3）DeST类

建筑热环境设计模拟工具包（Designer's Simulation Toolkit，DeST）（图4-4）于1989年由清华大学建筑学院建筑技术科学系建筑环境与设备研究所开发。DeST在2019年通过《Standard Method of Test for the Evaluation of Building Energy Analysis Computer Programs》ANSI/ASHRAE Standard 140[①]

———————————

① 该标准当时的现行版本。

的全部案例测试,具有我国完全自主知识产权,能够贯穿建筑设计的整个周期,被广泛应用于建筑能耗动态模拟的相关研究与工程应用。与其他建筑能耗模拟软件相比,DeST具有如下特点:为了建立建筑物与环境控制系统的联系,设立自然室温的概念,即当没有采用暖通空调系统时,室外气象条件与室内热扰综合作用下的室内空气温度,这反映了建筑本体特性和各种被动热扰的影响。

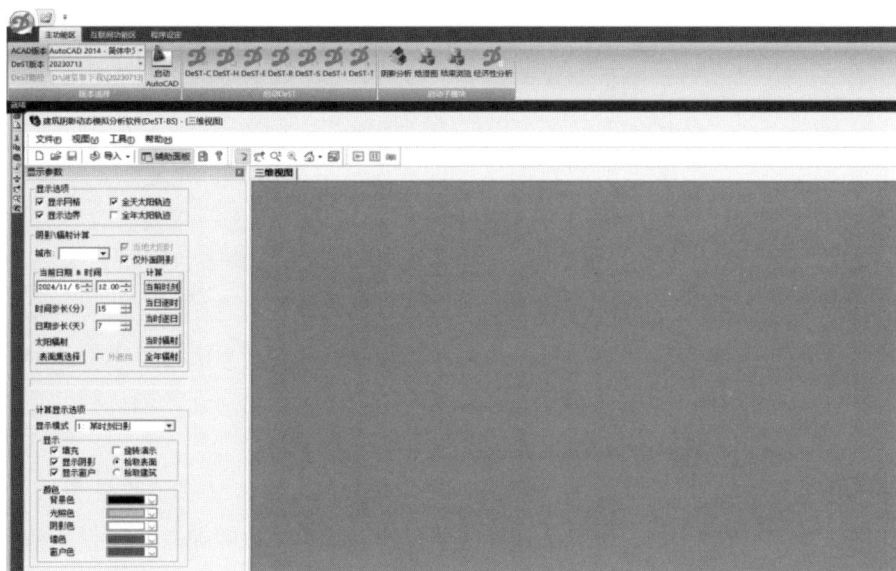

图4-4　DeST软件界面

软件结合实际中分阶段设计的特点,将模拟分析划分为建筑热特性、系统、空气处理设备、风网和冷热源5个阶段。采用理想控制的概念,假定在后续未知的模拟阶段中,部件特性和控制效果理想且满足要求。基于AutoCAD实现图形化界面,通过数据库接口将建筑物相关数据与用户界面相联系。作为通用性平台,融合模块化思想,具有良好的开放性和可拓展性。为了实现分阶段模拟的理念,DeST采用既相互独立又相互联结的软件结构,由各模块组成:

(1)CABD:基于AutoCAD开发的图形化用户界面,便于进行模型描述和数据设定;

(2)Medpha:根据建筑节能标准选取典型气象年并建立气象参数库;

(3)VentPlus:采用多区域网络模型计算自然通风量;

(4)BShadow:采用几何投影法计算建筑物各表面的遮挡和阴影,从而获得建筑物接收的太阳辐射量;

(5)Daylighting:确定天然采光下的室内照度和符合设计要求的灯具开启情况;

（6）BAS：对建筑物温度和负荷进行全工况模拟，即详细的全年逐时计算；

（7）HVAC：开展包括方案设计和设备选择在内的空调系统设计；

（8）CPS：量化分析冷热源系统和水系统；

（9）ES：计算暖通空调系统方案的初投资和运行费用，评价其在生命周期内的经济性。

DeST的核心算法主要处理两个基本问题：一是已知热扰，计算房间室温；二是以前面求得的房间室温作为已知条件，继而求解空调负荷。这里的空调负荷指的是为了将房间室温控制在空调设定范围内，需要空调设备单位时间内向室内提供的冷热量。由于相邻房间通过相互传热和通风产生影响，故而对建筑内所有房间温度联立求解，即建立多房间的整体热平衡方程。DeST采用状态空间法对建筑热过程进行求解，该算法在时间上连续、空间上离散。首先通过求解房间的能量平衡方程组，得到房间对各热扰的响应系数，并以此作为房间的热特性，再通过这些热特性系数和逐时变化的热扰量，获得房间各时刻的温度状况。该算法可以得到积分形式的解，具有稳定高效、计算量少的优势，所以能够对房间的热过程和负荷进行动态模拟，但不能直接处理非线性问题。

另外，DeST与其他建筑和空调系统模拟软件最大的区别在于DeST不需要在整个建筑模型和空调系统模型全部建立后才开始模拟，而能够在不同的设计阶段完成不同的模拟任务，实现分阶段设计、分阶段模拟。

4）数据驱动类

随着计算机的快速发展，机器学习和深度学习得到了广泛应用，特别是深度学习网络的出现和图形处理器（GPU）计算能力的提升，使其在图像识别、语音识别、自然语言处理等领域取得突破性进展。机器学习还能够利用历史能耗数据、气象数据、建筑特征等信息，通过训练模型来预测建筑未来的能源消耗。具体步骤：

（1）数据采集和准备：收集和整理建筑能耗模拟所需的各种数据，包括建筑的结构、材料、朝向、外部条件、历史能耗数据、气象数据等。数据可以来自建筑信息模型（BIM）、能源监测系统、气象站等。

（2）特征工程：在这一步骤中，需要对采集到的数据进行特征工程处理，包括数据清洗、缺失值处理、特征提取、特征选择等。特征工程的目的是将原始数据转换为可以输入到模型中的特征向量，以更好地反映建筑能耗的影响因素。

（3）模型选择和训练：在这一步骤中，需要选择合适的机器学习模型或深度学习模型进行建模。常用的机器学习模型包括线性回归（LR）、决策树

（DT）、支持向量机（SVM）、随机森林（RF）等，而深度学习模型则包括神经网络（ANN）、卷积神经网络（CNN）、循环神经网络（RNN）等。选定模型后，需要将数据分为训练集和测试集，并利用训练集对模型进行训练。

（4）模型评估和优化：在模型训练完成后，需要对模型进行评估和优化。评估模型的性能可以使用各种指标，如均方根误差（$RMSE$）、平均绝对误差（MAE）、决定系数（R^2）等。如果模型性能不佳，可以考虑通过调整模型的超参数、改进特征工程流程、增加数据量等方式来优化模型。

（5）模型应用和预测：在模型训练和优化完成后，可以将训练好的模型应用于建筑能耗模拟中，并进行能耗的预测。根据建筑的特征和外部条件，将预测结果转化为建筑的能耗，以帮助建筑设计和能源管理决策。

基于人工智能的数据驱动模型可以凭借历史数据快速预测未来的建筑性能数据，随着算法的发展，预测结果已经非常精确。同时其还能够与传统建筑模拟软件结合，收集来自建筑模拟软件的原始数据，将其训练后可代替传统模拟软件，达到预测不同设计参数的建筑性能的效果。

4.2

室内自然通风与模拟

4.2.1　建筑自然通风

建筑通风是指将室外空气引入建筑物或者房间内，将建筑物室内原有污浊空气排出，以满足室内人员对于室外空气特别是氧气的要求，从而让室内空气符合卫生与健康标准。19世纪以前的建筑都采用自然通风，即通过门、窗、洞口通风。工业革命带来了新的生产方式及建筑形式，由于进深较大的办公建筑和密集的使用人群，而且人们对室内环境舒适度的要求不断提高，机械通风和空气调节系统应运而生。

建筑通风按照空气流动的作用动力可分为自然通风和机械通风两种。室内自然通风是利用热压和风压提供适量的室内流动空气以达到维持适宜室内风环境的方式。建筑通风通常意义上是指通过人为设置的门、窗、天井等洞口，利用压力差产生的空气流动，形成热压或风压回路，引导室内空气与室外空气进行流通交换或建筑内部空气进行流通交换。根据压力差形成的机理，自然通风可以分为热压作用下的自然通风、风压作用下的自然通风以及热压和风压共同作用下的自然通风。风压自然通风与室外风速、风向以及风口面积直接相关，具有很大的变化性和不可控性；热压自然通风与室内外温差、进出风口高度差以及风口面积直接相关，相对来说稳定性更强。

良好的自然通风可以降低建筑空调的能耗，是常见的建筑节能手段。最早的"自然通风"并不是追求真正的舒适性，而是要防止室内氧气不足的"必要换气量"观念，也就是要满足最基本的健康通风的概念。此外，自然通风的作用还有热舒适通风和降温通风。

1）气候条件对自然通风影响

我国幅员辽阔，地形复杂多样，地理纬度、地势等条件均不同，因此各地气候相差悬殊。不同的气候条件对室内自然通风效果具有重要影响，因为自然通风依赖于室外的风速风向、温湿度差异和压差等气候因素。热压通风依赖于室内外温度差来促进空气流动，而风压通风则依赖于风在建筑物室内外形成的压差；风速在促进通风换气方面起着关键作用，风速高时有利于增大换气率，但如果太大则可能对居住舒适度产生不利影响。同时，湿度也会影响通风的感觉效果和实际效能；高湿度减少了通风的舒适性，并降低空气流动能力。外部气候的季节性变化决定了不同季节对通风需求的变化，如夏季增加通风以降温，而冬季减少通风以保持室温。要设计一个有效的自然通风系统，就需要对特定地区的气候模式有充分的了解，并结合建筑特性采取相应的通风策略，这样才能确保室内通风效率兼顾居住舒适度。

按照自然通风的最基本原则，如果室外气温低于室内气温，那么即可开窗通风，引入室外空气来降低室内温度。冬季则要在提供室内新风的同时，尽量降低室外冷风对室内热环境的影响。设计人员通过对气象参数中的室外温度、湿度、风向和风速的分析可以获知建筑所在地区的可利用自然通风的时间，从而了解建筑的自然通风潜力。

2）建筑渗透风的影响

渗透风简称渗风（Infiltration），是指不受人员控制的，室外空气在局部构件处的风压、热压或者送风与排风不平衡造成的室内外空气交换现象。通常室外空气通过门、窗缝隙进入室内，经过混合再逸出，在一定程度上向室内提供了部分新风量。渗透风会在风压作用下冬季供暖时向室内渗入冷空气，在夏季制冷时向室内渗入热空气；或者在正压条件下室内冷/热空气向外渗透。渗透风对室内温度和湿度的稳定状态影响较大，冷风渗透也是导致冬季室内人员感觉不舒适的主要原因之一。渗透风与建筑通风二者最大的区别在于建筑通风是人员可控的，而渗透风在一般情况下是不受人员控制的，主要是建筑围护结构特别是门、窗缝隙在风压和热压作用下不受控制的结果。

建筑物的空气渗透热损失主要起因于外门、外窗以及建筑围护结构中的不严密部位，同样在机械通风系统中，送排风不平衡也可能导致渗透。多数国内建筑特别是老旧建筑中存在的问题表现在门、窗气密性较差，并且其连接墙体的部分通常存在较大缝隙。尤其是20世纪末建造的住宅，其外窗气密性较差，且在东北地区，使用的木外窗在干燥环境下收缩，导致气密性能大幅度降低，这直接导致渗透风量剧增，从而也增加了加热需求。推拉窗因构造本身的弱点在风压作用下导致的渗透量也是渗风造成能耗较高的原因之一。

在我国北方地区，冬季渗透风可以造成显著的热损失，增加供暖需求和能耗。通过提高建筑的气密性，可以有效减少冷风渗透造成的热量损失，节约供暖能耗。然而在我国南方地区，尽管夏季渗透风对空调能耗的影响相对较小，提高建筑气密性同样有助于冬季湿冷时的室内舒适度，并可为室内提供新风，配合通风器或机械通风系统，进一步提升室内环境品质。因此，增强建筑气密性既有助于减少能耗，也能对室内环境的舒适性和健康提供积极影响。

3）建筑的布局与设计

（1）建筑的形体设计

基于通风考虑的建筑形体设计主要有利用主导风向、平面凹进、退台处理、底层架空、形体导风以及高差拔风等（图4-5）。

建筑根据主导风向进行开窗位置选择，可以最大可能地增强室内通风。通过设计平面凹进或退台结构，可以增加建筑迎风面的面积，使更多的风进入建筑内部。迎风面的增加会引导气流进入，提升风速，从而增强建筑的通风效果。底层架空形成较为通透的空间，使得气流贯穿建筑底部，减少对气流的阻挡，使建筑周围的风环境得到优化。通过合理设计建筑的形体，如适当增加体块挖减开洞，创造出"风通道"，可引导气流穿过建筑，形成局部的高效通风通道。斜坡屋顶或形体高度的变化可以利用伯努利效应，即随着建筑高度的增加，气流在屋顶区域的速度加快。较多的高层建筑也利用这种原理，在中庭进行拔风设计，提升了室内自然通风性能。

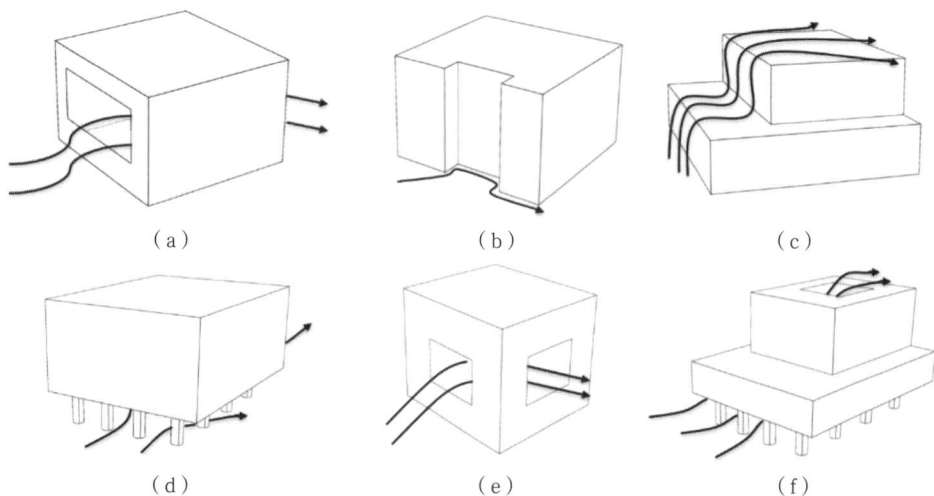

（a）　　　　　　（b）　　　　　　（c）

（d）　　　　　　（e）　　　　　　（f）

图4-5　有利于通风的建筑形体
（a）利用主导风向；（b）平面凹进；（c）退台处理；（d）底层架空；（e）形体导风；（f）高差拔风

（2）建筑的平面布置

平面布置与通风关系密切。除了要满足使用功能需要外，平面布置还有一些基本原则应遵循：

①主要使用房间应当布置在夏季迎风面，辅助房间应布置在背风面。

②建筑的开口位置应当尽量使室内空气流场均匀分布，并力求风能吹过房间中的主要使用部位。门窗的相对位置宜贯通，减少气流的迂回和阻力。纵向间隔在适当位置开设通风口或者通风构造，以利于形成贯通的风道。

③需要保证一定的建筑外窗可开启面积，不宜小于房间地面面积的5%。

④天井、楼梯间、小厅等空间可以增加建筑物内部的开口面积，并起到拔风作用，有利于组织自然通风。

⑤平面进深较大时，可以通过在中部设置中庭的方式减小通风距离。如中间需要布置大空间时，可将中间房间的外墙圆润化，通过曲线外墙的布置引导风的流动性。

（3）房间的开口

房间开口的位置对室内气流场的分布影响很大，不论是开口的平面位置，还是剖面的高低，都直接影响气流路线。例如，住宅设计常将客厅与餐厅，或者主卧与次卧南北相对布置，这种使主要居室处在南北通风的流线上的设计可以带来良好的通风效果。

①开口的大小

房间开口的大小直接影响风速及进风量（图4-6）。开口大，则气流场较大；缩小开口面积，流速虽相对增加，但气流场缩小。因此，开口大小与通风效率之间并不存在正比关系。据测定，当开口宽度为开间宽度的1/3～2/3、开口面积为地板面积的15%～25%时，通风效率最佳。要想加大室内风速，应加大排气口面积（图4-6）。

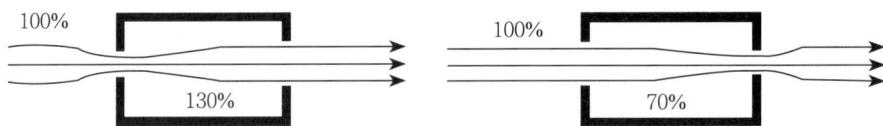

图4-6　进气口与出气口大小对通风量的影响

②开口的位置

应根据对室内气流场的要求来调整开口的位置，以取得良好的通风效率。而风的流线会受到室内家具、隔断等的影响，因此设计时需要综合考虑。开口位置在平面上以相对、贯通的形式为最好，这样可以减少气流的迂回和阻力。在剖面上，应该尽量把进气口放在较低的位置上，把出气口放在较高的位置，以保证气流通过人体高度，形成舒适的环境。

在一梯三至四户的单元式住宅中，以往中间户型设计只有单面外墙通风，无法实现南北穿堂风，存在不足，因此应当非常重视窗户开口的设计。新的设计可考虑楼梯间分开布置，中间采用连廊的方式将中间户型北面空出来以形成穿堂风。

③外窗的可开启面积

保证良好的通风效果还必须有足够的可开启面积。目前建筑设计中的窗户面积有越来越大的趋势。

《住宅建筑规范》GB 50368—2005规定：每套住宅的通风开口面积不应小于地面面积的5%。《民用建筑供暖通风与空气调节设计规范》GB 50736—2012规定：厨房通风开口有效面积不应小于该房间地面面积的10%，且不得小于0.60m²。《公共建筑节能设计标准》GB 50189—2015规定：外窗可开启面积不应小于窗面积的30%。同时，《玻璃幕墙工程技术规范》JGJ 102—2003也规定了透明幕墙应具有可开启部分或通风换气装置。

凸窗是一种使立面更加活泼生动的造型元素，它增加了建筑的采光面积，提供了可坐可卧的室内窗台，在目前的高层住宅设计当中十分常见，然而建筑师为了追求立面的简洁和玻璃的通透感，不在凸窗正面设置可开启扇，而且可开启面积常常很小，给通风带来不利影响。要改进凸窗的通风性能，可以采取如下改进措施：

a. 避免采取正面窗扇不开窗的形式，应该采取固定窗与可开启窗相结合的形式。

b. 采取在凸窗窗台部位设置通风槽和通风口的办法，可以兼顾通风与美观，并且可以防止台风和雨水的侵袭。

c. 在东、西向的凸窗部位利用侧板的变化提供遮阳或者导风作用。

（4）开启方式

不同的窗口开启方式可以达到不同的室内通风效果。这是由于窗户的开启扇可以在一定程度上充当导风板的作用，致使开启扇可以对气流产生阻挡或者引流的效果（图4-7）。在选择窗口开启方式时，应保证足够的进风量，同时可以利用窗户开启扇引导通风，增强自然通风效果。

4）建筑通风形式的选择

现代建筑普遍采用的建筑自然通风有单侧通风、贯流通风、地道通风和热压通风等几种形式，不同的通风形式会对通风效果产生影响。

（1）单侧通风

当自然风的入口和出口在建筑物的同一个外表面上时，这种通风方式被称为单侧通风（Single Sided Ventilation）。单侧通风靠室外空气湍流形成的

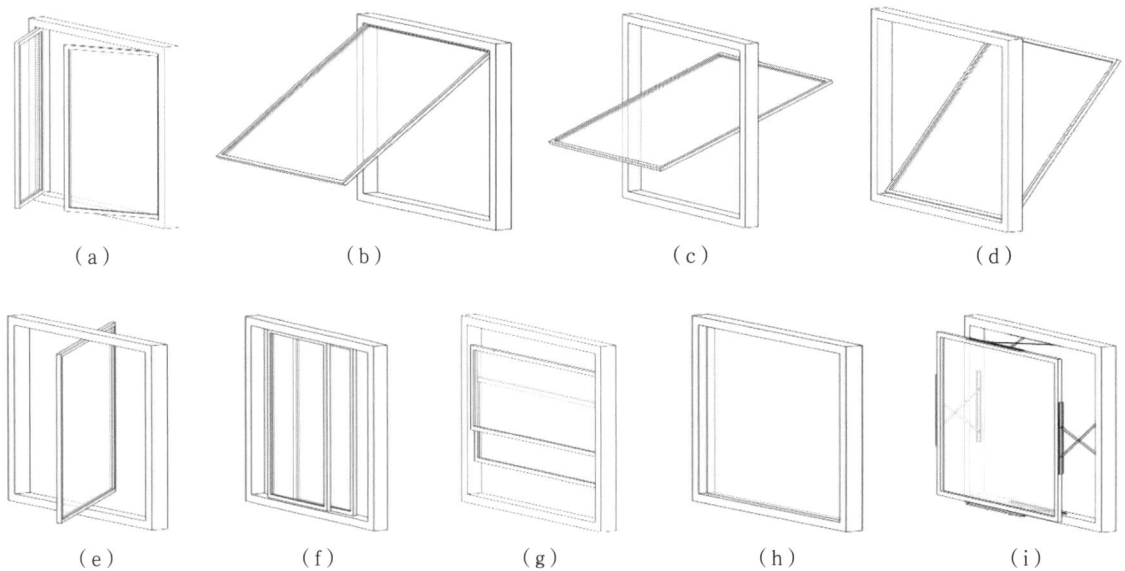

图4-7 多种窗开启方式
（a）平开窗；（b）上悬窗；（c）中悬窗；（d）下悬窗；（e）立转窗；（f）水平推拉窗；（g）垂直推拉窗；（h）固定窗；（i）平推窗

风压和室内外空气温差的热压进行室内外空气的交换。建筑单侧通风可分为两种：一种为单侧单窗；另一种为单侧高低窗。单侧单窗的情况下，一般自然通风的通风距离不大于建筑净层高的2倍。如建筑净层高为3m，则单侧窗自然通风的潜力通风距离在6m以下。针对单侧高低窗情况，一般要求高低窗之间高度差应超过1.5m，以充分利用不同高度的空气热压差，在这种情况下，自然通风潜力距离可近似看作达到2.5倍建筑净层高。如建筑净层高约为3m，则单侧高低窗自然通风的潜力通风距离为7.5～8m。

（2）贯流通风

贯流通风（Cross Ventilation）俗称穿堂风，通常是指建筑物迎风一侧和背风一侧均有开口，且开口之间有顺畅的空气通路，从而使自然风能够直接穿过整个建筑［图4-8（a）］。如果进、出风口间有阻隔或空气通路曲折，通风效果就会变差。这是一种主要依靠风压进行的通风。在风口处设置适当的导流装置，可提高通风效果。贯流通风的潜力通风距离约为净层高的5倍，如果房间层高为3m，则贯流通风的潜力通风距离约为15m，比单侧通风距离要高出不少。这也是为什么在住宅中建筑贯流通风比单侧通风更有效的原因，也是住宅建筑南北向径深一般控制在15m左右的原因之一。

（3）地道通风

地道通风（Earth Tube Ventilation）在通风方面有一些显而易见的优势。在夏季，由于地层温度低于空气中的温度，当采用此种送风方式时，在送风的同时，将送入室内的空气通过土壤层冷却，可在一定程度上降低夏季室内温度，减少空调系统的使用，降低能耗［图4.8（b）］。但此种通风方式有一定的局限性，如在南方气候条件下，空气中湿度比较大的季节，地道在冷却湿空气的同时容易结露，产生霉菌，采用地道送风容易将湿润管道中的霉菌带入室内，污染室内空气。北方空气较干燥，不易产生结露情况，因而适应性较好。

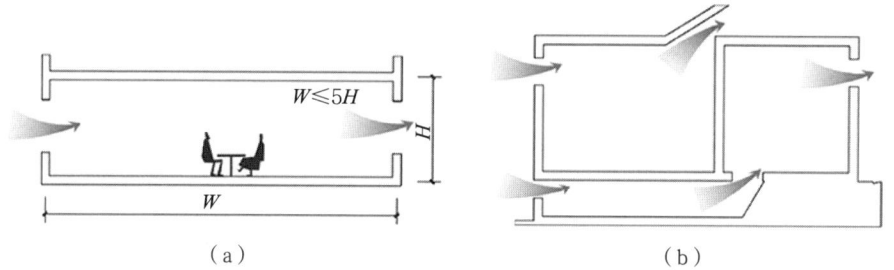

（a）　　　　　　　　　　　　　　（b）

W—房间进深；H—房间净高
图4-8　自然通风示意图

（4）热压通风

烟囱效应是指户内空气沿着垂直空间向上升或下降，造成空气加强对流的现象。在共享中庭、竖向通风风道、楼梯间等具有类似烟囱特征——从底部到顶部具有通畅的流通空间的建筑物、构筑物（如水塔）中，空气（包括烟气）靠密度差的作用，沿着竖直通道进行扩散或排出建筑物的现象。烟囱效应是由热压效应导致的，所以也称热压通风（Stack Effect Ventilation），建筑中常见的相关设计为中庭通风［图4-9（a）］和拔风井通风［图4-9（b）］。在实际设计中，往往采用一些利用太阳能加热作用的措施来增强热压的作用。当热空气上升时，在底部形成负压区，室外冷空气就会补充进入而增强空气流动。

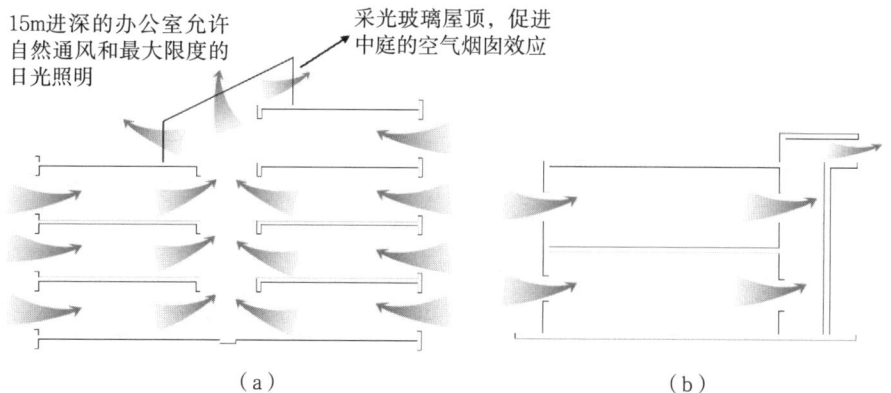

15m进深的办公室允许　　　采光玻璃屋顶，促进
自然通风和最大限度的　　　中庭的空气烟囱效应
日光照明

（a）　　　　　　　　　　　　　　（b）

图4-9　热压通风
（a）中庭通风；（b）拔风井通风

95

4.2.2　建筑自然通风模拟

建筑多种多样的形体，复杂的建筑布局，加之地形、植物、地表材料、建筑界面材料、构件等多种影响因素，使城市空气流场、温度场分布异常复杂，有些地区还需要兼顾冬季防风与夏季自然通风。面对越来越复杂及多样的设计，实际设计中仅仅利用经验性的设计方法难以应对这些问题。除采用鼓风门实验、烟流实验、风洞模型、试验现场实测等方法外，计算机通风模拟软件越来越多地应用于建筑设计实践中，对设计方案进行模拟分析从而判断设计是否能达到预期性能，并对已有设计进行方案比选与优化。

常用的建筑通风模拟软件从简单到复杂主要有以下几类：①简单的建筑自然通风、混合通风模拟软件NatVent、CoolVent；②建筑多区域网络法（Multi-Zone Model）通风模拟软件COMIS、CONTAM将一个房间划分为有限的不同区域，每个区域内空气物理参数假设为一致。通过建立每个区域的质量、组分和能量平衡方程求解各区域空气参数。该类型软件相比计算流体力学工具软件降低了模型的空间分辨率，但提升了计算效率。③计算流体力学（Computational Fluid Dynamics，CFD）软件，如ANSYS Fluent、Phoenics、OpenFOAM、VENT等。

CoolVent软件是由美国麻省理工学院建筑学院建筑技术系里昂·格利克斯曼（Leon Glicksman）教授领导开发的一个基于多区域网络法的简单易用的建筑自然通风、混合通风模拟软件，主要用于建筑设计初期阶段快速模拟分析。著名建筑设计和绿色建筑咨询公司，如SOM、Transsolar等，都使用CoolVent软件应用于实际项目设计与咨询。在建筑设计初期阶段，建筑设计细节尚不存在，CoolVent软件正是针对建筑设计初级阶段，因此其界面设计简单，可以通过几步输入过程来输入建筑尺寸的详细参数，包括建筑物的几何设计参数特征和影响自然通风效果的主要因素。实际模拟运行只需要约1min的时间就可以快速得到模拟结果。模拟分析结果呈现方式可以清楚地显示建筑物每个区域的温度和气流。主要输出结果是基于颜色的可视化图形，但也可以获得每个模拟结果的详细数据，并将其存储为文本文件。CoolVent软件最大的优势是无需建模，其计算快速且计算结果有一定的可靠性，可作为设计前期阶段的通风冷却分析工具。

采用多区域网络模型进行室内环境的数值分析研究是工程设计中可应用的手段之一。多区域网络模型主要是从宏观的角度进行研究，把整幢建筑物作为一个系统，其中每个房间作为一个控制体，各个网络节点之间通过各种气流途径相连，利用质量、能量守恒等方程对整个建筑物的空气流动、压力分布及污染物的传递情况进行研究。CONTAM软件由美国商务部国家标准与技术研究院开发。COMIS软件由美国劳伦斯伯克利国家实验室开发，多区域网络模型软件特点是计算速度快、结果相对准确，而且适合长时间的动态模拟，并可通过第三方软件（如Matlab）与建筑热工计算模型进行耦合计算。

随着计算机技术的发展和CFD软件易用性的提升，CFD模拟越来越多地被应用于建筑通风设计实践模拟分析中。相比多区域网络计算方法将每个房间定义为一个计算对象，CFD软件可将每个房间划分为详细的二维或者三维计算网格，进行精确、详细的分析计算，更适合进行后期的精确分析。但CFD软件需要对分析对象的边界条件进行详细定义、模拟分析耗费时间长，主要用于瞬态模拟的场景，如模拟建筑室内外通风环境与热舒适度、建筑内污染物的扩散、建筑内火灾的蔓延等。

4.2.3　常用的模拟软件

CFD模拟计算的基本原理是数值求解控制流体流动的微分方程，得出流体流动的流场在连续区域上的离散分布，从而近似模拟流体流动情况。CFD软件使建筑师、工程师从低效率的计算工作中解脱出来，投入更多精力研究问题的本质，从而有利于他们快速、深入地解决实际流体力学工程问题。CFD软件通常包括前处理（Preprocessing）模块、求解（Compute an Result）模块以及后处理（Post Processing）模块。

（1）前处理模块：相关过程通常要建立描述问题的几何模型（或者从CAD导入），输入各种必需的边界参数条件，最后由软件自动生成网格。所完成的任务概括为两项，即几何建模及网格生成。

（2）求解模块：CFD的核心求解器（SOLVER）模块将根据前处理过程所生成的模型的网格、所选的数值算法、边界（初始）条件等进行迭代求解，并输出计算结果。所完成的任务概括可分为4项：①确定求解问题的控制方程（如N-S方程、湍流模型等）；②选用合适的离散算法（如有限容积法）将控制方程离散为代数方程；③选用常用的算法（如SIMPLE系列算法）对离散的代数方程求解；④在求解过程中需输入初始（边界）条件、松弛因子、物性参数等。

（3）后处理模块：后处理过程通常是对结果（如温度场、速度场、压力场等）进行可视化处理以及动画处理。

CFD软件有着独特的功能，软件的基本要求是不通过用户的交互作用，能够直接从造型系统中获取有限元计算和分析所需的数据。因此，几何造型系统和网格自动生成系统的集成是发展的必然趋势。

现有各种网格生成算法还不能实现对任意实体都划分出令人满意的网格，同时现有网格算法的效率有待于进一步提高以缩短网格生成时间，因此需要对网格算法进行改进或研究新的网格生成算法。由于自适应网格的众多优点，网格划分自适应算法的研究与应用越来越广。但目前的自适应算法，在划分网格不能完全地满足要求时，还需要人为调节，因此如何使生成的自适应网格完全"自适应"，是网格划分技术发展的必然趋势。

1）ANSYS Fluent软件简介

ANSYS Fluent（以下简称Fluent）是一款广泛应用于工业和学术领域的CFD软件，特别在建筑通风模拟领域中占有重要地位。它能够精确模拟流体流动、热传递、化学反应等现象，因此被广泛应用于分析和优化建筑内外的空气流动和环境条件。

Fluent的主要特点和功能有：①高级物理建模能力：Fluent提供广泛的模拟能力，包括不可压缩和可压缩流、湍流模型、多相流、热传递和反应流动等，适用于各种复杂场景；②灵活的求解器设置：用户可以根据具体需求选择不同的求解器设置，包括稳态和瞬态分析，以及多种数值求解方法和方程模型；③用户友好的界面：Fluent具有直观的用户界面，提供图形化和文字选项，使得模型设置和结果分析更为便捷；④强大的网格生成工具：软件包含内置的网格生成工具，可以创建适用于复杂几何体的高质量网格，同时也支持从外部软件导入网格；⑤详细的后处理功能：Fluent提供丰富的后处理选项，如流场可视化、热分布图和气流路径线等，帮助用户深入分析模拟结果；⑥与CAD软件集成：Fluent可以与多种CAD软件集成，允许直接导入几何模型，简化建模过程；⑦应用广泛：除了建筑通风，Fluent还广泛应用于汽车、航空、能源、化工等多个行业的流体流动和热传递分析。

通过这些特点和功能，Fluent为建筑师和工程师提供了一个强大的平台，用于模拟和优化建筑通风系统，从而提高建筑的能效、确保室内空气质量和提升居住舒适度。

2）Phoenics软件简介

Phoenics是一款经典的计算流体动力学软件，由英国的Concentration Heat and Momentum Limited（CHAM）公司开发。自1981年发布以来，它在工程和科学领域中被广泛应用于模拟流体流动、热传递、化学反应等。Phoenics适用于建筑通风模拟，帮助建筑师和工程师分析和设计建筑内外的空气流动和环境控制系统。

Phoenics拥有全面的模拟能力，支持广泛的流体流动和热传递模拟，包括湍流、多相流、反应流和辐射传热等，适合于处理建筑通风中遇到的复杂问题。软件提供多种预设的物理模型和边界条件设置，允许用户针对特定的建筑通风问题进行详细的定制和调整。Phoenics内置的网格生成器能够处理复杂的几何形状，为各种建筑结构和布局提供适应性强的网格解决方案。虽然Phoenics的界面可能不如某些现代CFD软件那样直观，但它提供了丰富的用户指南和教程，帮助新用户掌握软件。Phoenics的求解器针对流体流动和热传递问题进行了优化，能够提供准确的模拟结果，并有效缩短计算时间。软件包含强大的后处理工具，用户可以通过图形和图表直观地分析和解释模拟结果，如流场分布、温度场和污染物扩散等。除了在建筑通风领域的应用外，Phoenics也被用于环境工程、化工流程、能源系统和汽车工程等多个领域。

通过使用Phoenics进行建筑通风模拟，设计团队能够在设计阶段预测和优化建筑的通风性能，有助于创建更加舒适和节能的居住或工作环境。

3）VENT软件简介

建筑通风软件VENT是北京绿建软件股份有限公司（简称绿建斯维尔）开发的一款专注于绿色建筑设计和技术应用的工具（图4-10）。该软件基于AutoCAD平台建立，使用OpenFOAM计算核心，提供了便捷的建模、网格划分、流场分析和结果浏览等功能，界面直观易懂，便于用户快速学习和使用。VENT软件简化了CFD模拟的复杂过程，通过固化多种边界条件参数，降低了操作难度，使得设计师能够方便地进行室内外风环境分析，从而提高工作效率。软件集成在AutoCAD平台下进行建模和计算，同时兼容绿建斯维尔其他软件的模型，实现了室外风环境模拟结果作为室内模拟条件的无缝

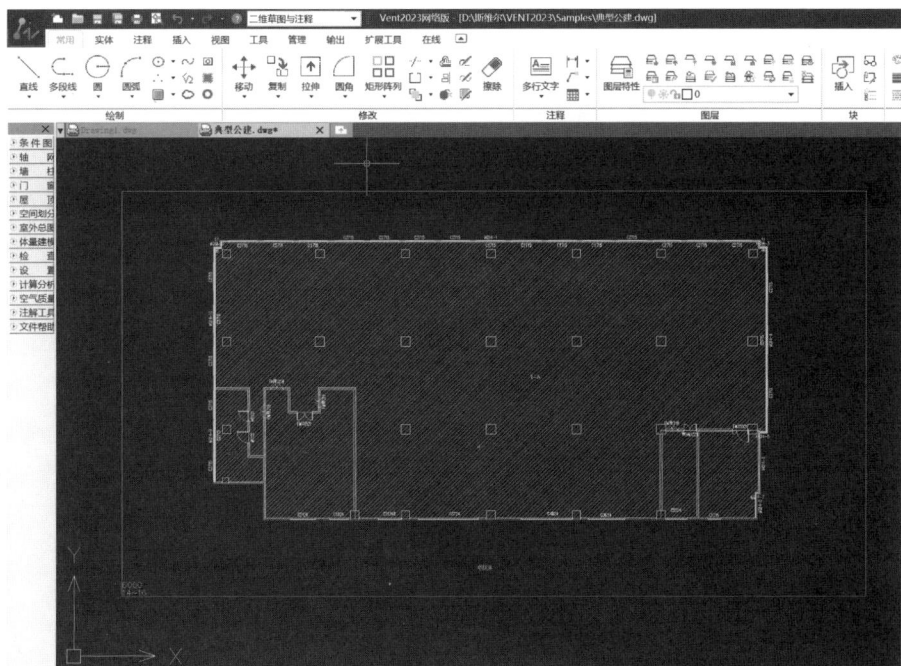

图4-10　VENT软件用户界面

99

衔接。软件的输出结果直接展示了建筑性能指标，能够自动确定分析域和自动划分计算网格。计算的准确性已经获得验证。

建筑通风软件VENT由建筑建模、图形检查、CFD设置、风场模拟和辅助工具五大模块构成，其技术路线由下列关键技术组成：

（1）软件以AutoCAD为运行平台，采用自定义对象技术扩充图元类型，定义出数十种建筑构件和注释对象，赋予建筑构件几何属性和专业属性。

（2）建模采用二维操作习惯（即绘制工程图的方式），完成二维图的同时获取对应的三维几何模型。

（3）计算模型由单体模型和总图模型构成。

（4）通过楼层框和总图框建立模型关系，构成基于BIM技术的虚拟建筑模型，通过CFD设置，确定来风方向、风速，以及计算网格划分策略、求解迭代次数等。

考虑CFD模拟的复杂性，VENT根据建筑的特点将很多参数进行了固化（图4-11）。工程模型通过程序内部技术处理转换成CFD模拟内核可认知的计算模型，进行CFD模拟计算；输出风环境模拟结果的云图和矢量图，包括建筑物表面、给定水平面和给定剖面的风速、风压、风速放大系数等；此外，绿建斯维尔独创"一模多算"技术，即采用绿建斯维尔系列绿色建筑软件计算过的模型支持重复利用，一个模型在系列软件中可以"一算到底"，避免重复建模。

VENT软件参数设置界面和计算过程界面分别见图4-11和图4-12。

VENT软件的功能多样：

（1）模型处理：提供室外总图建筑和遮挡物三维建模，也可直接使用建筑日照分析软件的模型。

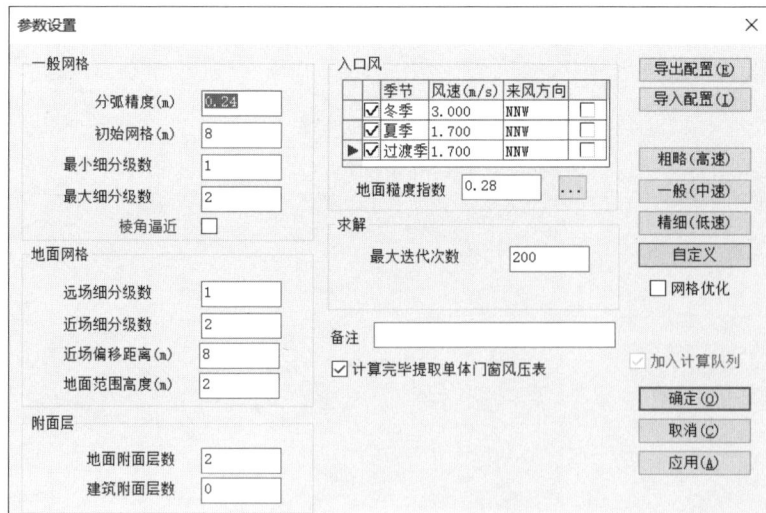

图4-11　VENT软件参数设置界面

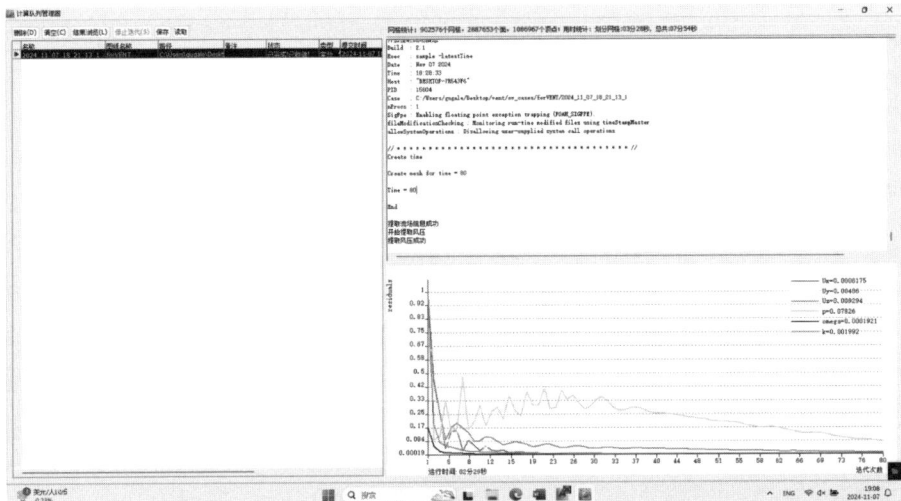

图4-12　VENT软件计算过程界面

（2）CFD设置：自动根据建筑通风的特性固化CFD参数，并自动确定计算范围。

（3）流场分析：包括室外和室内风场的模拟分析，提供粗略、中等和精细3个等级的计算分析，自动划分计算网格，不同的分析阶段可选不同的精度策略。

（4）结果浏览：快速提供风速场、风压场的分析图，支持矢量图、点云图、线框网格图、伪彩渲染图等多种表现形式。

4.3　室内光环境与模拟分析

4.3.1　室内光环境与评价指标

人们的大部分时间都在室内度过，无论是在家中、办公室还是其他室内场所，人们的生活时时刻刻离不开光。光线的明暗、色彩和稳定性等直接影响着人的视觉舒适度和情绪状态。而室内光环境，在塑造室内空间的整体氛围、增强功能性以及影响使用者的心理感受等方面，都起着至关重要的作用。因此，室内光环境的质量对人的生活质量和健康具有深远的影响，这一点绝不可小觑。

光与视觉有着最直接的关系，人体从外界获取的信息约有80%以上来自视觉，而视觉是在光的参与下才形成的，一个良好的建筑空间光环境必然给人的感觉是视觉舒适的。人的眼睛依赖光线来感知周围的世界，光线的色彩、亮度和均匀性对室内空间的视觉效果有着直接的影响。光是建筑室内空间设计中的关键因素，不同的光线条件和光影效果可以赋予建筑空间独特的韵味和氛围。例如，侧窗采光可以创造出深远而宽敞的空间感，而天花板上的照明则可能营造出更加亲密和集中的空间氛围。

光在非视觉方面也起着十分重要的作用，会影响人的生理和心理健康。当外界光线进入眼睛，聚焦于视网膜上后，感光视网膜神经节细胞（ipRGCs）将非视觉信息经下丘脑（RHT）传递至视交叉上核（Suprachiasmatic Nucleus，SCN），最后到达松果体（Pineal），此过程就称之为光的非视觉传导通路。视交叉上核（SCN）作为调节昼夜节律的中枢神经元，负责调控和控制人体内部的生物钟和激素分泌，如皮质醇等，松果体中分泌着对睡眠产生重要影响的激素——褪黑素（Melatonin）。通过这种方式，昼夜节律系统得以调节，进而影响人体的生理和心理功能。昼夜节律正常才能保证人体睡眠与觉醒的正常转换，调节激素、血压和体温等，降低心血管代谢综合征、高血压病、炎症等疾病发生的概率，以保证正常学习与记忆能力，维持良好情绪，提高工作效率。

天然光（Daylight）是室内最理想的光源之一。长期以来，人类遵循着"日出而作，日落而息"的生活规律，它对人类的昼夜节律起着重要的作用。天然光还可以改善心理健康，阳光可以影响多巴胺、内啡肽、血清素的分泌，这些化学物质可以提高情绪，减轻抑郁和焦虑症状。天然光光谱连续、平缓，它是全光谱的，能够提供各种颜色的光线，使得人类的眼睛和身体可以得到多种光的刺激和营养。因此，对室内空间来说，合理地利用天然采光不仅可以节约照明能耗，而且在提升建筑室内空间品质、促进身心健康、提高员工的工作效率等方面具有不可替代的重要性。

天然光也被称为自然光或天然光源，指从天空光源直接或间接照射到地球表面的光线，最主要的来源是太阳。太阳的光线在穿越大气层时，会发生折射、散射和吸收等现象，形成了太阳光（Sunlight）和天空光（Skylight）两种主要类型。太阳光也被称为太阳直射光，太阳直射光是指太阳光直接、未经散射地照射到地面或其他物体上的光线，具有强烈、方向性强的特点，可以使物体产生阴影。天空光也被称为天空散射光，天空光是指由于太阳光在大气层中受到空气分子、尘埃和水蒸气的散射作用而形成的间接光源，它来自四面八方，方向不定，为场景提供柔和、均匀的照明。

太阳发出的光线在穿越大气层时一部分被散射，无论空中有没有云，直射光部分都会有不同程度的消减。太阳高度角是指太阳光线的入射方向与地面之间的夹角。太阳高度角越大，太阳光线穿过大气层的距离越短，太阳直射光部分被消减得越少，因此到达地面的太阳辐射强度和照度就越强。天空的亮度完全由大气层的散射作用产生，天空光照度就是天空散射的光线在地面上形成的照度，其数值受到天气的影响。总体上，相对于太阳直射光照度，天空光照度随着太阳高度角升高，其变化程度较小，因此，可以认为天空光照度在日间较为稳定。鉴于太阳光和天空光的这些特性，充分利用天空散射光可以实现均匀且稳定的采光效果。而对于强度大且变化剧烈的太阳直射光，则需要根据当地具体的气候条件采取适当的遮阳措施。

太阳轨迹指的是太阳在天空中的运动路径，其实际上是地球自转和公转的结果。地球自西向东自转，形成在地球上可看到的太阳每日周期性东升西落的现象（图4-13）。由于地球的自转轴并不垂直于公转平面（黄道面），而是有一个约23.5°的倾角，这导致太阳在天空中的最高点（中天高度）随季节变化，从而影响日照时间和强度，形成四季更替。在春分和秋分时，太阳直射地球赤道，全球大部分地方昼夜几乎等长。夏至时，太阳直射北回归线，北半球白昼最长，南半球反之；冬至时，太阳直射南回归线，南半球白昼最长，北半球反之。太阳在空中的位置可由太阳高度角和太阳方位角加以描述。太阳高度角是指太阳光线的入射方向与地面之间的夹角。太阳方位角是太阳在方位上的角度，以观察者的北方向为起始方向，以太阳直射光在地面的投影为终止方向，按顺时针方向所测量的角度（图4-14）。在北半球，夏至时太阳高度角最大，冬至时太阳高度角最小，春秋分居中。太阳轨迹是不同地区建筑地域性差异产生的主要因素之一，对于建筑采光与遮阳设计的分析十分重要。春分、夏至、秋分和冬至是全年太阳运动中的4个典型日期，因此在采光模拟中，通常选择这4个日期进行模拟分析。

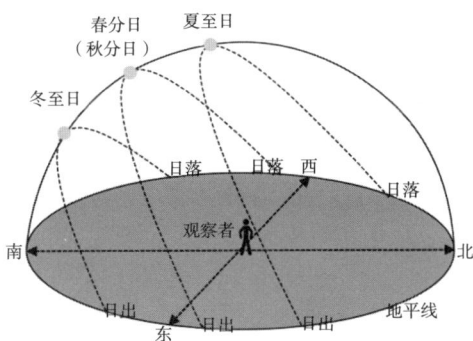

图4-13 太阳在空中的轨迹（北半球某地点）

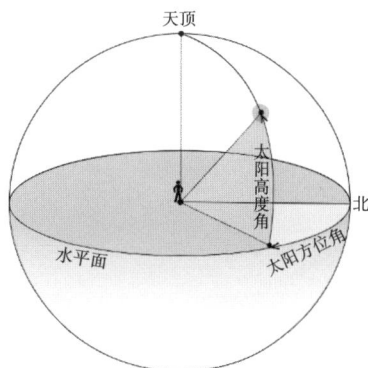

图4-14 太阳高度角与方位角

光气候就是由太阳直射光、天空扩散光、地面反射光形成的天然光分布状况。本质上，光气候主要是由太阳直射光的可利用程度定义的。我国地域辽阔，受大气环境及地理经纬度的影响，各地的光气候条件有着较大差异，因此《建筑采光设计标准》GB 50033—2013中根据室外天然光平均总照度值将全国划分为Ⅰ～Ⅴ类光气候分区。又根据光气候特点，按照年平均总照度值确定分区系数，即光气候系数K，用于指导建筑采光设计

（表4-1）。各光气候区的室外天然光设计照度值应按表4-1采用，所在地区的采光系数标准值应乘以相应地区的光气候系数K。

光气候系数K值   表4-1

光气候区	I类	II类	III类	IV类	V类
K值	0.85	0.90	1.00	1.10	1.20
室外天然光设计照度值（lx）	18000	16500	15000	13500	12000

1）静态光环境评价指标

静态光环境评价指标是基于单一天空条件和典型日状态下的光环境参数指标，常见的指标包括采光系数（Daylight Factor，DF）、照度（Illuminance）以及照度均匀度（Uniformity of illuminance）等。

（1）采光系数（DF）

DF指的是在全阴天模型下，室内某一点照度与室外无遮挡水平面照度的比值。选择全阴天模型作为基准，是因为在这种天气条件下，室内照度不会受到太阳位置变化的影响。相对而言，若采用晴天模型，室内照度会因太阳位置的不同而产生显著变化，使得采光系数在不同时刻存在显著差异。这种情况下，为了获得准确的采光评估，就需要进行更为复杂的全年动态采光计算。采光系数描述了在全年最不利天气条件下建筑的采光情况。《建筑采光设计标准》GB 50033—2013为此设定了相应的采光系数标准值（表4-2），以指导建筑采光设计。

各采光等级参考面上的采光标准值   表4-2

采光等级	侧面采光		顶部采光	
	采光系数标准值（%）	室内天然光照度标准值（lx）	采光系数标准值（%）	室内天然光照度标准值（lx）
I	5	750	5	750
II	4	600	3	450
III	3	450	2	300
IV	2	300	1	150
V	1	150	0.5	75

注：1. 工业建筑参考平面取距地面1m，民用建筑参考平面取距地面0.75m，公用场所参考平面取地面。

2. 表中所列采光系数标准值适用于我国III类光气候区，采光系数标准值是按室外设计照度值15000lx制定的。

3. 采光标准的上限值不宜高于上一采光等级的级差，采光系数值不宜高于7%。

（2）照度

照度是指单位面积上所接受可见光的光通量，单位为lx或lm/m²。照度是光环境评价的基础指标，《建筑采光设计标准》GB 50033—2013将视觉工作采光等级分为Ⅰ～Ⅴ级，各等级对应的自然光照度标准值见表4-2。

（3）照度均匀度

照度均匀度是指最小照度与平均照度的比值，它描述了光线在特定区域内的分布是否均匀。照度分布越均匀，人们的视觉感受会更加舒适；如果照度均匀度较差，会增加视觉疲劳，甚至可能影响视力发育，增加患近视的概率。《建筑照明设计标准》GB/T 50034—2024中规定：在人工照明的情况下，公共建筑与工业建筑中作业区域上的照度均匀度不得小于0.7，而相邻区域不得小于0.5。但在天然采光的情况下，对照度均匀度的要求相对宽松。

2）动态光环境评价指标

动态光环境评价指标考虑了建筑内部在连续时间段内的光照变化情况。这些评估通常以一年为时间跨度，并结合当地的全年气候数据，以全面考量建筑室内光环境随天气状况和太阳辐射变化的规律与特征。常用的动态光环境评价指标包括天然光自治系数（Daylight Autonomy，DA）、有效采光照度（Useful Daylight Illuminance，UDI）、连续天然采光满足率（continuous Daylight Autonomy，$DAcon$）、最大全天然采光满足率（maximum Daylight Autonomy，$DAmax$）等。

（1）天然光自治系数（DA）

天然光自治系数又称自主采光域或天然采光满足率，是指室内某点在一年中使用时段内工作面照度超过某一目标值的出现频率；其另一种定义是空间内某点天然光照度达到照度目标的时间占总使用时间的百分比。目标照度的选取可参考现有的采光和照明标准。例如，某点的天然光自治系数（DA）为57%，目标照度为300lx，这表示全年57%的工作时间的天然采光照度都可以达到300lx，可以计为$DA_{300lx}=57\%$。天然光自治系数综合考虑了建筑的不同朝向、日常使用时间以及全年天气变化的影响。在DA指标的基础上，又衍生出了另一个评价指标——采光阈值占比（spatial Daylight Autonomy，sDA）。sDA是指在全年指定运行时间段内，满足最小天然光照度水平的测试点面积占房间总面积的百分比。根据IES（美国照明工程学会）的推荐，$sDA_{300lx,\ 50\%}$被用作衡量天然光是否充足的指标。这意味着，在每天8:00至18:00的时间段内，工作面上照度在300lx以上的测试点面积必须占房间总面积的50%以上。

（2）有效采光照度（UDI）

UDI是指在全年使用时间段内，室内某点照度在预设的最低和最高照度阈值之间的时间占比。这一指标考虑到了室内实际照度超过设计照度，并可能产生眩光的部分。Mardaljevic等人的研究将UDI指标取值范围划分为4个等级以评估采光的适宜程度（表4-3）。照度低于100lx被认定为采光不足；100～300lx之间的照度范围被认定为采光可用，但可能需要开启灯具补充照度；300～2000lx之间的照度范围被认定为采光充足，不需要额外的照明；照度超过2000lx被认定为采光过量，可能会产生眩光等不适感。

UDI指标不同等级

表4-3

阈值范围	采光水平
$UDI_{<100lx}$	采光不足
$UDI_{100\sim300lx}$	采光可用
$UDI_{300\sim2000lx}$	采光充足
$UDI_{>2000lx}$	采光过量

（3）连续全天然采光满足率（DAcon）

DAcon用以描述某一时间实际照度对最小设计照度的满足程度。DAcon比DA考虑得更加全面。例如，当最小设计照度为450lx、实际照度为300lx时，DA=0，只考虑满足或不满足两种情况，DAcon=300/450≈0.67，而DAcon用权衡系数评价其不满足程度，弥补了DA忽略下限以下照度的缺陷。

（4）最大全天然采光满足率（DAmax）

DAmax是指室内某点在一年中使用时段内工作面照度超过上限阈值照度的出现频率。它与DA定义十分相似，只是对应的目标照度不同。上限阈值照度一般为最小设计照度的10倍。DAmax一般用于查找房间内直射眩光出现频率最高的地方。

3）眩光评价指标

眩光是指由于过度明亮或亮度不均匀的光线进入视野，导致视觉不适或干扰视觉表现的现象。根据其对视觉影响的不同程度，眩光可分为两种类型：失能眩光和不舒适眩光。失能眩光具体指的是那些严重影响视觉清晰度，使人难以辨识物体细节、颜色和对比度的光线，它会显著降低视觉表现。而不舒适眩光则相对较轻，它主要产生的是主观上的不适，而尚未对视觉功能产生明显的负面影响。不舒适眩光主要受到照度分布不均和光线强度超过眼睛可接受的阈值这两个因素的影响。现有的眩光评估指标，大多是围绕这两个因素进行评价的。它们大致可以被归为3类：①对比度眩光指标，如天然光眩光指数（Daylight Glare Index，DGI）、视觉舒适概率（Visual Comfort Probability，VCP）和CIE（国际照明委员会）眩光指标（CIE Glare Index，CGI）等；②饱和度眩光指标，如简化的天然光眩光概率（Simplified

Daylight Glare Probability，*DGPs*）和垂直照度（E_v）等；③基于饱和度和对比度的混合指标，如预测的眩光感觉（Predicted Glare Sensation Vote，*PGSV*）、天然光眩光概率（Daylight Glare Probability，*DGP*）等。目前，*DGI*、*PGSV*、*DGP*是比较常用的指标，下面将详细介绍这几个指标。

（1）天然光眩光指数（*DGI*）

*DGI*源于Hopkinson于1972年提出的天然采光眩光的预测公式。《建筑采光设计标准》GB 50033—2013将其定义为窗的不舒适眩光指数，其计算公式如下：

$$DGI = 10\lg \sum G_n \qquad （4-1）$$

$$G_n = 0.478 \frac{L_s^{1.6} \Omega^{0.8}}{L_b + 0.07 \omega^{0.5} L_s} \qquad （4-2）$$

式中　G_n——眩光常数；

L_s——窗亮度，是通过窗所看到的天空、遮挡物和地板的加权平均亮度（cd/m²）；

L_b——背景亮度，是观察者视野内各表面的平均亮度（cd/m²）；

Ω——窗对计算点形成的立体角（sr）；

ω——考虑窗位置修正的立体角（sr）。

*DGI*适用于窗户一类的大面积天然采光眩光源。我国标准把*DGI*分为5个等级，如表4-4所示。

窗的不舒适眩光指数　　　　　　　　　　　　表4-4

采光等级	眩光感觉程度	*DGI*	
		国内标准	英国标准
I	无感觉	20	19
II	有轻微感觉	23	22
III	可接受	25	24
IV	不舒适	27	26
V	不能忍受	28	28

（2）预测的眩光感觉（*PGSV*）

*PGSV*将背景亮度的系数作为光源立体角的函数，考虑了由光源大小引发的对背景的影响，其计算公式如下：

$$PGSV = 3.2\lg L_s + (0.79\lg \omega + 0.61)\lg L_b - 0.64\lg \omega - 8.2 \qquad （4-3）$$

式中 L_s——光源亮度（cd/m²）；

  L_b——背景亮度（cd/m²）；

  ω——光源立体角（sr）。

根据$PGSV$值可将眩光的程度分为4个等级，如表4-5所示。

PGSV值与眩光程度评价 表4-5

PGSV值	眩光程度
3	开始感觉特别不舒适
2	开始感觉到不舒适
1	开始在意
0	开始有感觉

（3）天然光眩光概率（DGP）

DGP是由Wienold和Christoffersen开发的一个较为准确的眩光分析指标，它对DGI的天然采光眩光预测公式做了部分修正，其计算公式如下：

$$DGP = 5.87 \times 10^{-5} \times E_v + 9.18 \times 10^{-2} \times \lg\left(1 + \sum_i \frac{L_{s,i}^2 \times \omega_{s,i}}{E_v^{1.87} \times P_i^2}\right) + 0.16 \quad (4\text{-}4)$$

式中 E_v——眼部垂直照度（lx）；

  $L_{s,i}$——第i个天空区域的眩光源亮度（cd/m²）；

  $\omega_{s,i}$——第i个天空区域的眩光源立体角（sr）；

  P_i——第i个天空区域的Guth位置参数。

如表4-6所示，DGP可分为4个等级。当DGP值小于0.35时，表示眩光未被察觉，对视觉舒适度影响较小；当DGP值为0.35~0.40时，眩光开始变得可察觉，但可能仍在可接受的范围内；当DGP值为0.40~0.45时，眩光已经成为扰人的因素，对视觉舒适度产生明显影响；而当DGP值大于0.45时，眩光变得令人无法忍受，会严重干扰人的视觉感知和影响人的视觉舒适度。

DGP的4个等级 表4-6

DGP数值范围	眩光感觉程度
<0.35	未察觉的眩光
0.35~0.40	可察觉的眩光
0.40~0.45	扰人的眩光
>0.45	无法忍受的眩光

4.3.2 建筑采光与模拟

建筑光环境模拟方法从广义上来说可以分为公式计算、模型测量以及软件模拟3种方法。公式计算方法通过应用光学原理和数学公式来计算建筑内部的光环境评价指标，通常只适用于简单的场景和理想化的假设；模型测量方法是通过构建精确的等比例缩尺模型并使用光学仪器进行测量的一种方法，常用于分析天然采光。由于其对实验设备和模型的材质及制作工艺有较高要求，因此成本相对较高；软件模拟方法则通过计算机软件来模拟建筑内部的光照分布和照明效果。这种方法因其高度的灵活性、准确性，快速的计算速度以及直观的效果展示而备受青睐。它不仅能够快速生成大量数据和可视化结果，还能够模拟任何时间、地点和天气状况下的天然光环境，因此得到了广泛的应用。

通常所说的光环境模拟是狭义上的，特指软件模拟这种方式，它是现代建筑光环境分析和优化设计中最为常用和高效的手段，也是本节将具体介绍的光环境模拟技术。

1）光照模型

在光环境模拟软件中，光照模型直接影响到软件模拟的精确度、处理速度和适用范围。光照模型是光环境模拟软件的基础和核心，对于使用者理解和掌握光环境模拟参数至关重要。光照模型是一种用来描述光在室内或室外环境中的传播和分布的数学模型。光照模型通常分为局部照明模型和全局照明模型。

局部照明模型是一种简单的模型，它仅考虑光源直接照射在物体表面所产生的光照效果，不考虑多次反射光线的影响。而全局照明模型综合考虑了光线与场景中各物体表面及其间的复杂互动，涵盖了多次反射、透射、散射等多种光学现象。因此，与局部照明模型相比，全局照明模型能够更准确地模拟真实世界中的光照情况，但也需要更高的计算资源。建筑光环境模拟软件采用的都是全局照明模型，其中使用较多的是光线跟踪（Ray Tracing）和光能传递（Radiosity）两种模型。

2）天空模型

天空模型是建筑光环境模拟软件中天然采光模拟的基础，它用于描述天空中自然光的分布和变化。这一模型通过考虑日期、时间、地理位置、大气质量和太阳辐射数据等，计算出天球分布的数学模型。为了便于计算，在天空模型中将天空假设为一个半球形的罩子，称为天穹。模拟太阳在天穹上移动，天穹中会有云等介质，从而会影响光线的分布，在天穹上形成不同的亮

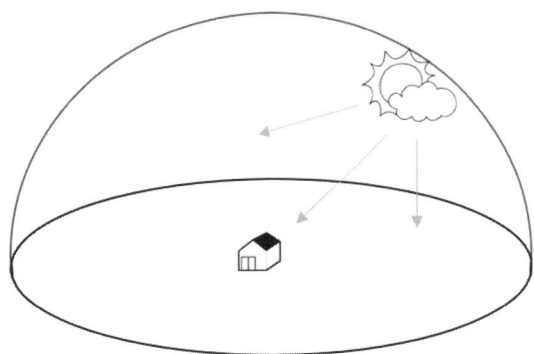

图4-15 天空模型示意图

度分布。图4-15以直观的方式展示了这一模型的简化示意图。目前国际上通用的天空模型主要分为CIE标准天空模型和Perez天空模型两类。

（1）CIE标准天空模型

国际照明委员会（CIE）和国际标准化组织（ISO）充分利用了不同国家和地区在天空模型方面的研究成果，结合了全球各地实测光照度、天空亮度和辐射照度等数据研究，通过大气吸收和散射函数的计算公式，经过精心计算和归纳，最终提出了15种CIE标准天空模型。这些模型全面描述了从全阴天到过渡天空，再到全晴天的天空亮度分布情况。其中CIE全阴天模型是计算采光系数（Daylight Factor，DF）的参照模型，可以用来评估建筑在全年中最不利条件下的采光情况。

（2）Perez全气象条件天空模型（Perez All Weather Sky）

实际应用中，天空亮度并不像CIE规定得那么标准，有时候处在两种天空亮度之间。于是Richard Perez在1993年提出了一种适用于全气象条件的天空模型，该模型能够基于日期、时间、地点以及直射和散射辐照度来计算全年动态光环境的天空亮度分布。Perez全气象条件天空模型由Perez光效模型（Perez Luminous Efficacy Model）和Perez天空亮度模型（Perez Sky Luminous Distribution Model）两大部分组成。Perez光效模型专注于计算特定天空条件下直射和散射辐射的平均亮度，而Perez天空亮度模型则基于时间、日期以及直射和散射辐射的数据，来计算天空的亮度分布情况。2003年，这一模型成为CIE标准的通用天空模型。相较于传统的单气象条件天空模型，Perez全气象条件天空模型展现出了显著的优势，其天空亮度分布更为真实，能够呈现出更为丰富的亮度细节，从而为用户提供了更为准确和全面的光环境模拟数据。值得一提的是，通过不同的参数组合，Perez天空亮度模型能够灵活表示多达36种不同的天空亮度分布情况。更为出色的是，包括CIE标准晴天、均匀天空和全阴天模型在内的多种光环境模型，均可以通过Perez模型进行推导和计算，进一步凸显了其在光环境模拟领域的广泛适用性和高度灵活性。

对于天空模型的选择，需综合考虑分析地点的全年天气特征以及评价指标类型。例如，进行静态天然采光分析时，可以选择如CIE全阴天、晴天或Perez全气象条件天空模型等；然而，若要进行动态天然采光模拟，Perez全气象条件天空模型则成为首选。大部分能执行天然采光模拟的软件都提供了晴天和全阴天等传统天空模型，但仅有像Radiance这样的少数软件支持Perez全气象条件天空模型。因此，在选择天空模型时，还需考虑软件的兼容性和功能支持情况。

4.3.3 常用模拟软件

计算机模拟法具有物理精确性、高度灵活性、可视化和交互性、多功能性以及高效性等特点，成为建筑设计和工程领域不可或缺的重要工具之一。室内采光模拟软件根据模拟对象及其状态的不同，主要可以分为两类：静态采光模拟软件、动态采光模拟软件。

1）静态采光模拟软件

这类软件专注于模拟静态室内光环境，通常用于预测在特定时间点内的光照分布等。比较普遍使用的静态光环境模拟软件主要有：Radiance、Ecotect、绿建斯维尔DALI等。

（1）Radiance

由美国劳伦斯伯克利国家实验室（LBNL）的Mr. Greg Ward于20世纪90年代初开发的Radiance是一款强大的光环境模拟软件（图4-16）。Radiance

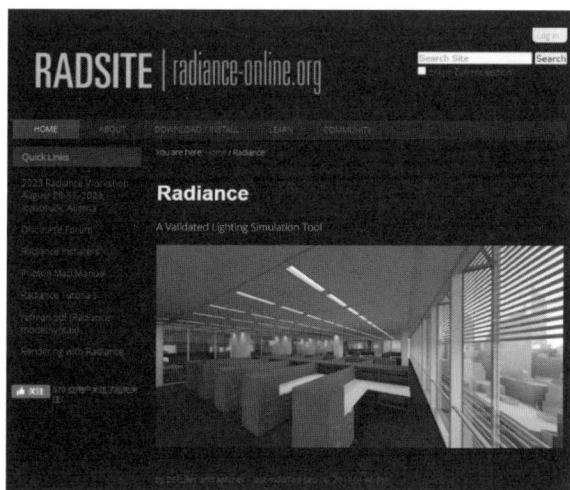

图4-16　Radiance Online网站界面

利用经过优化的蒙特卡洛（Monte Carlo）随机采样和光线追踪算法，能够在合理时间内产生相当精确的结果。但由于Radiance是一款基于Unix系统开发的软件，缺乏直观的用户交互界面，且使用者需具备一定的编程能力，使得设计人员在学习和掌握该软件时面临一定的挑战。众多公司纷纷以Radiance为基础进行了深入的再开发，其中Ecotect、Desktop Radiance以及Daysim等均以其为核心再开发成果。Radiance主要用于静态采光模拟，但它同时也支持高级动态采光模拟，是多个动态采光模拟软件的核心引擎，如Daysim、Honeybee等。

（2）Ecotect

Ecotect是一款全面的建筑性能分析和优化软件，由Andrew Marsh开发，适用于前期的方案分析比较（图4-17）。Ecotect可以全面分析建筑的热环境、光环境、声环境，以及进行经济环境影响、造价分析等。该软件具有直观的用户界面和强大的分析工具，使用户能够快速创建模型并进行模拟分析，还提供了可视化效果和分析报告。Ecotect以其简单快捷的计算和分析过程在一众建筑采光模拟软件中脱颖而出，但其计算精度相对较低，计算时间也偏长，其版本自2011年已经停止更新，现一般用于辅助建筑前期方案设计。

Ecotect软件中的光环境模拟有两种途径。第一种途径是，通过英国建筑研究中心（BRE）的分项法针对全阴天环境下的室内采光系数进行计算，这种方法是软件内置的计算机制。其优势在于计算迅捷且操作便捷，但分项法在处理室内间接反射光方面相对简单，因此它更适用于分析建筑在全年中最不利采光条件下的状况；另一种途径则是通过将模型输入至Desktop Radiance中进行更为精准的光环境模拟。利用Ecotect的图形界面，用户能够便捷地操控Radiance进行模拟，从而避免了复杂的命令行操作，大大提升了模拟的效率和便捷性。

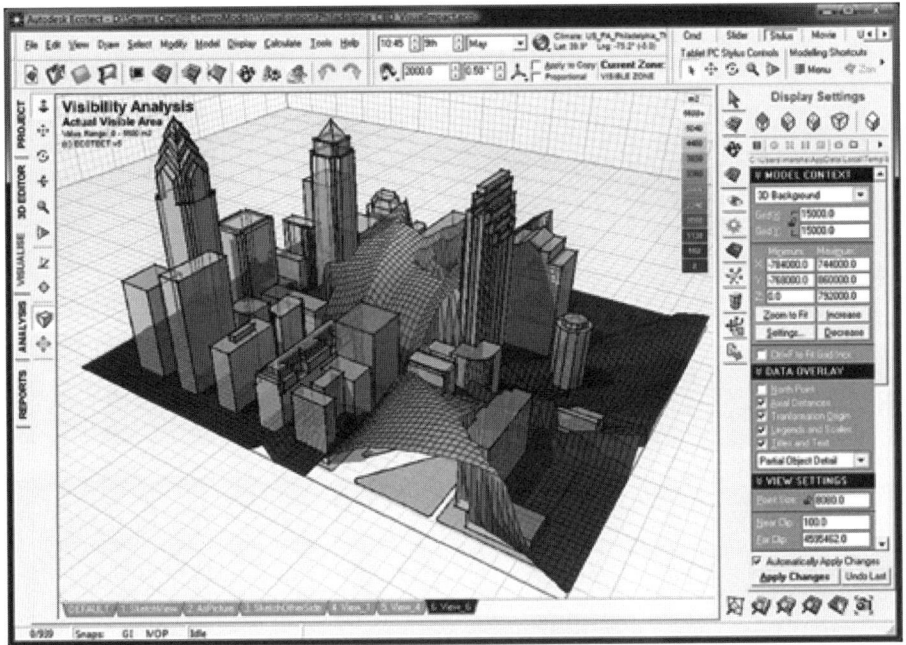

图4-17　Ecotect网站界面

（3）绿建斯维尔DALI

北京绿建软件股份有限公司研发的一系列建筑性能模拟插件，涵盖了风、光、热、声等多个方面，为建筑师提供了全面的建筑性能分析和优化工具。由于插件的用户界面为全中文，并且与建筑师常用的AutoCAD软件无缝集成，使得国内建筑师能够更轻松地掌握和使用这些工具（图4-18）。同时相关软件支持一模多算，节省了许多建模时间，软件内置许多常用材料数据库，为使用者提供了便利。同时，该软件计算遵循现行国家标准《绿色建筑评价标准》GB/T 50378的各项技术指标，服务于绿色建筑性能评估及合规性校验过程，因此相关软件在国内得到了广泛的应用，且更多地被用于实际建筑项目的分析和优化中。

其中，室内采光分析模块DALI作为国内专业的建筑采光分析插件，基于Radiance内核进行计算，支持现行国家标准《建筑采光设计标准》GB 50033和《绿色建筑评价标准》GB/T 50378中与采光环境相关的各项指标，并且能够根据这些标准生成详细的采光评价报告（图4-19）。DALI主要计算功能包括采光计算、视野计算、眩光计算、室内外照明计算等，还有针对公共建筑需进行的地下采光和内区采光计算，居住建筑需进行的窗地比计算。

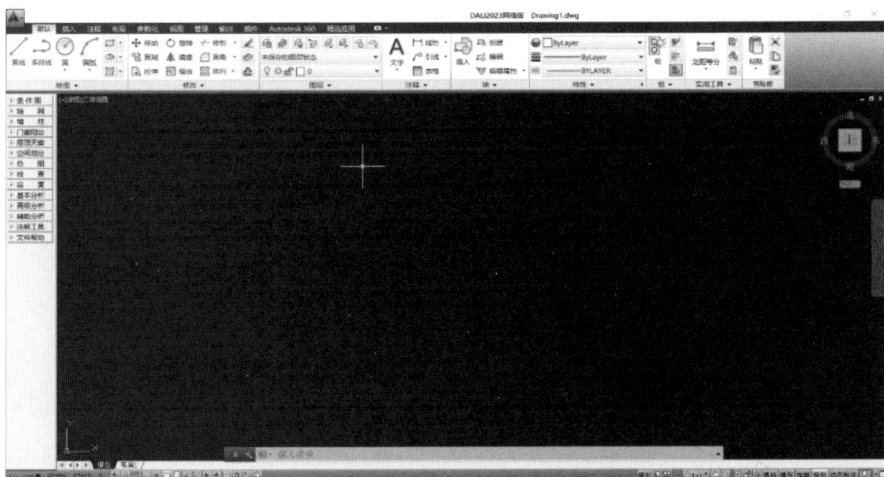

图4-18　绿建斯维尔DALI软件用户界面

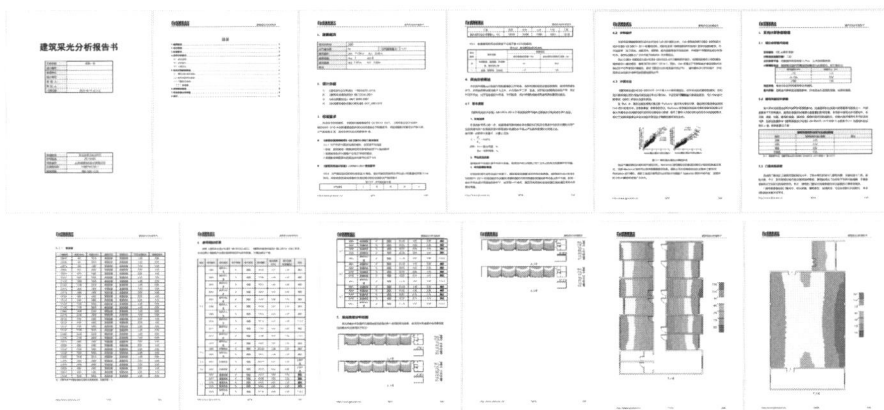

图4-19　采光评价报告

2）动态采光模拟软件

这类软件专注于模拟光环境的动态变化，它能够根据建筑物所在地区的全年气象数据，动态地计算工作平面的全年逐时的采光分布情况，为用户提供全年性分析指数。Perez天空模型是这类软件模拟计算中常用的模型。相较于只考虑全年中某一时刻进行模拟的静态采光模拟软件，动态采光模拟软件能够综合考虑全年8760h的动态变化。而静态采光模拟软件只考虑了全年中的某一时刻。常用的动态采光模拟软件基本上都是以Radiance为核心开发，如Daysim、Honeybee等。

（1）Daysim

Daysim是一款经过验证的、以Radiance为核心的全年动态天然采光分析软件，常用于模拟建筑在全年中的天然采光性能以及相关的照明能耗。它由加拿大国家研究委员会（National Research Council Canada）与德国弗劳恩霍夫太阳能系统研究所（Fraunhofer Institute for Solar Energy Systems）共同研发。其基于Java跨平台技术，分别提供了针对Windows和Linux平台的版本，具有出色的扩展性和兼容性。然而，Daysim并不具备建模功能，因此通常与3DMAX、SketchUp和Ecotect等软件进行协同模拟，同时需要进行大量的参数设置。Daysim可以精确地计算室内采光系数（Daylight Factor，*DF*）、天然光自治系数（Daylight Autonomy，*DA*）、有效采光照度（Useful Daylight Illuminance，*UDI*）等参数。此外，它还能利用全年的太阳辐射数据，结合各种照明控制模式，计算全年的照明能耗。

（2）Honeybee

Honeybee是一组内嵌于Rhino & Grasshopper的光环境模拟插件，由Mostapha S. Roudsari和Chris Mackey开发，整合了Radiance、Daysim等光环境模拟工具的内核。Honeybee的界面与Grasshopper基本一致，只是在界面上部多了一个Honeybee的电池分类。Honeybee能进行建筑的天然采光分析和眩光、全年动态光环境等分析。并且模拟计算的结果可以得到可视化的图片，为用户提供直观的光环境模拟分析效果。

4.4 室内声环境模拟

4.4.1 建筑室内声环境评价指标

1）室内音质评价指标

（1）混响时间

为了对建筑室内音质进行控制，关键任务之一是需要提出音质指标，以便对室内音质进行评价。到目前为止，学者们提出了许多音质指标。混响时间（T_{60}）是评价室内音质最重要的指标。混响时间是当声源在室内停止发声后，残余声能在房间内往复反射，经吸声材料吸收，其声能密度下降为原有数值的百万分之一所需的时间，或说房间内声能密度衰变60dB所需的时间。各种不同用途的房间有相应的最佳混响时间。一般来说，混响时间太短，声音变得沉闷、枯燥；混响时间太长，则会使声音混浊不清。对于语言及演出各种不同形式音乐和戏剧房间所要求的混响时间都不相同。

混响时间可以用赛宾公式［式（4-5）］和伊林公式［式（4-6）］计算。

$$T_{60} = 0.163 \frac{V}{\bar{\alpha} S} \qquad （4-5）$$

114

$$T_{60} = 0.163 \frac{V}{-\ln(1-\bar{\alpha})S} \qquad (4\text{-}6)$$

式中　T_{60}——混响时间（s）；

　　　　V——房间体积（m³）；

　　　　S——房间内总表面积（m²）；

　　　　$\bar{\alpha}$——房间内表面的平均吸收系数，由式（4-7）给出。

$$\bar{\alpha} = \frac{\sum\limits_{i=1}^{n} S_i \alpha_i}{S} \qquad (4\text{-}7)$$

式中　i——室内各表面编号；

　　　　n——表面总数；

　　　　S_i——房间内各表面面积（m²）；

　　　　α_i——相应表面的吸声系数。

如果房间的尺寸较大，还需考虑空气对高频声波的吸收作用（一般指1000Hz），吸收量主要取决于空气的相对湿度和空气温度。当考虑空气吸收作用时，则式（4-8）和式（4-9）需加上对空气吸收的修正。相应的计算混响时间的公式为：

$$T_{60} = 0.163 \frac{V}{\bar{\alpha}S + 4mV} \qquad (4\text{-}8)$$

$$T_{60} = 0.163 \frac{V}{-\ln(1-\bar{\alpha})S + 4mV} \qquad (4\text{-}9)$$

式中　m——空气的声能衰变常数（m⁻¹）。$4m$ 取值见表4-7。

房间内空气吸声系数$4m$（单位：m⁻¹）　　　　　　表4-7

频率（Hz）	温度（℃）	相对湿度（%）										
		5	10	20	30	40	50	60	70	80	90	100
1000	−10	0.003	0.006	0.013	0.014	0.012	0.010	0.008	0.007	0.006	0.005	0.005
	−5	0.005	0.011	0.016	0.012	0.009	0.007	0.006	0.005	0.004	0.004	0.004
	0	0.009	0.017	0.014	0.009	0.006	0.005	0.004	0.004	0.004	0.003	0.003
	5	0.014	0.019	0.011	0.007	0.005	0.004	0.004	0.004	0.003	0.003	0.003
	10	0.020	0.017	0.008	0.005	0.004	0.004	0.004	0.004	0.003	0.003	0.003
	15	0.023	0.013	0.006	0.005	0.004	0.004	0.004	0.004	0.003	0.003	0.003
	20	0.022	0.011	0.006	0.005	0.004	0.004	0.004	0.004	0.003	0.003	0.003
	25	0.018	0.008	0.005	0.005	0.004	0.004	0.003	0.004	0.003	0.003	0.003
	30	0.015	0.007	0.005	0.005	0.004	0.004	0.004	0.003	0.003	0.003	0.003
2000	−10	0.004	0.008	0.016	0.024	0.028	0.028	0.027	0.024	0.020	0.018	0.016
	−5	0.007	0.013	0.027	0.032	0.029	0.024	0.020	0.017	0.015	0.013	0.012

频率 （Hz）	温度 （℃）	相对湿度（%）										
		5	10	20	30	40	50	60	70	80	90	100
2000	0	0.011	0.022	0.035	0.030	0.022	0.017	0.014	0.012	0.011	0.010	0.009
	5	0.017	0.034	0.035	0.023	0.017	0.014	0.011	0.010	0.009	0.008	0.008
	10	0.026	0.042	0.028	0.018	0.013	0.011	0.010	0.009	0.009	0.008	0.008
	15	0.038	0.044	0.022	0.014	0.011	0.010	0.009	0.009	0.008	0.008	0.008
	20	0.050	0.036	0.017	0.012	0.010	0.010	0.009	0.009	0.008	0.008	0.008
	25	0.054	0.030	0.014	0.010	0.010	0.010	0.009	0.008	0.008	0.008	0.007
	30	0.049	0.023	0.013	0.011	0.010	0.009	0.009	0.008	0.008	0.008	0.007
4000	−10	0.007	0.012	0.021	0.031	0.041	0.051	0.056	0.058	0.058	0.056	0.053
	−5	0.010	0.018	0.035	0.052	0.063	0.064	0.062	0.056	0.050	0.043	0.039
	0	0.016	0.029	0.057	0.071	0.068	0.058	0.048	0.041	0.036	0.032	0.028
	5	0.023	0.043	0.077	0.074	0.058	0.054	0.038	0.032	0.028	0.025	0.023
	10	0.033	0.066	0.084	0.061	0.045	0.035	0.030	0.025	0.023	0.021	0.020
	15	0.048	0.090	0.074	0.049	0.036	0.029	0.024	0.022	0.021	0.020	0.019
	20	0.072	0.101	0.058	0.038	0.029	0.024	0.022	0.021	0.020	0.020	0.019
	25	0.101	0.097	0.047	0.031	0.026	0.023	0.022	0.021	0.020	0.019	0.019
	30	0.121	0.080	0.039	0.028	0.025	0.023	0.022	0.021	0.020	0.019	0.018
6300	−10	0.011	0.016	0.028	0.039	0.050	0.062	0.075	0.085	0.090	0.093	0.093
	−5	0.015	0.024	0.043	0.062	0.083	0.097	0.103	0.103	0.099	0.093	0.086
	0	0.021	0.037	0.068	0.101	0.113	0.112	0.091	0.091	0.079	0.070	0.063
	5	0.030	0.054	0.104	0.125	0.119	0.100	0.071	0.071	0.062	0.055	0.049
	10	0.042	0.079	0.136	0.127	0.098	0.078	0.056	0.056	0.049	0.044	0.040
	15	0.060	0.116	0.146	0.106	0.079	0.063	0.045	0.045	0.041	0.038	0.036
	20	0.086	0.157	0.128	0.084	0.062	0.050	0.040	0.040	0.038	0.036	0.035
	25	0.123	0.177	0.104	0.069	0.052	0.044	0.039	0.039	0.037	0.036	0.035
	30	0.174	0.169	0.084	0.056	0.046	0.043	0.038	0.038	0.037	0.035	0.034
8000	−10	0.015	0.022	0.036	0.050	0.064	0.078	0.093	0.106	0.114	0.119	0.120
	−5	0.019	0.029	0.050	0.070	0.092	0.114	0.127	0.132	0.132	0.130	0.124
	0	0.026	0.043	0.077	0.114	0.140	0.147	0.143	0.133	0.119	0.105	0.094
	5	0.035	0.061	0.116	0.156	0.160	0.146	0.125	0.106	0.093	0.083	0.075
	10	0.049	0.089	0.165	0.174	0.148	0.118	0.099	0.085	0.074	0.066	0.060
	15	0.068	0.128	0.192	0.160	0.119	0.096	0.079	0.069	0.061	0.055	0.051
	20	0.097	0.186	0.188	0.127	0.095	0.077	0.065	0.057	0.053	0.050	0.049
	25	0.136	0.226	0.156	0.103	0.078	0.065	0.058	0.054	0.052	0.050	0.048
	30	0.195	0.238	0.128	0.085	0.067	0.059	0.056	0.053	0.051	0.049	0.048

（2）语言传输指数

一般用语言传输指数 *STI*（Speech Transmission Index）来描述语言清晰度的好坏，是一个被广泛认可的评估语言清晰度的参数，其计算公式见式（4-10）~式（4-12）。

$$STI = \frac{\bar{x}_i + 15}{30} \qquad (4\text{-}10)$$

$$x_i = 10\lg\left(\frac{m_i}{1-m_i}\right) \qquad (4\text{-}11)$$

$$m(\mathrm{F}) = \frac{1}{\sqrt{1+\left(2\pi F \cdot \dfrac{T}{13.8}\right)^2}} \cdot \frac{1}{1+\dfrac{S}{\dfrac{N}{10}}} \qquad (4\text{-}12)$$

式中　F——调制频率（Hz）；

　　　T——混响时间（s）；

　m（F）——调制传递函数；

　$\dfrac{S}{N}$——信噪比。

不同STI范围对应的语言清晰度见表4-8。

不同STI范围对应的语言清晰度　　　　　　　　　　　　　　　　表4-8

语言清晰度	STI
很差	$0 \sim 0.3$
满足	$0.3 \sim 0.45$
好	$0.45 \sim 0.6$
很好	$0.6 \sim 0.75$
优秀	$0.75 \sim 1$

2）建筑隔声指标

建筑隔声主要包括建筑构件空气声隔声和楼板撞击隔声。建筑构件空气声隔声用建筑构件空气声隔声单值评价量+频谱修正量评价，楼板撞击隔声采用楼板撞击声单值评价量评价。频谱修正量计算方法见式（4-13）：

$$C_j = -10\lg\sum 10^{\frac{L_{ij}-X_i}{10}} - X_w \qquad (4\text{-}13)$$

式中　j——频谱序号，j=1或2，1用于A计权粉红噪声修正，2为A计权交通噪声修正；

　　　X_w——建筑构件空气声隔声单值评价量；

　　　i——100～3150Hz的1/3倍频程或125～2000Hz的倍频程序号；

　　　L_{ij}——第j号频谱的第i个频带的声压级；

　　　X_i——第i个频带的测量/模拟的空气声隔声量，精确到0.1dB。

频谱修正量在计算时应精确到0.1dB，得出的结果应取整。当测量/模拟的空气声隔声量是在扩展的频率范围（包括了50Hz、63Hz、80Hz和/或4000Hz、5000Hz的1/3倍频程，或63Hz和/或4000Hz的倍频程）内测量时，应按照国家标准[①]规定的方法计算扩展频率范围内的频谱修正量。

4.4.2　室内声环境模拟方法

1）声线追踪法

在声线追踪模型中，声波被简化成粒子，大量粒子便形成射线。从声源处同时向各个方向发出粒子，大量粒子形成的携带能量的射线撞击房间内表面发生反射，再次撞击另一表面又发生反射，依次类推。每次撞击射线携带的能量将会减少。声源的特征包括声功率和指向性，两者都与频率有关。在声线追踪模型中，为了描述声源，需要指定声源位置和参考方向和声源的指向性，声源的指向性可以通过不同方向射线的初始能量分布来描述。

由于许多参数（声源功率、指向性、材料吸声系数）与频率有关，声线追踪必须针对研究的频段重复进行，通常是倍频程或者是1/3倍频程。对于声音在空气中的衰减，可以通过射线追踪距离和空气衰减系数来建模。对于吸收的模拟，可以用以下两种方法：①将入射能量乘以因子（$1-\alpha$）[②]来模拟能量的衰减。射线从能量e_0开始，追踪到设定的最大追踪时间t_{max}，或者直到达到最小能量e_{min}时，射线被停止追踪。②粒子的随机湮灭。将随机数$z \in （0，1）$与吸收系数α进行比较。如果$z < \alpha$，粒子湮灭，下一个粒子被追踪。

声线追踪方法需要判断射线是否击中房间壁面，以及与壁面交点在壁面多边形内还是外。在这一步计算中，可以计算交点与壁面多边形顶点连线的向量积，如果交点位于多边形内，那么所有向量积具有相同方向。否则，交点位于多边形外部。如果交点在多边形内，新的追踪声线将成为下一个平面撞击的入射声线。在发生反射之前，需要考虑墙壁材料吸收、散射和衍射等效应对声线能量的影响。如果粒子撞击到墙壁，它将失去能量或被湮灭，并改变行进方向。对于镜面反射，声线的反射方向遵循反射定律。

当发生散射时，通过设定一个随机数，当随机数大于散射系数时，新方向需通过另外两个随机数计算确定。大多数情况下，散射方向分布被假设为遵循兰伯特定律。总体上，散射方向极角（声线方向与壁面法线夹角）分布满足式（4-14）。

$$w(\theta)\mathrm{d}\Omega = \frac{1}{\pi}\cos\theta\mathrm{d}\Omega \qquad （4-14）$$

---

① 现行国家标准《声学　建筑和建筑构件隔声测量》GB/T 19889。
② α为吸收系数。

式中 θ——极角，°。

　　$w(\theta)$——夹角的概率密度函数；

　　Ω——声线立体角，°。

　　散射方向的方位角在（0, 2π）区间内均匀分布。通过两个随机数z_1，$z_2\in$（0, 1）和式（4-15）、式（4-16）可以获得一个满足兰伯特定律的方向分布。

$$\theta = \arccos\sqrt{z_1} \qquad (4-15)$$

$$\varphi = 2\pi z_2 \qquad (4-16)$$

式中 φ——方位角，°。

2）虚声源法

　　虚声源法通过在反射表面的平面中镜像源来构建镜面反射，在一个矩形盒子形状的房间中，构造达到一定反射次数的所有镜像源是相当简单的，如果房间的体积为V，那么在半径为ct（c为声速，t为声音传播的时间）的范围内的虚声源的数量N_{ref}按照式（4-17）计算。

$$N_{ref} = \frac{4\pi c^3}{3V} t^3 \qquad (4-17)$$

　　通过式（4-17）可以估算在声音发射后至时间t时到达接收器的反射次数，从统计的角度来看，这个等式对于任何房间几何形状都成立。在典型的礼堂中，通常早期反射的密度较高，但这会被密度较小的晚期反射所补偿，因此根据式（4-17），平均反射次数将以时间三次方的速度增加。

　　虚声源方法的优点是其非常准确，但如果房间不是一个简单的矩形盒子，就会出现问题。对于n个表面，将会有n个可能的一次反射虚声源，每一个都可以创建（$n-1$）个二次反射虚声源。在反射次数为i时，虚声源的数量N_{sou}按照式（4-18）计算。

$$N_{sou} = 1 + \frac{n}{(n-2)}\left[(n-1)^i - 1\right] \approx (n-1)^i \qquad (4-18)$$

　　以一个1500m³的房间为例，模型由30个表面组成，平均自由程约为16m。这意味着为了计算到达600ms的反射，需要反射次数为i=13。因此，根据式（4-18），可能的虚声源数量N_{sou}大约为29¹³（约等于10^{19}）。随着反射次数呈指数增长，计算量急剧增加。但是如果考虑特定的接收器位置，大多虚声源不会产生贡献，因此大部分的计算工作都是没有必要的。从式（4-18）可以看出，10^{19}个虚声源中不到2500个对于特定的接收器是有效的。因此，虚声源模型只在简单的矩形房间或所需要反射次数很少的情况下使用。

4.4.3 常用声环境模拟软件介绍

1）Ecotect软件简介

Ecotect是一款由Autodesk公司开发的专业建筑性能评估软件（图4-20）。该软件提供了一系列功能，帮助用户在设计过程中考虑建筑的能源效率、可持续性和环境性能。在建筑声学方面，Ecotect主要针对室内声学的模拟。它采用声线追踪方法模拟声音在室内的传播过程，计算混响时间（图4-21）。Ecotect还支持实时声线追踪（图4-22），只要设计方案发生变更，相应的声线的传播过程可以实时呈现，有助于声学反射板的迭代设计。

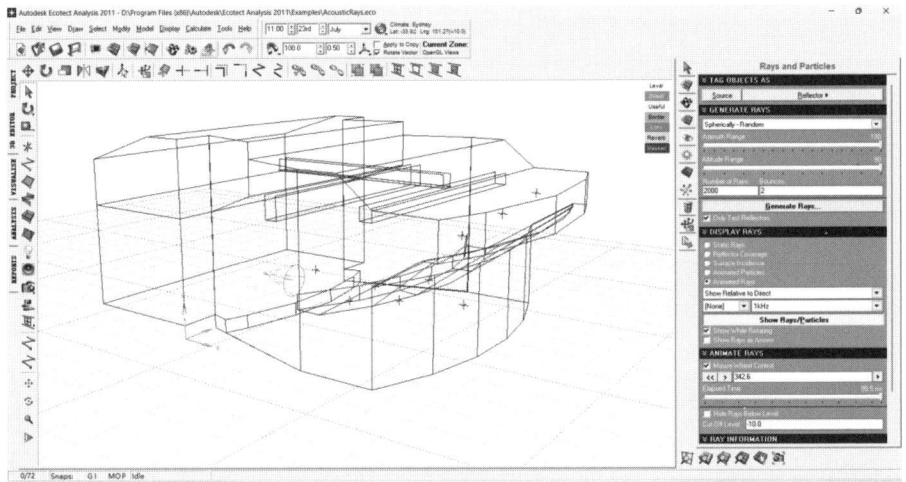

图4-20　Ecotect主界面

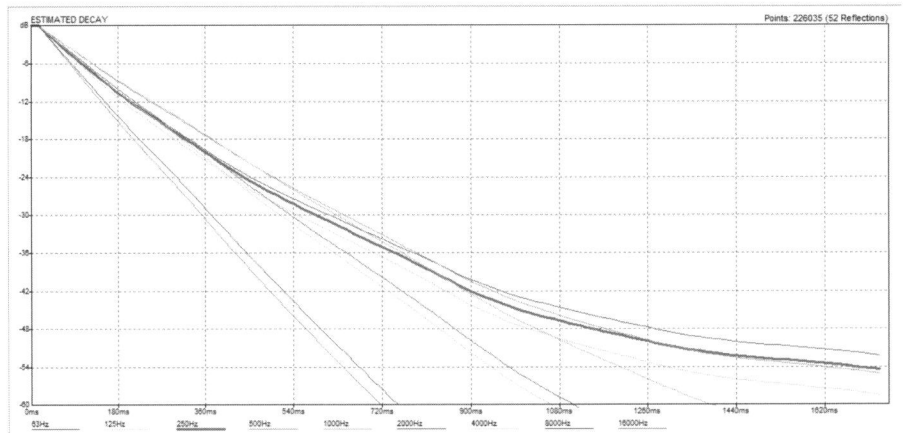

图4-21　混响时间

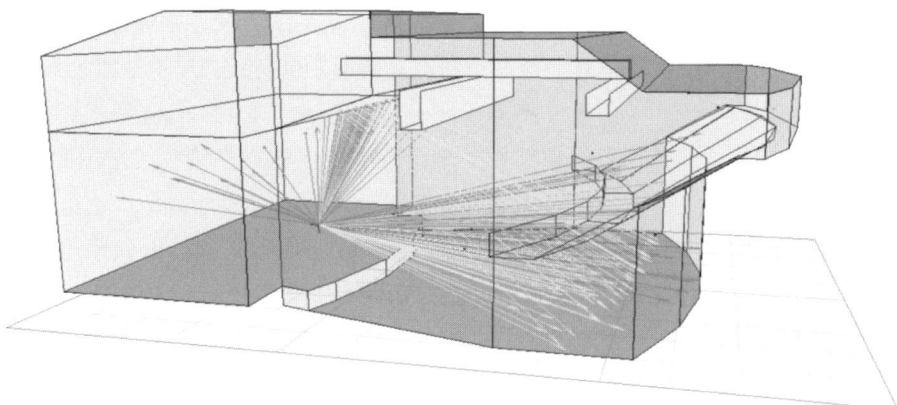

图4-22 声线传播显示

Ecotect内置了丰富的3D建模功能，可以方便快速地建立分析模型，但由于其不支持3D异形曲面的建模，对于异形建筑的分析需要借助一些专业的3D建模工具，例如Rhino，这些软件建立模型可以被导入到Ecotect进行分析。

2）EASE软件简介

EASE首次由ADA（Ahnert声学设计公司）于1990年在Montreux举行的第88届AES大会上展示。1999年，该公司发布了EASE3.0版；至今，最新版本为EASE5.6（图4-23）。该软件采用声线追踪和虚声源混合模拟方法，被广泛应用于室内声学和音响系统声学仿真。EASE几何建模支持内置的3D建模工具和第三方3D建模导入方式。由于内置建模工具功能比较简单，一般采用第三方专业3D建模工具（Rhino、SketchUp、AutoCAD等）建模，并将模型导入到EASE中。

EASE提供了一个材料和音响产品数据库，材料数据库包含常见吸声材料

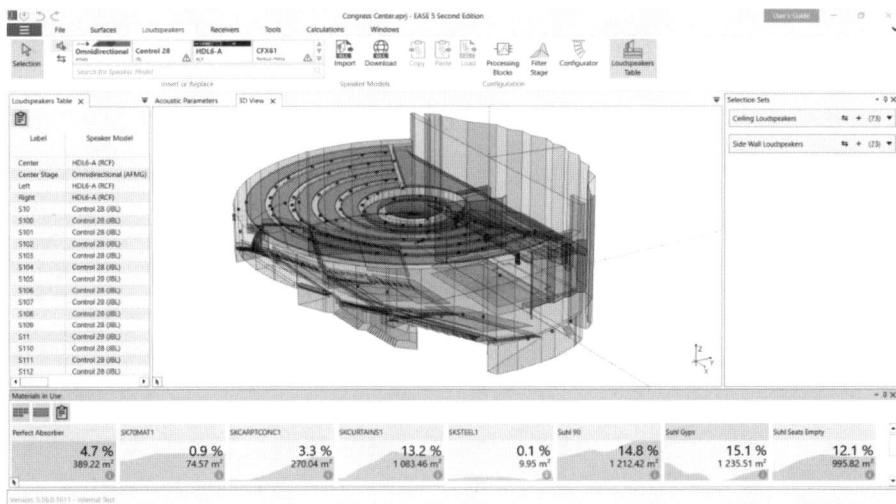

图4-23 EASE主界面

的吸声系数信息，音响产品涵盖了不同厂商音响的尺寸、声压级、声源指向性等信息。这些数据也支持用户自定义，用户可以输入新的材料和产品信息。

为了支持声学反射板的设计，EASE的光线追踪模块（图4-24）支持分析和可视化声反射路径和输出反射声序列图。采用此功能，设计师可以发现回声、声聚焦等声学缺陷，以便优化设计避免产生这些缺陷。

另外，EASE也支持声音信息可听化，即基于设计方案模拟，可以输出其相应的声音效果，使设计师能直观感觉音质效果，以评价设计方案的优劣，这对于室内声音主要以音乐声为主的声学厅堂尤为重要。

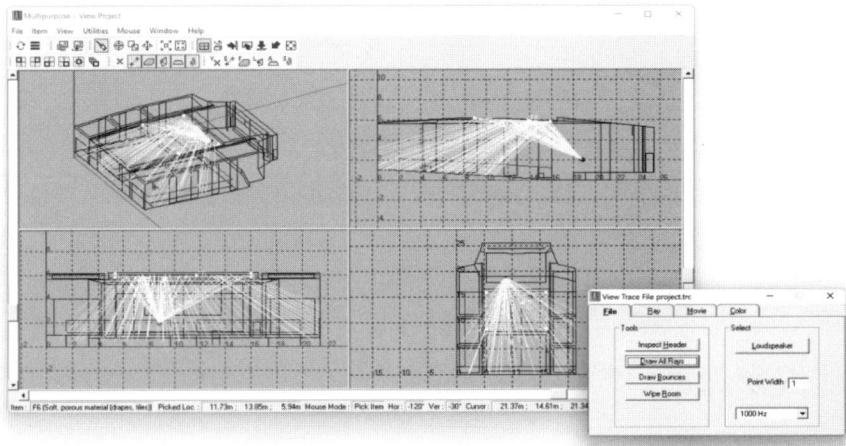

图4-24　EASE的光线追踪模块

3）ODEON软件简介

ODEON是由丹麦技术大学于1984年开发的声学设计/仿真商业软件，当前该软件由其独立公司Odeon A/S一直在进行研究和开发。该软件基于几何声学领域的声线追踪和虚声源混合算法，可用于室内音质设计、噪声模拟，并且支持声音的可听化，可以在计算机中呈现声学设计方案对应的听声效果（图4-25）。

在ODEON中，用于声学模拟的几何模型可以从专业3D建模软件中（如SketchUp、Rhino和Autodesk CAD等）导入。Odeon还内置了丰富的声学材料和场景数据库，包括各种常见材料的吸声系数、反射系数以及房间类型的预设参数。用户可以根据实际情况快速选择并应用这些数据库中的数据，节省了建模和分析的时间。用户还可以自定义数据库，将需要用的材料参数输入到数据库中，方便以后的仿真分析。

ODEON支持以图表化的形式对结果进行可视化（图4-26），且能够以动画形式呈现声音的传播过程，这有助于声学顾问发现声学设计缺陷，进一步改进方案。ODEON计算的声学参数非常丰富（图4-27），包括室内声压

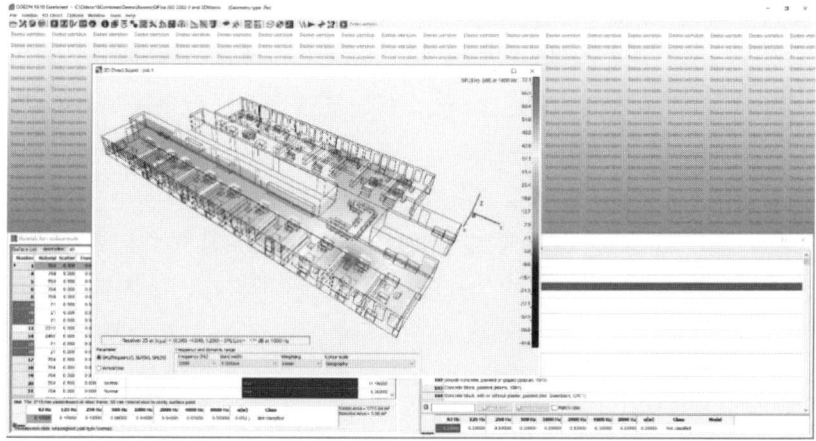

图4-25 ODEON界面

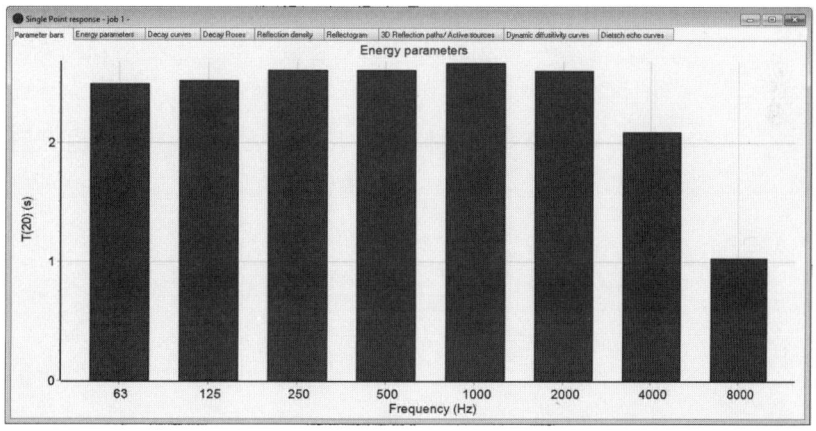

图4-26 ODEON结果可视化

Band (Hz)		63	125	250	500	1000	2000	4000	8000
EDT	(s)	2,46	2,48	2,49	2,42	2,38	2,36	1,95	1,03
T(15)	(s)	2,47	2,50	2,59	2,59	2,65	2,58	2,07	1,02
T(20)	(s)	2,49	2,52	2,61	2,61	2,67	2,60	2,09	1,03
XI(T(20))	(%)	0,2	0,2	0,2	0,3	0,2	0,2	0,2	0,4
T(30)	(s)	2,49	2,52	2,61	2,61	2,70	2,63	2,10	1,05
XI(T(30))	(%)	0,2	0,1	0,2	0,3	0,5	0,4	0,1	0,3
Curvature(C)	(%)	0,1	0,0	0,0	0,2	1,2	1,2	0,4	1,9
Ts	(ms)	164	164	168	169	169	168	141	73
SPL	(dB)	5,7	5,7	5,9	5,7	5,7	5,5	4,4	-0,1
SPL(early)	(dB)	2,0	2,2	2,1	1,7	1,5	1,3	0,6	-2,0
SPL(late)	(dB)	3,3	3,3	3,5	3,6	3,6	3,4	2,0	-4,6
SPL(Af)	(dB)	-20,5	-10,4	-2,8	2,5	5,7	6,7	5,3	-1,2
SPL(Direct)	(dB)	-6,1	-6,1	-6,2	-6,2	-6,2	-6,3	-6,8	-8,4
D(50)		0,30	0,30	0,29	0,27	0,26	0,27	0,30	0,49
C(7)	(dB)	-7,9	-8,0	-8,7	-9,4	-9,7	-9,7	-8,9	-5,6
C(50)	(dB)	-3,7	-3,6	-3,9	-4,3	-4,4	-4,4	-3,7	-0,1
C(80)	(dB)	-1,2	-1,1	-1,4	-1,9	-2,1	-2,1	-1,3	2,6
U(50)	(dB)	-3,7	-3,6	-3,9	-4,3	-4,4	-4,4	-0,1	
U(80)	(dB)	-1,2	-1,1	-1,4	-1,9	-2,1	-2,1	-1,3	2,6
MTI(corrected)		*,**	0,00	0,00	0,11	0,22	0,20	0,18	0,03
LF(80)		0,246	0,250	0,266	0,289	0,293	0,287	0,281	0,256
LFC(80)		0,347	0,353	0,378	0,405	0,409	0,402	0,395	0,360
Diffusivity(ss)	(dB)	5,6	5,5	5,6	6,3	6,7	7,1	6,6	3,9
Echo(Dietsch)		0,61	0,59	0,57	0,57	0,56	0,55	0,55	0,51

Receiver Number: 1 Main floor, center   (x,y,z) = (25,000; 3,000; 1,700)

SPL(A)	11,7	dB
SPL(Lin)	14,2	dB
SPL(C)	13,8	dB
SPL(A_Direct)	0,3	dB
STI	0,42	
STI(Female)	0,16	
STI(Male)	0,16	
STIPA	0,42	
RASTI	0,39	
STI(expected)	0,13	
EDT(Average)	2,4	s
T(20_Average)	2,6	s
T(30_Average)	2,7	s

图4-27 ODEON计算的声学参数

级（*SPL*）、A计权后期侧向声压级［*LLSPL*（A）］、混响时间（T_{60}）、清晰度（*C*80）、明晰度（*D*50）、语言传输指数（*STI*）、早期衰减时间（*EDT*）、空间衰变比（*DL*2）等。不仅如此，用户还能够自定义输出参数。

4）绿建斯维尔SEDU软件简介

绿建斯维尔SEDU是由北京绿建软件股份有限公司开发的一款声学软件，是一款为建筑提供室外噪声模拟、室内隔声性能与噪声级计算的专业软件，构建于AutoCAD平台，以三维建模为基础，通过一系列隔声设置，计算建筑围护结构的隔声性能及室内噪声级，并出具建筑隔声计算书。SEDU可以作为隔声设计和绿色建筑评价的支撑软件。该软件主要功能为计算现行国家标准《绿色建筑评价标准》GB/T 50378的规定指标，用于绿色建筑评价和标准服从验证。该软件主要优点在于：①操作流程清晰简洁，易上手；②支持一模多算，分享节能设计的工作模型及构造，提高建模效率；③支持国内绿色建筑标准并输出构件隔声性能、室内噪声级计算书；④内含丰富的隔声、吸声材料数据库（图4-28）；⑤室内外噪声数据共享，可提取室外噪声计算结果作为室内隔声计算的边界值，进行室外室内接力计算。

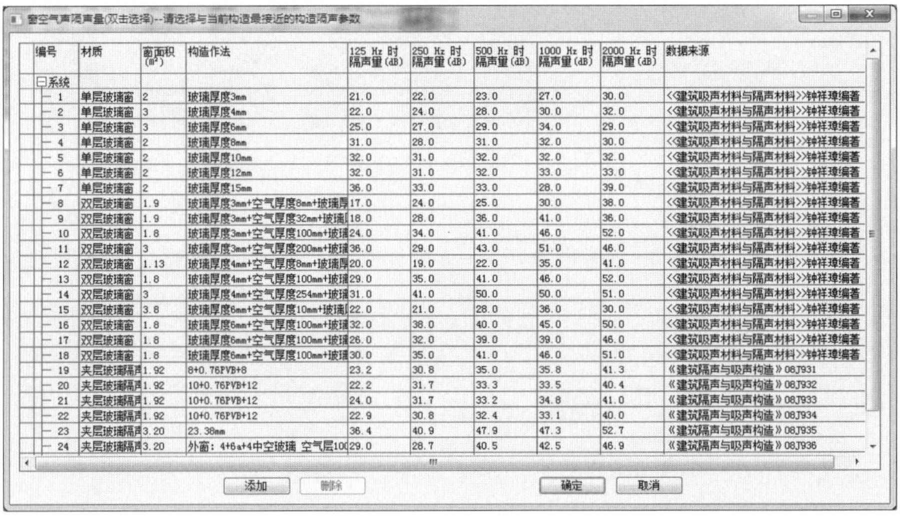

编号	材质	窗面积 (m²)	构造作法	125 Hz 时隔声量(dB)	250 Hz 时隔声量(dB)	500 Hz 时隔声量(dB)	1000 Hz 时隔声量(dB)	2000 Hz 时隔声量(dB)	数据来源
⊟系统									
1	单层玻璃窗	2	玻璃厚度3mm	21.0	22.0	23.0	27.0	30.0	<<建筑吸声材料与隔声材料>>钟祥璋编著
2	单层玻璃窗	3	玻璃厚度4mm	22.0	24.0	28.0	30.0	32.0	<<建筑吸声材料与隔声材料>>钟祥璋编著
3	单层玻璃窗	3	玻璃厚度6mm	25.0	27.0	29.0	34.0	29.0	<<建筑吸声材料与隔声材料>>钟祥璋编著
4	单层玻璃窗	2	玻璃厚度8mm	31.0	28.0	31.0	32.0	30.0	<<建筑吸声材料与隔声材料>>钟祥璋编著
5	单层玻璃窗	2	玻璃厚度10mm	32.0	31.0	32.0	32.0	32.0	<<建筑吸声材料与隔声材料>>钟祥璋编著
6	单层玻璃窗	2	玻璃厚度12mm	32.0	31.0	32.0	33.0	33.0	<<建筑吸声材料与隔声材料>>钟祥璋编著
7	单层玻璃窗	2	玻璃厚度15mm	36.0	33.0	33.0	28.0	39.0	<<建筑吸声材料与隔声材料>>钟祥璋编著
8	双层玻璃窗	1.9	玻璃厚度3mm+空气厚度8mm+玻璃厚	17.0	24.0	25.0	30.0	38.0	<<建筑吸声材料与隔声材料>>钟祥璋编著
9	双层玻璃窗	1.9	玻璃厚度3mm+空气厚度32mm+玻璃	18.0	28.0	36.0	41.0	36.0	<<建筑吸声材料与隔声材料>>钟祥璋编著
10	双层玻璃窗	1.8	玻璃厚度3mm+空气厚度100mm+玻璃	24.0	34.0	41.0	46.0	52.0	<<建筑吸声材料与隔声材料>>钟祥璋编著
11	双层玻璃窗	3	玻璃厚度3mm+空气厚度200mm+玻璃	36.0	29.0	43.0	51.0	46.0	<<建筑吸声材料与隔声材料>>钟祥璋编著
12	双层玻璃窗	1.13	玻璃厚度4mm+空气厚度8mm+玻璃厚	20.0	19.0	22.0	35.0	41.0	<<建筑吸声材料与隔声材料>>钟祥璋编著
13	双层玻璃窗	1.8	玻璃厚度4mm+空气厚度100mm+玻璃	29.0	35.0	41.0	46.0	52.0	<<建筑吸声材料与隔声材料>>钟祥璋编著
14	双层玻璃窗	3	玻璃厚度4mm+空气厚度254mm+玻璃	31.0	41.0	50.0	50.0	51.0	<<建筑吸声材料与隔声材料>>钟祥璋编著
15	双层玻璃窗	3.8	玻璃厚度6mm+空气厚度10mm+玻璃	22.0	21.0	28.0	36.0	30.0	<<建筑吸声材料与隔声材料>>钟祥璋编著
16	双层玻璃窗	1.8	玻璃厚度6mm+空气厚度100mm+玻璃	32.0	38.0	40.0	45.0	50.0	<<建筑吸声材料与隔声材料>>钟祥璋编著
17	双层玻璃窗	1.8	玻璃厚度6mm+空气厚度100mm+玻璃	26.0	32.0	39.0	39.0	46.0	<<建筑吸声材料与隔声材料>>钟祥璋编著
18	双层玻璃窗	1.8	玻璃厚度6mm+空气厚度100mm+玻璃	30.0	35.0	41.0	46.0	51.0	<<建筑吸声材料与隔声材料>>钟祥璋编著
19	夹层玻璃隔声	1.92	8+0.76PVB+8	23.2	30.8	35.0	35.8	41.3	《建筑隔声与吸声构造》08J931
20	夹层玻璃隔声	1.92	10+0.76PVB+12	22.2	31.7	33.3	33.5	40.4	《建筑隔声与吸声构造》08J932
21	夹层玻璃隔声	1.92	10+0.76PVB+12	24.0	31.7	33.2	34.8	41.0	《建筑隔声与吸声构造》08J933
22	夹层玻璃隔声	1.92	10+0.76PVB+12	22.9	30.8	32.4	33.1	40.0	《建筑隔声与吸声构造》08J934
23	夹层玻璃隔声	3.20	23.38mm	36.4	40.9	47.9	47.3	52.7	《建筑隔声与吸声构造》08J935
24	夹层玻璃隔声	3.20	外窗：4+6a+4中空玻璃 空气层10	29.0	28.7	40.5	42.5	46.9	《建筑隔声与吸声构造》08J936

图4-28　SEDU隔声材料数据库

SEDU包括室外计算模块和室内计算模块，室外计算模块主要用于分析场地噪声。其计算原理基于《声学 户外声传播的衰减 第2部分：一般计算方法》GB/T 17247.2—1998、《环境影响评价技术导则　声环境》HJ 2.4—2021、《公路建设项目环境影响评价规范》JTG B03—2006等。该软件于2017年底通过了住房和城乡建设部组织的科技项目评审。SEDU采用并行计算技术加速室外噪声计算，计算时间短，并支持室外噪声声压级可视化（图4-29）。

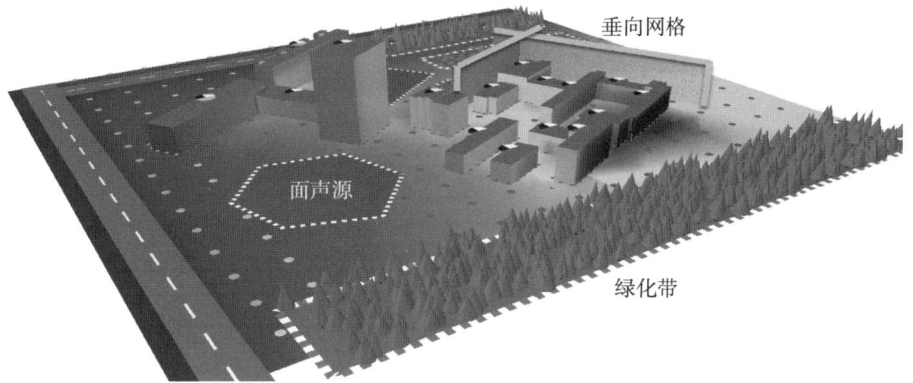

图4-29 SEDU室外噪声计算结果

　　室内计算模块主要用于建筑隔声性能计算，隔声性能主要采用基于隔声定律的经验公式和《建筑隔声设计——空气声隔声》（康玉成著）推荐的公式。支持室内构件隔声、室内噪声声压级、楼板撞击声等指标计算，功能非常全面。该软件目前已被国内设计院和顾问公司广泛使用。

5）Cadna/A软件简介

　　Cadna/A的开发者是德国的DataKustik公司。DataKustik是一家专注于声学模拟和噪声控制解决方案的公司，致力于为建筑、交通、工业等领域提供先进的声学工程技术和软件工具。其开发的Cadna/A已经成为声学领域的重要工具之一，受到了工程师、设计师和研究人员的广泛认可（图4-30）。

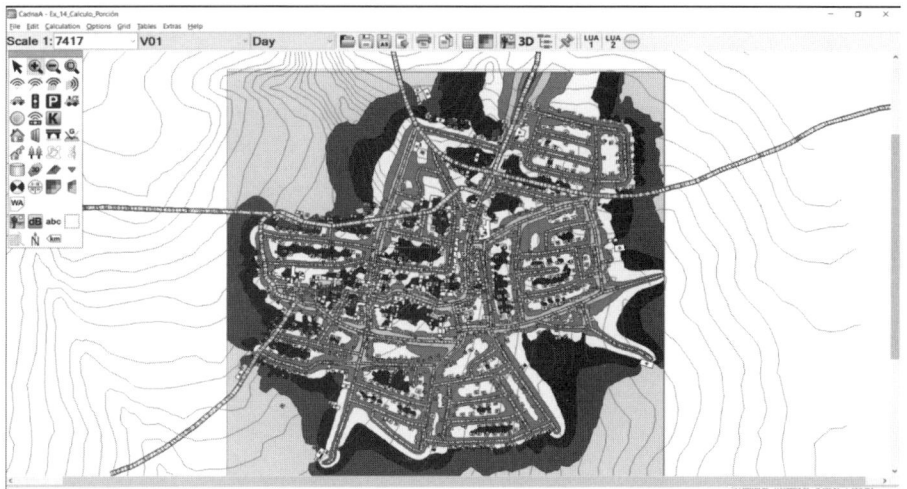

图4-30 Cadna/A软件界面

该软件以《环境影响评价技术导则　声环境》HJ 2.4—2021等技术导则为计算原理，适用于多种噪声源的预测评估、设计和研究。Cadna/A在国内外拥有众多用户，具有使用方便、针对性强等特点。目前该软件广泛应用于：绿色建筑、工业厂房、变电站、交通（公路/铁路/机场）环评及城市规划等噪声项目。

Cadna/A几何模型支持专业3D建模软件的导入，还支持与GIS系统联合分析，甚至可以连入噪声监测系统，获取噪声边界值。该软件支持大型场景的水平面和垂直面噪声预测，还支持建筑立面噪声声压级计算（图4-31、图4-32）。该软件的ObjectScan功能还支持使用公式对结果进行后处理，例如显示超过噪声限值的区域、城区噪声分类和受噪声源影响的建筑。

图4-31　Cadna/A 建筑室外噪声预测

图4-32　Cadna/A建筑立面噪声预测

思考题与练习题

1. 在进行室内热工模拟时，如何建立相对准确的建筑模型？需要考虑哪些因素？
2. 不同的眩光评价指标的核心差异是什么？分别适用于哪些场景？
3. 不同声环境模拟软件主要面向解决哪些工程领域的问题？

参考文献

［1］ 王怡. 寒冷地区居住建筑夏季室内热环境研究[D]. 西安：西安建筑科技大学，2003.

［2］ FANGER P O. Thermal comfort: analysis and applications in environmental engineering[M]. New York: McGraw-Hill Book Company, 1970.

［3］ 潘毅群，左明明，李玉明. 建筑能耗模拟——绿色建筑设计与建筑节能改造的支持工具之一：基本原理与软件[J]. 制冷与空调（四川），2008（3）：10-16，9.

［4］ CUI J, WANG S. A model-based online fault detection and diagnosis strategy for centrifugal chiller systems [J]. International Journal of Thermal Sciences, 2005, 44(10)：986-999.

［5］ EnergyPlus Support Team. EnergyPlus version 8.8.0 documentation: Input Output Reference[M]. Berkeley: LBNL, 2017.

［6］ 清华大学DeST开发组. 建筑环境系统模拟分析方法：DeST[M]. 北京：中国建筑工业出版社，2006.

［7］ 清华大学DeST开发组. DeST使用手册[Z]. 北京：同方股份有限公司研究发展中心DeST开发组，2000.

［8］ 曲翠松. 建筑节能设计与建筑设计[M]. 北京：中国电力出版社，2016.

［9］ 梁博，许之. 自然通风技术浅析[C]//中华人民共和国住房和城乡建设部建筑节能与科技司. 智能与绿色建筑——第五届国际智能、绿色建筑与建筑节能大会. 北京：中国建筑工业出版社，2009：463-468.

［10］ 田真，晁军. 建筑通风[M]. 北京：知识产权出版社，2018.

［11］ MIT. CoolVent, The natural ventilation simulation tool by MIT [Z].

［12］ Tan G. Study of natural ventilation design by integrating the multi-zone model with CFD simulation[D]. Cambridge: Massachusetts Institute of Technology, 2005.

［13］ Ray S Natural Ventilation. SOM example, natural ventilation workshop [Z].

［14］ Olsen E., Abdessemed N. Natural ventilation in practice, transsolar climate engineering[Z].

［15］ 廖海防. CFD技术在暖通空调领域的应用方向[J]. 科技资讯，2014，12（16）：4，6.

［16］ 中华人民共和国住房和城乡建设部. 建筑采光设计标准：GB 50033—2013[S]. 北京：中国建筑工业出版社，2013.

［17］ 中华人民共和国住房和城乡建设部. 建筑照明设计标准：GB/T 50034—2024[S]. 北京：中国建筑工业出版社，2024.

［18］ REINHART C, WALKENHORST O. Dynamic RADIANCE-based daylight simulations for a full-scale test office with outer venetian blinds[J]. Energy and Buildings, 2001, 33(7): 683-697.

［19］ MARDALJEVIC J, ANDERSEN M, ROY N, et al. Daylighting metrics: is there a relation between useful daylight illuminance and daylight glare probabilty? [C]//Proceedings of the building simulation and optimization conference BSO12. Loughborough: International Building Performance Simulation Association, 2012: 189–196.

[20] ACOSTA I, CAMPANO MÁ, DOMÍNGUEZ-AMARILLO S, et al. Continuous overcast daylight autonomy (DAo.con): a new dynamic metric for sensor-less lighting smart controls[J]. LEUKOS, 2023, 19(4): 343–367.

[21] WIENOLD J, IWATA T, SAREY KHANIE M, et al. Cross-validation and robustness of daylight glare metrics [J]. Lighting Research & Technology, 2019, 51(7): 983–1013.

[22] TOKURA M, IWATA T, SHUKUYA M. Experimental study on discomfort glare caused by windows-Part 3: Development of a method for evaluating discomfort glare from a large light source[J]. Journal of Architecture, Planning and Environmental Engineering，1996, 489(69): 17–25.

[23] HOPKINSON R. G. Glare from daylighting in buildings[J]. Applied Ergonomics, 1972, 3(4): 206–215.

[24] WIENOLD J, CHRISTOFFERSEN J. Evaluation methods and development of a new glare prediction model for daylight environments with the use of CCD cameras [J]. Energy and buildings, 2006, 38(7): 743–757.

[25] 云朋. 建筑光环境模拟 [M]. 北京：中国建筑工业出版社，2010.

[26] COHEN M F, WALLACE J R. Radiosity and realistic image synthesis [M]. San Diego: Academic Press Professional, 1993.

[27] PEREZ R, SEALS R, MICHALSKY J. All-weather model for sky luminance distribution – preliminary configuration and validation[J]. Solar Energy, 1993, 50: 235–245.

[28] Lawrence Berkeley National Laboratory. Radiance Online Discourse [Z].

[29] Ladybug Tools. Ladybug Tools Discourse [Z].

[30] SCHOMER P D, SWENSON G W, Electroacoustics[M]//MIDDLETON W M, VANVALKENBURG, M E. Reference data for engineers. Ninth edition. London: Newnes, 2002: 40-1-40-28.

[31] 马大猷，沈嚎. 声学手册[M]. 北京：科学出版社，2004.

[32] HENSEN J L, LAMBERTS R. Building performance simulation for design and operation [M]. London and New York: Spon Press, an imprint of Taylor & Francis，2011.

[33] VORLäNDER M. Auralization [M]. Berlin and Heidelberg: Springer Berlin Heidelberg, 2008.

[34] RINDEL J H. Computer simulation techniques for acoustical design of rooms[J]. Acoustics Australia, 1995, 23(3): 81–86.

第 5 章　建筑蕴含能与隐含碳排放计算

作为我国的支柱产业，建筑业每年产生大量的资源消耗、能源消耗以及温室气体排放。根据中国建筑节能协会发布的《2022中国建筑能耗与碳排放研究报告》，2020年，全国建筑全过程能耗为22.7亿tce，其中建材生产、建筑施工产生的蕴含能为12.0亿tce，占全国建筑全过程能耗约53%。此外，建筑全过程碳排放为50.8亿tCO$_2$e，建材生产和建筑施工产生的隐含碳排放为29.2亿tCO$_2$e，占建筑全过程碳排放约57%。由此可以看出蕴含能与隐含碳在建筑全过程中占很大比例，因此，了解和掌握建筑蕴含能与隐含碳计算方法，可以有针对性地采取节能减碳措施，对实现建筑领域的"碳达峰碳中和"具有十分重要的意义。

5.1.1 基本概念

（1）建筑全生命周期：指建筑材料生产、建筑施工、建筑运行和建筑拆除阶段的完整过程。

（2）建筑碳排放：建筑在其全生命周期中产生的温室气体排放的总和，以二氧化碳当量表示，记为CO$_2$e。

（3）建筑隐含碳：建筑的全生命周期内，从原材料的获取、建筑材料加工制造、建筑材料运输、建筑施工建造、建筑运行过程中材料更换以及维修维护等，直至最终拆除和废弃处理等各个阶段所产生的温室气体排放。

（4）活动水平：建筑全生命周期中直接或间接产生碳排放的生产或消费量，如各种化石燃料消耗量、原材料使用量、电力和热力的购入量等。

（5）碳排放因子：表征当前单位活动水平碳排放量的系数。

（6）建筑碳排放指标：是指按照规范化计算方法与功能单位得到的碳排放量数值。

（7）建筑碳汇：是指在划定的建筑项目范围内，绿化、植被等从空气中吸收及存储的二氧化碳量。

（8）建筑蕴含能：建筑全生命周期，从原材料的获取、建筑材料加工制造、建筑材料运输、建筑施工建造、建筑运行过程中材料更换以及维修维护等，直至最终拆除和废弃处理等各个阶段所消耗的能源总量。

5.1.2 建筑蕴含能与隐含碳

建筑蕴含能与隐含碳都是评估建筑环境影响的重要指标，且在很多情况下，两者是紧密相连的，建筑高蕴含能通常意味着高隐含碳，在进行建筑可持续评估时，两者都是重要的指标，但两者也存在着一定的区别，其不同点主要在于：

（1）概念侧重点不同：建筑蕴含能侧重于衡量建筑全生命周期中所消耗的所有形式的能源总量，这包括但不限于电能、热能、机械能等。建筑隐含碳则专注于建筑在其全生命周期中直接或间接产生的温室气体排放，尤其是以二氧化碳当量表示的碳排放量。

（2）影响因素不同：建筑蕴含能大小主要受到建材生产、建筑施工和建筑拆除能耗的影响，建筑隐含碳除了受能耗因素影响之外，还受到建材生产工艺、施工方式的影响。如水泥生产过程中，碳酸盐的分解产生的CO_2是水泥行业碳排放的一个主要来源，若能改善生产工艺，如在石灰石中添加一些可以吸附CO_2的化学物质，可以减少碳酸盐的分解产生的CO_2，从而可以减少CO_2的排放。

（3）结果导向不同：建筑蕴含能的计算结果可以帮助相关人员了解建筑对能源资源的需求和消耗，进而评估其对能源供应的压力。建筑隐含碳的计算结果则直接关联到气候变化问题，因为它衡量的是建筑对大气层中温室气体浓度增加的影响。

5.1.3 建筑全生命周期

在国际标准《建筑和土木工程的可持续性-建筑产品和服务的环境产品声明的核心规则》ISO 21930：2017中，将建筑全生命周期分为4个阶段，包括：生产阶段、施工阶段、使用阶段和报废阶段。每个阶段又被划分为若干个子阶段。根据建筑蕴含能及隐含碳的定义，建筑蕴含能及隐含碳的计算系统边界如图5-1所示。

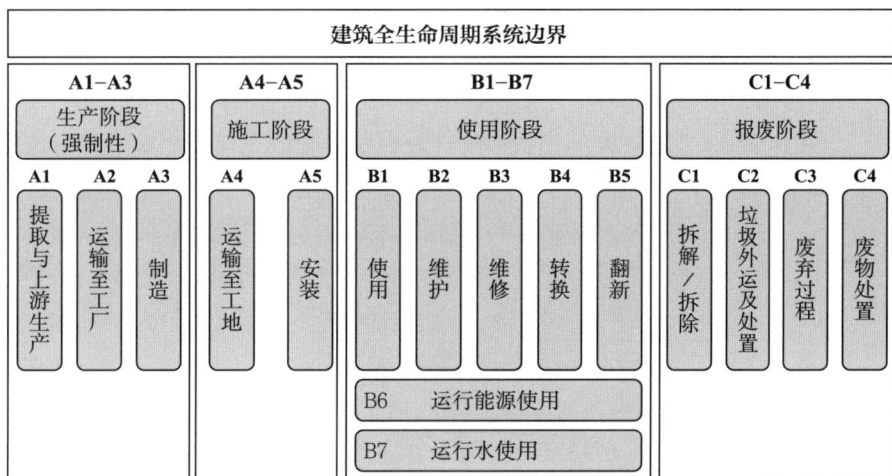

图5-1 建筑蕴含能及隐含碳计算系统边界

1）功能单位定义

在建筑领域，能耗与碳排放量的计算和评估是一个多维度的过程，不同的计算目标和方法可以提供不同的视角和信息。一般常用的功能单位有以下几种：

（1）整座建筑：当目标是估计或核算一幢建筑的总碳排放量时，通常会采用整座建筑作为功能单位。这种方法提供了一个全面的视角，包括了建筑的所有部分和使用阶段。

（2）建筑面积：这是最常用的功能单位之一，特别是在遵循特定标准或规范（如《建筑碳排放计算标准》GB/T 51366—2019）时。建筑面积包括了建筑物所有封闭空间的面积，为碳排放的计算提供了一个标准化的基准。

（3）使用面积：指的是建筑物中直接供人们生产、生活使用的净面积。使用面积作为功能单位可以更准确地反映建筑物实际可利用空间的碳排放水平，因为它排除了那些不直接用于活动的空间。

（4）占地面积：该指标关注的是建筑物所占用的土地面积。它不仅可以用来评估碳排放，还可以与容积率等其他规划指标一起，反映土地的综合利用效率。

在进行建筑碳排放的评估和比较时，选择哪种功能单位取决于分析的目的和可用的数据。例如，如果目标是比较不同建筑项目的能源和碳排放效率，可能会选择使用面积或建筑面积作为单位。如果目标是评估建筑对土地利用的影响，那么占地面积可能是更合适的选择。而当考虑建筑的形状和空间效率时，表面积或容积可能更为适用。

2）阶段划分

（1）生产阶段。首先原材料被开采并运输到材料生产厂，然后工厂进行材料的生产与加工，完成养护、储存与包装等工作，并将工厂生产的材料与构件运送至施工现场；对于装配式建筑，这一阶段还包括在工厂中完成预制构件的制作。该阶段主要的产品流为原材料、能源的输入及材料、构件的输出。值得注意的是，钢材、水泥、木材、玻璃等材料生产的碳排放在相应的生产、加工及运输等环节中产生，并不是在建筑现场产生，而是由于消耗了材料，间接计入了这些材料的生产及运输碳排放，因此，从消费者视角，生产阶段的碳排放对于建筑物来说属于间接碳排放。

（2）施工阶段。将运送至施工现场的材料与构件，通过现场加工、施工安装等工程作业，建设形成建筑物。在这一阶段中，除各类复杂施工工艺（如混凝土浇筑、钢筋加工、起重吊装）的能源及服务使用外，临时照明、生活办公等用能也不可忽略。该阶段主要的产品流为材料、构件、能源及服务的输入，以及建筑施工废弃物的输出。

（3）使用阶段。包括建筑日常使用及建筑的维修和维护等过程。建筑日常使用一般涵盖建筑运行所需的供电、照明、供暖、制冷、通风、热水、电梯等系统，以及业主的其他用能活动（如家用电器使用、炊事活动等）；而维修和维护既包含维持建筑功能与可靠性要求的"小修小改"，又包括功能与可靠性增强所需的"大修大改"。此外，运行阶段还应考虑可再生能源利用的减碳量与建筑碳汇系统的固碳量。该阶段的主要产品流为能源及维修、维护材料的输入，以及日常使用、维修维护过程的废弃物输出。

（4）报废阶段。建筑物被拆除并进行大构件的破碎，将拆除废弃物运输至指定位置后，进行建筑场地的平整，而废弃物被进一步分拣，其中可回收材料用于再加工、再利用，不可回收的材料被填埋或焚烧处理。该阶段主要产品流为能源输入，以及建筑废弃物和再生资源的输出。

建筑全生命周期是包含多样化产品（服务）流与单元过程的复杂产品系统。受计算目的、数据可获取性与计算复杂度所限，通常来说，建筑碳排放计算不可能完整考虑所有碳排放源与碳汇。因此，需要在碳排放计算前对系统边界做合理、可靠的简化与决策。国家标准《建筑碳排放计算标准》GB/T 51366—2019规定的系统边界就属于简化的边界，主要包括建材生产、建筑施工、建筑运行及建筑拆除阶段。

根据碳排放计算目标的不同，建筑全生命周期的系统边界可分为"从摇篮到工厂""从摇篮到现场"和"从摇篮到坟墓"等几类。"从摇篮到工厂"的系统边界包含原材料开采到建筑材料或部件成品离开工厂为止的上游过程；"从摇篮到现场"的系统边界在前者的基础上，增加了建筑材料与部件运输、建筑现场施工与吊装，以及施工废弃物处理等过程；而"从摇篮到坟墓"的系统边界在前两者的基础上，考虑了后续建筑使用和报废阶段，即通常意义上的建筑全生命周期。

5.1.4　建筑蕴含能及隐含碳全生命周期排放计算方法

1）蕴含能及隐含碳计算方法

现有的能耗及碳排放计算方法有基于过程法、投入产出法和将前两者结合起来的混合计算法。这三种方法各有其优势和局限性，适用于不同的分析场景和目的。

（1）基于过程法

基于过程的计算方法（基于过程法）是指依据碳排放和能耗来源的活动水平和相应的活动水平的因子实现能耗及碳排放量化计算的方法。依据该方法的基本概念，单位产品或单元过程的能耗或碳排放可按下式计算：

$$E = \sum_{i(j)=1}^{n} \varepsilon_{i(j)} q_{i(j)}$$

（5-1）

式中　E——产品系统的碳排放量值或能耗值；

　　　$\varepsilon_{i(j)}$——单位产品 i 或单位过程 j 的碳排放因子或能耗因子；

　　　n——计算过程中环节总数；

　　　$q_{i(j)}$——单位产品 i 或单位过程 j 的活动水平。

基于过程的碳排放计算方法因其易于理解和能够提供具体活动环节的详尽分析而在碳足迹评估中被广泛采纳。这种方法允许对建筑或生产过程中的各个环节进行逐一的碳排放追踪和计算，从而实现对建筑全生命周期内碳排放的量化。在实际操作过程中，定义系统边界时往往会受到多种因素的限制，如数据获取的可行性、计算资源的可用性以及时间框架的约束。因此不可避免地需要忽略一些次要环节或上游环节。但由于这一系统边界定义的不完备性，基于过程的碳排放计算结果通常具有截断误差。

（2）投入产出法

投入产出法一般用于宏观分析，最初是研究经济系统中各部分之间投入与产出的相互依存关系的数量分析方法。具体来说，投入产出法是在一定经济理论指导下，通过编制投入产出表，建立相应的投入产出数学模型，综合分析经济系统中各部门、产品或服务之间数量依存关系的一种线性分析方法。

能耗或碳排放投入产出分析以价值型投入产出模型为基础，通过引入部门能耗或碳排放强度指标，对经济活动中的能耗或碳足迹进行分析。能耗或碳排放投入产出分析需满足传统投入产出分析模型的一般假设，并认为部门产品的能耗或碳排放因子具有相对稳定性，即在一定研究时期内，生产单位部门产品的能耗或碳排放量是平均化的和恒定的。

使用这种方法进行能耗或碳排放测算可以获得较准确的结果，但需要详细分析生产过程的投入和产出，因此相对复杂且工作量较大。且该方法通常用于宏观分析，一般难以针对具体的工艺流程进行分析。

（3）混合计算法

基于以上两种方法的优点，混合计算法近年来得到了快速发展，形成了分层混合法、投入产出混合法和整合混合法等方法体系。

分层混合法首先识别系统中关键的生产流程以及产品的运行和最终处置阶段。对于这些核心流程，采用基于过程的方法进行能耗和碳排放分析研究，而对于系统的其他非关键的流程，则采用投入产出分析方法来进行碳排放量化分析研究。通过将这两种方法的计算结果相加，可以得到产品系统碳排放的总和。该方法本质上是建立在基于过程的计算方法上的，由于该方法采用线性叠加方式完成计算，未考虑两部分边界之间的交互性，容易产生重复计算的问题。

投入产出混合法是对标准投入产出模型的一种扩展，旨在提升对微观层面碳排放的计算精度。这种方法开始于对传统投入产出表的细化，将经济部门划分得更为详尽，以便更精确地刻画经济活动。在部门细分的基础上，该方法依照碳排放投入产出分析的根本原则，对每个更具体的经济部门进行碳排放的计算。此外，该方法还包括了对产品使用和处置阶段的深入分析，这两个阶段在传统模型中常常未被充分考虑。这种方法以丰富的产品和环境流量数据作为基础，提高了数据的详细程度，但也不可避免地增加了模型的复杂性和计算的难度。

整合混合法指利用基于过程的方法进行产品系统中主要流程的碳排放计算，而利用投入产出法进行上下游过程的附加分析。整合混合法通过考虑上下游过程，建立统一的技术矩阵，系统边界定义是完备的，计算结果也应更为可靠。但对于实际问题，由于需要建立统一的技术矩阵极为复杂，限制了该方法的工程应用。

《建筑碳排放计算标准》GB/T 51366—2019采用基于过程的全生命周期评价方法建立碳排放计算的基本框架，可用于建筑碳排放的一般性分析。当需要全面了解建筑全生命周期碳足迹时，可采用投入产出法拓展系统边界实现补充计算。本章采用基于过程的计算方法进行蕴含能及隐含碳计算。

2）建筑蕴含能与碳排放来源

根据现有建筑全生命周期评价的研究，建筑的结构是蕴含能及隐含碳的主要来源（图5-2），这一比例根据建筑类型的不同，高达80%。另外建筑使用期间的改造、维护翻新等也是蕴含能和隐含碳的一个重要来源。

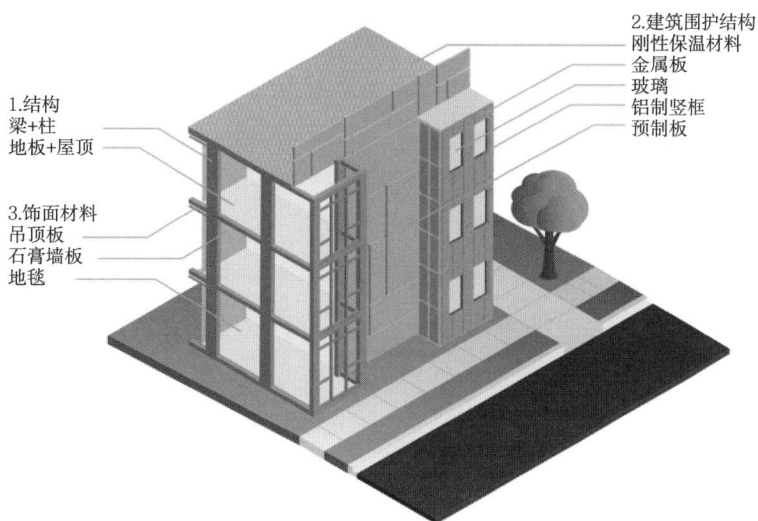

图5-2 典型高隐含碳结构建筑

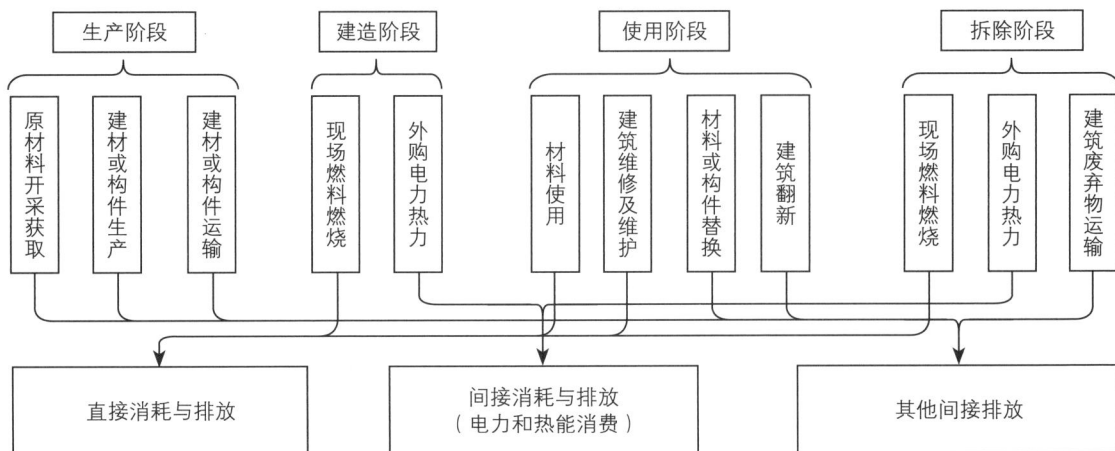

图5-3 建筑蕴含能和隐含碳来源

根据建筑全生命周期的产品流,可将建筑蕴含能和隐含碳来源分为以下3个层级(图5-3):

(1)直接消耗与排放:指的是在建筑施工现场直接由燃料燃烧产生的碳排放。例如,施工设备使用柴油或汽油作为动力来源时,燃烧这些燃料会直接释放CO_2和其他温室气体到大气中。

(2)间接消耗与排放(电力和热能消费):由于使用外购电力和热力而计入的间接碳排放,实际上相当于消费电力、热力等,导致热电厂利用燃料进行能源转换与加工而产生的能源消耗与碳排放。这种化石燃料燃烧和排放虽然并非直接发生在建筑工地,但由于建筑的能源消费行为,导致了发电厂或热电厂的碳排放。

(3)其他间接排放:包括与建筑相关的其他活动产生的碳排放,如建筑材料的生产、加工和运输过程中的能源消耗,以及建筑拆除后垃圾的运输和处理。尽管这些排放源可能远离建筑本身,这些过程中的能源消耗同样会导致碳排放。

碳清单数据需求如下:

(1)清单数据收集

根据建筑蕴含能和隐含碳系统边界的定义和蕴含能及隐含碳来源的分级,可以将建筑全生命周期蕴含能及碳排放计算所需要的清单数据分为两类。其中能源可根据生产方式分为一次能源和二次能源;产品主要包括材料、构件等。

(2)能源清单

按生产方式划分,常用的一次能源包括煤炭、石油等;而二次能源包括电力、热力、焦炭、燃油、煤气等,需要收集的清单数据包括能源使用量及相应的碳排放因子等。其中电力是建筑全生命周期各阶段应用最广泛的能源，燃油主要用于建材运输和施工机械的运行。

（3）材料清单

建筑材料、构件是建筑的基本组成部分，材料生产是建筑隐含碳排放的主要来源。材料需收集的清单数据主要包括材料的使用量和碳排放因子等。根据用途不同，可将建筑材料分为主体结构材料、功能性材料、装饰装修材料和辅助性材料等。其中，主体结构材料指构成承重与围护结构体系的材料与构件，如钢材、水泥、混凝土、砖与砌块、木材、预制构件等；功能性材料指实现通风、采光、防水、保温、给水排水、供电照明等建筑基本功能的材料，如门窗、防水卷材、保温材料等；装饰装修材料指用于实现建筑美学要求的材料，如装饰性石材、各类板材、油漆涂料、抹灰砂浆等；而辅助性材料指主要在运输、施工等过程中起辅助作用的材料，如模板、脚手架、支撑支护等。

建筑蕴含能及隐含碳清单数据需求见图5-4。

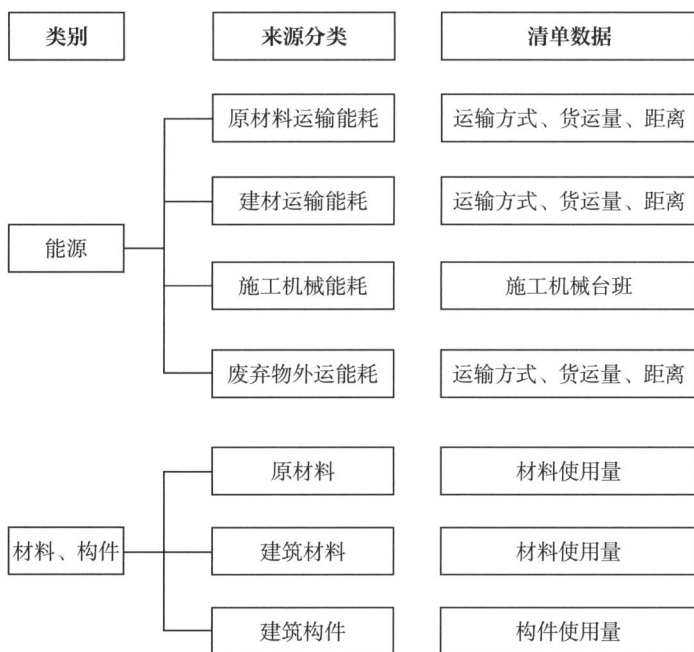

图5-4 建筑蕴含能及隐含碳清单数据需求

3）建筑蕴含能与隐含碳计算

建筑全生命周期的蕴含能与隐含碳计算，应根据系统边界与清单数据合理选择计算方法。目前建筑碳排放计算方法有投入产出法、实测法、排放因子法。其中由IPCC提出的排放因子法是目前适用范围最广、应用最多的方法。《建筑碳排放计算标准》GB/T 51366—2019采用全生命周期评价和排放因子法建立了建筑碳排放计算基本框架。建筑生产阶段蕴含能的计算方法包括建材生产及运输、建筑施工阶段能源消耗，建材生产阶段蕴含能计算与碳排放计算类似。根据建材用量和单位建材的能源消耗量可计算得到建筑生产阶段的蕴含能，其余阶段能耗主要通过工程清单获取。另外，本章将建筑不同形式的蕴含能耗转换为一次能源标准煤消耗量，考虑了发电过程中的能量转换效率，能够更准确地反映实际能源的消耗，也能够方便进行能耗的比较与计算（表5-1）。

主要能源转换为一次能源标准煤消耗量的换算系数　　　　　　　　表5-1

能源种类	单位	换算系数	
		kgce/单位	MJ/单位
电力	MJ	0.3200	9.367
天然气	m³	1.3300	38.930
原油	kg	1.4290	41.820
汽油	kg	1.4710	43.070
柴油	kg	1.4570	42.650
原煤	kg	0.7143	20.910
洗精煤	kg	0.9000	26.340

根据全生命周期四个基本阶段，采用基于过程的计算方法可得到建筑蕴含能与隐含碳的总量为：

$$E_{\text{life}} = E_{\text{pac}} + E_{\text{ope}} + E_{\text{dem}} \qquad (5\text{-}2)$$

$$C_{\text{life}} = C_{\text{pac}} + C_{\text{ope}} + C_{\text{dem}} \qquad (5\text{-}3)$$

式中　　E_{life}——建筑全生命周期蕴含能总量（MJ）；

E_{pac}——建筑生产建造阶段蕴含能量（MJ）；

E_{ope}——建筑运行阶段蕴含能量（MJ）；

E_{dem}——建筑拆除阶段蕴含能量（MJ）；

C_{life}——建筑全生命周期隐含碳总量（kgCO$_2$e）；

C_{pac}——建筑生产建造阶段隐含碳量（kgCO$_2$e）；

C_{ope}——建筑运行阶段隐含碳量（kgCO$_2$e）；

C_{dem}——建筑拆除阶段隐含碳量（kgCO$_2$e）。

5.2.1 建筑生产建造阶段蕴含能计算

一般来说，原材料开采、获取产生的能源消耗在材料生产过程中考虑，不单独列出。因此，建筑生产建造阶段的蕴含能 E_{pac} 应为建材生产过程、运输过程和建造过程的蕴含能之和，即：

$$E_{pac} = E_{mat} + E_{tra} + E_{con} \qquad (5\text{-}4)$$

式中 E_{mat}——建材生产过程产生的能源消耗（MJ）；

E_{tra}——建材运输过程产生的能源消耗（MJ）；

E_{con}——建筑建造过程产生的能源消耗（MJ）。

建材生产的能源消耗可根据建材的消耗量和单位建材能源消耗（蕴含能因子）按式（5-5）计算：

$$E_{mat} = \sum_{i=1}^{n} M_i F_{ene,i} \qquad (5\text{-}5)$$

式中 M_i——建材 i 的消耗量；

$F_{ene,i}$——建材 i 的蕴含能因子（MJ/计量单位）；

n——建材种类的总数。

建材运输的能耗需要统计运输载具的耗油、耗电等能源利用情况，建材运输过程中产生的能源消耗按式（5-6）进行计算：

$$E_{tra} = \sum_{i=1}^{n} m_{t,i} q_{t,i} \qquad (5\text{-}6)$$

式中 $m_{t,i}$——建材运输的第 i 种能源的消耗量；

$q_{t,i}$——建材运输消耗的第 i 种能源的换算系数（MJ/计量单位）；

n——建材运输的能源种类的总数。

建筑建造阶段主要消耗柴油、汽油和电力等能源，一般可从工程量清单、能源采购清单中获取能源消耗量，建筑建造阶段产生的能源消耗按式（5-7）进行计算（以燃油为例）：

$$E_{con} = \sum_{j=1}^{m} m_{c,j} q_{c,j} \qquad (5\text{-}7)$$

式中 $m_{c,j}$——施工建造消耗的第 j 种燃油的质量（kg）；

$q_{c,j}$——施工建造消耗的第 j 种燃油的热值（MJ/kg）；

m——燃油种类的总数。

5.2.2 建筑生产建造阶段隐含碳计算

建筑生产建造阶段的隐含碳排放量C_{pac}应为建材生产、建材运输和建筑建造三部分碳排放量之和，即：

$$C_{pac} = C_{mat} + C_{tra} + C_{con} \qquad (5\text{-}8)$$

式中　C_{mat}——建材生产过程产生的碳排放（$kgCO_2e$）；

　　　C_{tra}——建材运输过程产生的碳排放（$kgCO_2e$）；

　　　C_{con}——建筑建造过程产生的碳排放（$kgCO_2e$）。

建材生产过程的碳排放可根据建材的消耗量与碳排放因子按下式计算：

$$C_{mat} = \sum_{i=1}^{n} M_i EF_i \qquad (5\text{-}9)$$

式中　EF_i——第i种建材的碳排放因子（$kgCO_2e$/计量单位）。

建材消耗量可通过查询设计图纸、建筑信息模型、工程预算文件和材料采购清单等获取。对于可周转使用的辅助性材料，应根据周转次数与损耗率确定均摊消耗量，作为碳排放计算依据。根据《全国统一建筑工程基础定额编制说明》，钢模板（复合木模板）、钢支撑系统、木模板、木支撑和零星卡具的周转次数分别为50次、120次、5次、10次和20次。

建材的碳排放因子宜选用权威数据库或《建筑碳排放计算标准》GB/T 51366—2019中的数据。

另外，《建筑碳排放计算标准》GB/T 51366—2019规定，当使用低价值废料作为原材料时，可忽略其上游的碳排放。当使用其他可再生原料时，应按其所替代的初生原料的碳排放的50%计算；建筑建造与处置阶段产生的可再生建筑废料，可按其所替代的初生原料的碳排放的50%计算，并应从建筑碳排放中扣除。

建材运输过程产生的碳排放可根据材料质量和运输距离按下式计算：

$$C_{tra} = \sum_{i=1}^{n} M_i D_i T_i \qquad (5\text{-}10)$$

式中　M_i——第i种主要建材的质量（t）；

　　　D_i——第i种建材从生产工厂到施工现场的平均运输距离（km）；

　　　T_i——在第i种建材的运输方式下，单位质量运输距离的碳排放因子 [$kgCO_2e$/（$t\cdot km$）]；

　　　n——建材种类的总数。

运输距离优先采用建材生产地到施工现场的实际距离，若数据无法获取，可取《建筑碳排放计算标准》GB/T 51366—2019规定的默认值，即混凝土默认运输距离为40km，其他建材默认运输距离为500km。

建筑建造过程的碳排放应为施工现场能源利用产生的碳排放，按下式计算：

$$C_{con} = \sum_{j=1}^{m} E_{con,j} EF_{con,j} \qquad (5-11)$$

式中　$E_{con,j}$——施工过程中第j种能源的消耗量；

　　　$EF_{con,j}$——施工过程中第j种能源的碳排放因子（$kgCO_2e$/计量单位）；

　　　m——施工过程中消耗能源种类的总数。

施工过程中的能源消耗量可通过工程预算清单或能源采购清单获取。

5.2.3　案例分析

该住宅建筑位于陕西省，为塔式住宅，地上12层，地下1层，地上建筑高度为34.05m，结构形式为剪力墙结构（图5-5）。

图5-5　住宅建筑效果图

住宅建筑的材料清单、建材蕴含能因子和碳排放因子见表5-2。基于建筑的材料用量和建材蕴含能因子及碳排放因子，可以计算出建材生产过程的蕴含能和隐含碳排放。

建材清单和建材蕴含能因子、碳排放因子 表5-2

建材种类	单位	材料量	蕴含能因子 （MJ/单位）	碳排放因子 （kgCO₂e/单位）
圆钢筋	t	76.80	8278.87	2706.00
螺纹钢筋	t	97.68	8278.87	2706.00
钢板	t	2.65	7855.05	2571.00
不锈钢管	m	159.19	10.90	3.57
商品混凝土C15	m³	297.49	760.07	369.78
商品混凝土C20	m³	97.26	875.85	436.78
商品混凝土C25	m³	1903.98	896.89	448.95
商品混凝土C30	m³	612.41	913.64	449.37
水泥砂浆（1:2）	m³	95.58	1179.92	676.64
水泥砂浆（1:2.5）	m³	650.30	1041.72	596.49
水泥砂浆（1:3）	m³	113.99	870.58	497.70
聚合物防水水泥砂浆	m³	1.56	730.16	443.22
素水泥浆	m³	26.03	3209.38	1851.56
承重黏土多孔砖 （240mm×115mm×90mm）	千块	90.36	1615.58	609.47
非承重黏土多孔砖 （240mm×240mm×115mm）	千块	95.57	4305.04	1624.07
瓷砖	m²	5151.91	344.84	86.92
聚氯乙烯（PVC）管	m	373.20	18.02	10.17
玻璃	m²	1816.50	52.66	19.10

计算可得到建材生产过程的蕴含能及碳排放，如表5-3所示。

建材生产过程的蕴含能及碳排放 表5-3

建材种类	蕴含能（MJ）	碳排放（kgCO₂e）
圆钢筋	635817.22	207820.80
螺纹钢筋	808680.02	264322.08
钢板	20815.88	6813.15
不锈钢管	1735.17	568.31
商品混凝土C15	226113.22	110005.85
商品混凝土C20	85185.17	42481.22
商品混凝土C25	1707660.62	854791.82
商品混凝土C30	559522.27	275198.68
水泥砂浆（1:2）	112776.75	64673.25
水泥砂浆（1:2.5）	677430.52	387897.45
水泥砂浆（1:3）	99237.41	56732.82

建材种类	蕴含能（MJ）	碳排放（kgCO₂e）
聚合物防水水泥砂浆	1139.05	691.42
素水泥浆	83540.16	48196.11
承重黏土多孔砖 （240mm×115mm×90mm）	145983.81	55071.71
非承重黏土多孔砖 （240mm×240mm×115mm）	411432.67	155212.37
瓷砖	1776584.64	447804.02
PVC管	6725.06	3795.44
玻璃	95656.89	34695.15
合计	7456036.53	3016771.65

5.3 建筑运行阶段的蕴含能与隐含碳排放计算

5.3.1 建筑运行阶段蕴含能计算

建筑运行阶段的蕴含能 E_{ope} 主要来自建筑材料替换、维修维护过程中机械运行的能耗，主要包括燃油消耗、电力消耗等，可按下式计算：

$$E_{ope} = E_{ele,o} + E_{pet,o} \tag{5-12}$$

$$E_{pet,o} = \sum_{j=1}^{m} \frac{m_j q_j}{3.6} \tag{5-13}$$

式中 $E_{ele,o}$ ——机械运行电耗的能耗（MJ）；

$E_{pet,o}$ ——机械运行油耗的能耗（MJ）；

m_j ——机械运行消耗的第 j 种燃油的质量（kg）；

q_j ——机械运行消耗的第 j 种燃油的热值（MJ/kg）；

m ——机械运行消耗燃油种类的总数。

5.3.2 建筑运行阶段隐含碳计算

建筑运行过程中的隐含碳主要来自建筑材料的消耗和机械运行的能耗。该部分碳排放计算可按建筑生产建造阶段的方法。该阶段隐含碳 C_{ope} 按下式计算：

$$C_{ope} = C_{mat,o} + C_{ene,o} \tag{5-14}$$

$$C_{mat,o} = \sum_{i=1}^{n} M_{o,i} EF_{o,i} \tag{5-15}$$

$$C_{ene,o} = \sum_{j=1}^{m} E_{o,j} EF_{o,j} \qquad (5-16)$$

式中　$C_{mat,o}$——建筑运行过程建筑材料消耗产生的碳排放（kgCO₂e）；

　　　　$C_{ene,o}$——建筑运行过程中机械设备运行能耗产生的碳排放（kgCO₂e）；

　　　　$M_{o,i}$——建筑运行过程中第i种建筑材料消耗量；

　　　　$EF_{o,i}$——建筑运行过程中第i种建筑材料对应的碳排放因子（kgCO₂e/计量单位）；

　　　　$E_{o,j}$——建筑运行过程中第j种能源消耗量；

　　　　$EF_{o,j}$——建筑运行过程中第j种能源对应的碳排放因子（kgCO₂e/计量单位）；

　　　　n——建筑运行过程中消耗建筑材料种类的总数；

　　　　m——建筑运行过程中消耗能源种类的总数。

常用建筑材料寿命可能与建筑寿命并不相同，故在全生命周期内，建筑可能进行多次材料替换和维修维护。表5-4为部分常用建筑材料与部件的使用寿命。

部分常用建筑材料与部件的使用寿命　　　　　　　　　　表5-4

建筑材料	使用寿命（a）
外保温层	15~50
屋面	25
门窗	20~50
外墙装饰	20
地面装饰	15
室内装饰、顶棚	25~30
沥青防水材料	25
涂料	10~20
塑料与橡胶制品	15
玻璃与金属制品	50

该部分碳排放应根据相应设计文件与实际材料、能源消耗量的统计结果进行计算，若数据较难获取，也可通过建筑使用寿命与部品部件使用寿命估计维修维护次数、维修工程量及相应碳排放量。另外，根据已有研究，建筑运行阶段中的日常维修和维护分别占建筑生产建造碳排放量总和的1.05%和0.2%，当计算数据缺失时，可采用比例法简化计算。

5.4.1　建筑拆除阶段蕴含能计算

建筑拆除阶段的蕴含能主要来自现场拆除活动的机械设备和废弃物外运的能耗，主要包括电耗和燃油消耗。该阶段的蕴含能 E_{dem} 可按下式计算：

$$E_{dem} = E_{ele,md} + E_{pet,md} + E_{ele,td} + E_{pet,td} \tag{5-17}$$

$$E_{pet,md} = \sum_{i=1}^{n} \frac{m_{d,i} q_{d,i}}{3.6} \tag{5-18}$$

$$E_{pet,td} = \sum_{j=1}^{m} \frac{m_{t,j} q_{t,j}}{3.6} \tag{5-19}$$

式中　$E_{ele,md}$——现场拆除活动机械设备的电耗的能耗（MJ）；

$E_{pet,md}$——现场拆除活动机械设备的油耗的能耗（MJ）；

$E_{ele,td}$——废弃物外运电耗产生的能耗（MJ）；

$E_{pet,td}$——废弃物外运油产生的能耗（MJ）；

$m_{d,i}$——机械设备第 i 种燃油消耗的质量（kg）；

$q_{d,i}$——机械设备第 i 种燃油的热值（MJ/kg）；

$m_{t,j}$——废弃物外运消耗的第 j 种燃油消耗的质量（kg）；

$q_{t,j}$——废弃物外运消耗的第 j 种燃油的热值（MJ/kg）；

n——机械设备消耗燃油种类的总数；

m——废弃物外运消耗燃油种类的总数。

该阶段的能耗数据应根据建筑拆除专项方案、拆除现场单据、仪表示数等进行统计。

5.4.2　建筑拆除阶段隐含碳计算

建筑拆除阶段隐含碳排放应为现场拆除活动与废弃物运输碳排放之和再扣减材料回收的减碳量。现场拆除活动可以理解为建筑建造的逆过程，故现场拆除活动的碳排放主要来自机械设备的能耗。废弃物外运的碳排放可采用建材运输过程的计算方法进行估算，废弃物仅考虑通过公路运输至废弃物处理厂或填埋场。建筑拆除阶段的隐含碳排放 C_{dem} 可按下式计算：

$$C_{dem} = C_{mac,d} + C_{tra,d} \tag{5-20}$$

$$C_{mac,d} = \sum_{i=1}^{n} E_{d,i} EF_{d,i} \tag{5-21}$$

$$C_{\text{tra,d}} = \sum_{j=1}^{m} Q_{\text{d},j} T_{\text{tra},j} D_{\text{tra},j} \qquad (5\text{-}22)$$

式中　$C_{\text{mac,d}}$——现场拆除活动的碳排放（$kgCO_2e$）；

　　　$C_{\text{tra,d}}$——废弃物外运产生的碳排放（$kgCO_2e$）；

　　　$E_{\text{d},i}$——现场拆除活动第i类能源的消耗量；

　　　$EF_{\text{d},i}$——第i类能源的碳排放因子（$kgCO_2e$/计量单位）；

　　　$Q_{\text{d},j}$——第j种废弃物的质量（t）；

　　　$D_{\text{tra},j}$——第j种废弃物的运输距离（km）；

　　　$T_{\text{tra},j}$——在第j种废弃物的运输方式下，单位质量运输距离的碳排放因子［$kgCO_2e$/（t·km）］；

　　　n——现场拆除活动消耗能源的种类；

　　　m——废弃物的种类数。

若在设计阶段无法明确拆除方法、方案时，可采用式（5-23）估算现场拆除的碳排放：

$$C_{\text{mac,d}} = \frac{Q_{\text{s}} EF_{\text{s}} + Q_{\text{w}} EF_{\text{w}} + Q_{\text{p}} EF_{\text{p}}}{1000} \qquad (5\text{-}23)$$

式中　Q_{s}——以建筑面积计的建筑整体拆除工作量（m^2）；

　　　Q_{w}——以质量计的构部件破碎的工作量（t）；

　　　Q_{p}——以场地面积计的场地平整工作量（m^2）；

　　　EF_{s}——单位建筑面积整体拆除活动的平均碳排放因子（$kgCO_2e/m^2$），可取7.8 $kgCO_2e/m^2$；

　　　EF_{w}——单位质量构部件配对的碳排放因子（$kgCO_2e/t$），可取2.85$kgCO_2e/t$；

　　　EF_{p}——单位面积场地平整的碳排放因子（$kgCO_2e/m^2$），可取0.62$kgCO_2e/m^2$。

另外，根据学者研究，现场拆除的碳排放可按施工阶段碳排放的90%计算，当上述公式中数据无法获取时，可按照该比例简化计算，即：

$$C_{\text{dem}} = 0.9 C_{\text{con}} \qquad (5\text{-}24)$$

思考题与练习题

1. 请阐述建筑蕴含能与隐含碳排放的概念及其在建筑全生命周期中的重要性。

2. 请描述建筑生产建造阶段的蕴含能与隐含碳排放的计算方法，并举例说明如何通过优化建材选择来减少碳排放。

3. 请分析建筑运行阶段和拆除阶段的蕴含能与隐含碳排放的主要来源，并提出减少这些排放的可行措施。

参考文献

［1］ 仓玉洁. 建筑物化阶段碳排放核算方法研究[D]. 西安：西安建筑科技大学，2018.

［2］ 罗智星. 建筑生命周期二氧化碳排放计算方法与减排策略研究[D]. 西安：西安建筑科技大学，2016.

［3］ 张孝存，王凤来. 建筑工程碳排放计量[M]. 北京，机械工业出版社，2022.

［4］ 中华人民共和国住房和城乡建设部. 建筑碳排放计算标准：GB/T 51366—2019 [S]. 北京：中国建筑工业出版社，2019.

［5］ 中国建筑节能协会，重庆大学城乡建设与发展研究院. 中国建筑能耗与碳排放研究报告（2023年）[J]. 建筑，2024（2）：46-59.

［6］ 张相勇，陈华周，李任戈，等.装配式钢结构建筑隐含碳排放计算与分析[J].建筑节能（中英文），2023，51（9）:129-138.

第 6 章

建筑运行能耗与碳排放模拟

根据国际能源署（International Energy Agency，IEA）发布的全球建筑领域用能及排放的核算结果，2018年全球建筑业建造（含房屋建造和基础设施建设）和建筑运行相关的终端用能占全球能耗的30%，其中建筑建造和基础设施建设的终端用能占全球能耗的比例为6%，建筑运行占全球能耗的比例为30%。中国建筑节能协会发布的《中国建筑能耗研究报告（2020）》指出，2018年我国建筑运行能耗为10亿tce，占全国能源消费总量的21.7%。可见，建筑能耗是国家能耗总量控制与"双碳"目标实现的关键领域。

6.1.1　建筑能耗分类

《民用建筑能耗标准》GB/T 51161—2016中将建筑能耗定义为建筑使用过程中由外部输入的能源，包括维持建筑环境的用能（如供暖、制冷、通风、空调和照明等）和各类建筑内活动（如办公、家电、电梯、生活热水等）的用能。基于对我国民用建筑运行能耗的长期研究，本书将建筑能耗划分为供暖通风及空气调节的能耗、建筑照明及其他用能系统能耗两大类。前一种能耗类型很大程度上与建筑物本身的性能有关，而后一种能耗类型则主要取决于使用者的使用方式。

建筑能耗（这里指运行能耗）属于消费领域的能耗。国家或地区的宏观建筑能耗是推行建筑能耗总量控制的依据；而建筑单体或建筑群的微观建筑能耗是建筑节能的依据。因此对建筑能耗进行科学分类，可以清晰地分析建筑能耗总量及构成，从而有助于发现用能规律与趋势，可以全面地把握节能工作内容，科学地设计总量控制路径，还可以把握各类建筑节能关键点，有针对性地进行建筑节能设计。

建筑能耗常采用消耗的电力、化石能源等实物量进行表示，并指明能源种类和数量；也可进一步把不同种类的能源量进行统一折算。

建筑能耗可以从能源消费类型来分类，如电、天然气、煤和液化石油气等；也可以根据能源用途来分类，如空调能耗、供暖能耗和照明能耗等。

当需要从宏观角度，支持政策或市场机制对建筑用能主体进行引导约束，或需要推行建筑能耗总量控制，需要了解能耗量现状，并确定总量控制目标时，宏观建筑能耗的分类应考虑建筑功能、使用主体和供需机制等因素。通常我国将宏观建筑能耗分为以下5大类，包括：

（1）北方城镇建筑供暖能耗。指的是采取集中供热方式的省（区、市）的冬季供暖能耗，包括各种形式的集中供暖和分散供暖。地域涵盖北京、天津、河北、山西、内蒙古、辽宁、吉林、黑龙江、山东、河南、甘肃、青海、宁夏、新疆的全部城镇地区以及陕西秦岭以北地区和四川川西地区。使用的能源种类主要包括燃煤、燃气和电力。北方城镇建筑供暖能耗既包括建筑的实际供热量，还要包括热源和热力站能量转换过程的损失、管网的热损失和输配能耗。

（2）公共建筑能耗。公共建筑泛指除了工业生产用房以外的所有非住宅建筑。除了北方地区的供暖能耗外，建筑内各种活动而产生的能耗包括空调、通风、照明、插座、炊事、电梯、办公设备等各种服务设施，以及非北方城镇供暖地区公共建筑的冬季供暖能耗。公共建筑使用的商品能源种类包括电力、燃气、燃油和燃煤等。

（3）城镇居住建筑能耗。指的是除了北方地区的供暖能耗外城镇住宅所消耗的能源。从终端用能途径上，包括家用电器、空调、照明、炊事、生活热水以及非北方城镇供暖地区的冬季供暖能耗。城镇住宅使用的主要商品能源种类是电力、燃煤、燃气和燃油等。非北方城镇供暖地区的冬季供暖绝大部分为分散形式，热源方式包括空气源热泵、直接电加热等针对建筑空间的供暖方式，以及炭火盆、电热毯、电手炉等各种形式的局部加热方式，这些能耗都归入此类。

（4）农村居住建筑能耗。为农村居住建筑使用过程中消耗的从外部输入的能源量，包括炊事、供暖、降温、照明、热水、家电等。农村住宅使用的主要能源种类是电力、燃煤和生物质能（秸秆、薪柴）等。由于我国目前农村所使用的生物质能源大多未纳入商品统计渠道，属于非商品能源，没有纳入国家能源的宏观统计，因此农村住宅建筑用能主要分为商品能源和非商品生物质能源两部分。

（5）安装在建筑结构上的可再生能源。我国部分城乡建筑安装有大量的太阳能光热、光电等可再生能源装置，其产生的能源大多数被建筑直接使用，无计量，因此也不属于商品能源。从能源管理原则看，这些能源不应该计入建筑用能。目前国内外积极开发推广的"零能耗""近零能耗"建筑大多也是依赖于安装在建筑结构上的可再生能源装置。只有不把建筑所使用的这些自身产生的可再生能源计入建筑能耗，才有可能成为"零能耗"或"近零能耗"建筑。当建筑产生的太阳能光电输入到电网时可以抵扣在其他时段从电网输入到建筑的电力，这样，建筑能耗等于建筑实际消耗的能源减去在建筑上安装的可再生能源装置上产生并被本建筑或外界利用的可再生能源。

对于建筑单体或建筑群的微观建筑能耗，其分类更适合按用途来划分，此种方式将公共建筑能耗、城镇居住建筑能耗、农村居住建筑能耗按用途分为以下11小类：

（1）供暖用能：为建筑空间提供热量（包括加湿），以达到适宜的室内温湿度环境而消耗的能量，空调系统中以除湿和温度调节为目的的再热能耗也属于此类；

（2）供冷用能：为建筑空间提供冷量（包括除湿），以达到适宜的室内温湿度环境而消耗的能量，包括制冷除湿设备、循环水泵和冷源侧辅助设备（如冷却塔、冷却水泵、冷却风机）等的用能；

（3）生活热水用能：为满足建筑内人员洗浴、盥洗等生活热水需求而消耗的能量，包括热源能耗和输配系统能耗，不包括与生活冷水共用的加压泵的用能；

（4）风机用能：为建筑内机械通风换气和循环用风机使用的能量，包括空调箱、新风机、风机盘管等设备中的送风机、回风机、排风机以及厕所排风机、车库通风机等使用的能量；

（5）炊事用能：为建筑内炊事及炊事环境通风排烟使用的能量，包括炊事设备、厨房通风排烟和油烟处理设备等消耗的电力和燃料；

（6）照明用能：为满足建筑内人员对光环境的需求，建筑照明灯具及其附件（如镇流器等）使用的能量；

（7）家用电器/办公设备用能：为建筑内一般家用电器和办公设备使用的能量，包括从插座取电的各类设备（如计算机、打印机、饮水机、电冰箱、电视机等）的用能；

（8）电梯用能：为建筑电梯及其配套设备（包括电梯空调、电梯机房的通风机和空调器等）使用的能量；

（9）信息机房设备用能：为建筑内集中的信息中心、通信基站等机房内的设备和相应的空调系统使用的能量；

（10）变压器损耗：为建筑设备配电变压器的空载损耗与负载损耗总和；

（11）其他专用设备用能：为建筑内各种服务设备（如给水排水泵、自动门、防火设备等）、医用设备、洗衣房设备、游泳池辅助设备等不属于以上各类用能的其他专用设备使用的能量。

当需要将建筑能耗进行分类统计时，通常建筑能耗指标形式可分为以下4类：

（1）北方城镇建筑供暖能耗指标形式：是以一个完整供暖期内供暖系统的累积能耗计，并以单位建筑面积年能耗量作为该能耗指标的形式；

（2）公共建筑能耗指标形式，是以一个完整的日历年或者连续12个日历月的累积能耗计，并以单位建筑面积的年能耗量作为该能耗指标的基本形式；

（3）城镇居住建筑能耗指标形式：是以一个完整的日历年或者连续12个日历月的累积能耗计，并以每户或单位建筑面积的年能耗量这两种形式作为该能耗指标的形式；

（4）农村居住建筑能耗指标形式：是以一个完整的日历年或者连续12个

日历月的累积能耗计，并以每户或单位建筑面积的年能耗量这两种形式作为该能耗指标的形式。

6.1.2 建筑能耗表示方法

当建筑有从外部以热媒循环方式输入的冷/热量时，冷/热量应以该冷热源的制备和输送所需消耗的电力或/和化石能源进行折算。当建筑外界冷热源制备和输送的冷/热量的输出为单一能源形式时，输出的冷/热量为多座建筑提供能源，则对于某一建筑而言，其冷/热量能耗为按照冷/热量的热值分摊的外界冷热源制备和输送系统所消耗的电力或/和化石能源。当建筑外界冷热源制备和输送的冷/热量的输出为多种能源形式时，输出的冷/热量为多座建筑提供能源，则对于某一建筑而言，其冷/热量能耗应根据制备和输送冷/热量系统的输出，采用㶲分摊法核算分摊各用能系统对应的输入能量（电力或化石能源）。

㶲分摊法核算分摊的计算步骤为：

（1）给出外界冷热源全年制备和输送冷/热量的输入能源种类（电、燃料）和实物量，以及全年输出能源种类（如电、冷媒、热媒）和实物量（第i个输出能源对应的能源量为Q_i）。

（2）计算每个输出能源相应的能质系数（第i个输出能源的能质系数为λ_i）。

（3）计算每个输出能源对应的输入能源分摊比例，第i个输出能源分摊输入能源的比例x_i按照式（6-1）计算：

$$x_i = \frac{Q_i \lambda_i}{\sum\limits_{i=1}^{n} Q_i \lambda_i} \times 100\% \qquad (6\text{-}1)$$

式中　Q_i——第i个输出能源对应的能源量；

　　　λ_i——第i个输出能源的能质系数（数值在0~1之间）；

　　　x_i——第i个输出能源分摊输入能源的比例。

（4）计算每个输出能源所消耗（分摊）的输入能源量，第i个输出能源分摊的输入能源量按照式（6-2）计算：

$$第i个输出能源分摊的输入能源量 = x_i \times 输入能源 \qquad (6\text{-}2)$$

建筑能耗涉及的能源种类为电力、化石能源（如煤、油、天然气等）、冷/热量等，可将不同种类的能源统一折算为电力（单位为kWh）。化石能源按照其对应的供电能耗折算，其中1kWh电可折算为0.318kgce（千克标准煤）或0.2Nm³的标准天然气。

6.2.1 热负荷与耗热量

一个建筑物或房间存在着各种获得热量或散失热量的途径，存在着某一时刻由各种途径进入室内的得热量或散出室内的失热量（即耗热量）。当建筑物房间内的失热量大于（或小于）得热量时，室内温度会降低（或升高），为了保持室内在要求温度，就要保持建筑房间内的得热量和失热量相等，即维持房间在某一温度下的热平衡。

冬冷夏热是自然规律，在冬季，由于室外温度的下降，室内温度也会随之下降，要使室内在冬季都保持一个舒适的环境，就需要安装供暖设备，采用人工的方法向室内供应热量。这些补充的热量可由供暖系统承担，即系统的负荷。

热负荷的概念是以热平衡理论为基础建立。供暖系统设计热负荷是指在某一室外设计计算温度下，为达到一定室内的设计温度值，供暖系统在单位时间内应向建筑物供给的热量。热负荷通常以房间为对象逐个房间进行计算，以这种房间热负荷为基础，就可确定整个供暖系统或建筑物的供暖负荷。它是供暖系统设计最基本的依据。供暖设备容量的大小、热源类型及容量等均与热负荷大小有关，因此，热负荷的计算是供热系统设计的基础。

1）热负荷

热负荷是指维持室内一定热湿环境所需要的在单位时间内向室内补充的热量。房间的热负荷为房间失热量总和与得热量总和的差值。

房间的失热量包括：

（1）建筑围护结构的传热耗热量；

（2）经由门、窗隙渗入室内的冷空气所形成的冷风渗透耗热量；

（3）经由开启的门、窗、孔洞等侵入室内的冷空气所形成的冷风侵入耗热量；

（4）通风系统在换气过程中从室内排向室外的通风耗热量；

（5）水分蒸发的耗热量；

（6）加热由外部运入的冷物料和运输工具的耗热量；

（7）通过其他途径散失的热量。

房间的得热量包括：

（1）最小负荷班的工艺设备散热量；

（2）通过建筑围护结构物进入室内的太阳辐射热；

（3）热管道及其他热表面的散热量；

（4）热物料的散热量。

围护结构的耗热量是指当室内温度高于室外温度时，通过围护结构向外传递的热量，其他一些得/失热量，包括人体及工艺设备、照明灯具、电气用具、冷热物料、开敞水槽等散热量或吸热量，一般并不普遍存在，或者散发量小且不稳定，通常可不计入。这样对不设通风系统的一般民用建筑（尤其是住宅）而言，往往只需考虑（1）~（4）即可。

2）围护结构的耗热量

在工程设计中，供暖系统的设计热负荷，一般由围护结构基本耗热量、围护结构附加（修正）耗热量、冷风渗透耗热量和冷风侵入耗热量4部分组成。

围护结构基本耗热量是指在设计条件下，通过房间各部分围护结构（门、窗、地板、屋顶等）从室内传到室外的稳定传热量的总和。附加（修正）耗热量是指围护结构的传热状况发生变化而对基本耗热量进行修正的耗热量。附加（修正）耗热量包括风力附加、高度附加和朝向修正等耗热量。

（1）围护结构基本耗热量

在计算基本耗热量时，由于室内散热不稳定，室外气温、日照时间、太阳辐射强度、风向以及风速等都随季节、昼夜或时刻而不断变化，因此，通过围护结构的传热过程是一个不稳定过程。但对一般室内温度容许有一定波动幅度的建筑而言，在冬季将它近似按一维稳定传热过程来处理。这样，围护结构的传热就可以用较为简单的计算方法进行计算。因此，工程中除非对室内温度有特别要求，一般均按稳定传热公式［式（6-3）］进行计算：

$$Q = \alpha FK(t_\mathrm{n} - t_\mathrm{wn}) \tag{6-3}$$

式中　Q——围护结构的基本耗热量（W）；

　　　α——围护结构计算温差修正系数，可按表6-1选用；

　　　F——围护结构的面积（m^2）；

　　　K——围护结构的传热系数［W/（m·K）］，外墙的传热系数计算应采用考虑热桥影响的平均传热系数；

　　　t_n——供暖室内设计温度（℃），按《民用建筑供暖通风与空气调节设计规范》GB 50736—2012和《工业建筑供暖通风与空气调节设计规范》GB 50019—2015选用；

　　　t_wn——供暖室外计算温度（℃），按《民用建筑供暖通风与空气调节设计规范》GB 50736—2012附录A选用。

公共建筑和居住建筑的围护结构传热系数在《公共建筑节能设计标准》GB 50189—2015、《严寒和寒冷地区居住建筑节能设计标准》JGJ 26—2018、《夏热冬冷地区居住建筑节能设计标准》JGJ 134—2010，以及《建筑节能与可再生能源利用通用规范》GB 55015—2021中作了强制性规定。

当已知或可求出冷侧温度时，t_{wn}一项可直接用冷侧温度值代入，不再进行α值修正。

围护结构计算温差修正系数 表6-1

围护结构特征		α
外墙、屋顶、地面以及与室外相通的楼板等		1.00
闷顶和与室外空气相通的非供暖地下室上面的楼板等		0.90
非供暖地下室上面的楼板	外墙上有窗	0.75
	外墙上无窗且位于室外地坪以上	0.60
	外墙上无窗且位于室外地坪以下	0.40
与有外门窗的不供暖楼梯间相邻的隔墙	1～6层	0.60
	7～30层	0.50
与有外门窗的非供暖房间相邻的隔墙或楼板		0.70
与无外门窗的非供暖房间相邻的隔墙或楼板		0.40
伸缩缝墙、沉降缝墙		0.30
抗震缝墙		0.70

（2）围护结构附加耗热量

围护结构的附加耗热量按其占基本耗热量的百分率确定，包括朝向修正率、风力附加率和外门开启附加率。

①朝向修正率。不同朝向的围护结构，受到的太阳辐射热量是不同的；同时，不同的朝向，风的速度、频率也不同。因此，《民用建筑供暖通风与空气调节设计规范》GB 50736—2012规定对不同的垂直外围护结构进行修正。其修正率为：

　　a. 北、东北、西北朝向取0～10%；

　　b. 东、西朝向取-5%；

　　c. 东南、西南朝向取-15%～-10%；

　　d. 南朝向取-30%～-15%。

选用修正率时应考虑当地冬季日照率及辐射强度的大小。冬季日照率小于35%的地区，东南、西南和南朝向采用的修正率为-10%～0，东西朝向不修正。当建筑物受到遮挡时，南向按东西向修正，其他方向按北向进行修正。建筑物偏角小于15°时，按主朝向修正。

当窗墙面积比大于1∶1时（墙面积不包含窗面积），为了与一般房间有同等的保证率，宜在窗的基本耗热量中附加10%作为附加耗热量。

②风力附加率。建筑在不避风的高地、河边、海岸、旷野上的建筑物，

其垂直的外围护结构的附加耗热量为基本耗热量的5%。

③外门开启附加率。为加热开启外门时侵入的冷空气，对于短时间开启无热风幕的外门，可以用外门的基本耗热量乘以表6-2中的外门开启附加率。阳台门不应考虑外门附加。

外门开启附加率（建筑物的楼层数为 n 时）　　　　表6-2

外门情况	外门开启附加率
一道门	$65\%n$
两道门（有门斗）	$80\%n$
三道门（有两个门斗）	$60\%n$
公共建筑的主要出入口	500%

注：1. 外门开启附加率仅适用于短时间开启的、无热风幕的外门。

　　2. 仅计算冬季经常开启的外门。

　　3. 外门是指建筑物底层入口的门，而不是各层各住户的外门。

　　4. 阳台门不应计算外门开启附加率。

④两面外墙附加率。当房间有两面外墙时，宜对外墙、外门及外窗附加5%的附加耗热量。

⑤高度附加率。由于内温度梯度的影响，往往使房间上部的传热量加大。因此规定：当房间（楼梯间除外）净高超过4m时，每增加1m应附加2%的附加耗热量，但总附加率不应超过15%。地面辐射供暖的房间高度大于4m时，每高出1m宜附加1%的附加耗热量，但总附加率不宜大于8%。

⑥间歇附加率。对于间歇使用的建筑物，宜按下列规定计算间歇附加率（附加在耗热量的总和上）：仅白天使用的建筑物：20%；不经常使用的建筑物：30%。

（3）门窗缝隙渗入冷空气的耗热量

由于建筑物的门窗缝隙宽度不同，风向、风速和频率因地点和朝向也不同，应根据建筑物的内部隔断、门窗构造、门窗朝向、室内外温度和室外风速等因素确定，冷空气渗透耗热量 Q 按式（6-4）计算：

$$Q = 0.28c_p\rho_{wn}L(t_n - t_{wn}) \qquad (6\text{-}4)$$

式中　c_p——空气的定压比热容，c_p=1.01kJ/（kg/m^3）；

　　　ρ_{wn}——供暖室外计算温度下的空气密度（kg/m^3）；

　　　L　——渗透冷空气量（m^3/h）；

　　　t_n　——供暖室内设计温度（℃）；

　　　t_{wn}——供暖室外计算温度（℃）。

渗透冷空气量可根据不同的朝向，按下式计算：

$$L = L_0 l_1 m^b \quad\quad （6-5）$$

式中　L_0——在基准高度单纯风压作用下，不考虑朝向修正和建筑物内部隔断情况时，通过每米门窗缝隙进入室内的理论渗透冷空气量 [$\text{m}^3/（\text{m} \cdot \text{h}）$]，按式（6-6）确定；

l_1——外门窗缝隙的长度（m），应分别按各朝向可开启的门窗缝隙长度计算；

m——风压与热压共同作用下，考虑建筑体形、内部隔断和空气流通等因素后，不同朝向、不同高度的门窗冷风渗透压差综合修正系数，按式（6-7）确定；

b——门窗缝隙渗风指数，$b = 0.56 \sim 0.78$，当无实测数据时，可取 $b = 0.67$。

通过每米门窗缝隙进入室内的理论渗透冷空气量可按下式计算：

$$L_0 = a_1 \left(\frac{\rho_{\text{wn}}}{2} v_0^2 \right)^b \quad\quad （6-6）$$

式中　a_1——外门窗缝隙渗风系数 [$\text{m}^3/（\text{m} \cdot \text{h} \cdot \text{Pa}^{0.67}）$]，当无实测数据时，可根据建筑外窗空气渗透性能分级的相关标准，按表6-3选用；

v_0——基准高度冬季室外最多风向的平均风速（m/s），按《民用建筑供暖通风与空气调节设计规范》GB 50736—2012的相关规定确定。

外门窗缝隙渗风系数下限值　　　　　　　　　　　表6-3

等级	5	4	3	2	1
$a_1[\text{m}^3/（\text{m} \cdot \text{h} \cdot \text{Pa}^{0.67}）]$	0.1	0.3	0.5	0.8	1.2

冷风渗透压差综合修正系数应按下列公式计算：

$$m = C_r \times \Delta C_f \times （n^{1/b} + C） C_h \quad\quad （6-7）$$

$$C_h = 0.3 h^{0.4} \quad\quad （6-8）$$

$$C = 70 \times \frac{h_z - h}{\Delta C_f v_0^2 h^{0.4}} \times \frac{t_n' - t_{\text{wn}}}{273 + t_n'} \quad\quad （6-9）$$

式中　C_r——热压系数，当无法精确计算时，按表6-4选用；

ΔC_f——风压差系数，当无实测数据时，可取0.7；

n——单纯风压作用下，渗透冷空气量的朝向修正系数，根据《民用建筑供暖通风与空气调节设计规范》GB 50736—2012的相关规定确定；

C——作用于门窗上的有效热压差与有效风压差之比；

C_h——高度修正系数；

h——计算门窗的中心线标高（m）；

h_z——单纯热压作用下，建筑物中和面的标高（m），可取建筑物总高度的1/2；

t'_n——建筑物内形成热压作用的竖井计算温度（℃）。

热压系数   表6-4

内部隔断情况	开敞空间	有内门或房门		有前室门、楼梯间门或走廊两端设门	
		密闭性好	密闭性差	密闭性好	密闭性差
C_r	1.0	0.6 ~ 0.8	0.8 ~ 1.0	0.2 ~ 0.4	0.4 ~ 0.6

（4）当无相关数据时，工业建筑物的渗透冷空气量L可按下式计算：

$$L = kV \quad\quad (6\text{-}10)$$

式中　k——换气次数（h^{-1}），当无实测数据时，可按表6-5选用；

　　　V——房间体积（m^3）。

换气次数   表6-5

房间类型	一面有外窗房间	两面有外窗房间	三面有外窗房间	门厅
k（h^{-1}）	0.5	0.5 ~ 1.0	1.0 ~ 1.5	2.0

（5）工业建筑的渗透冷空气耗热量

生产厂房、仓库、公用辅助建筑物加热由门窗缝隙渗入室内的冷空气的耗热量，可根据表6-6估算。

渗透耗热量占围护结构总耗热量的百分率（单位：%）   表6-6

建筑物高度（m）		<4.5	4.5 ~ 10.0	>10.0
玻璃窗层数	单层	25	35	40
	单、双层均有	20	30	35
	双层	15	25	30

（6）冷风渗透量计入原则

计算出的房间冷风渗透量是否全部计入，应考虑下列因素：

①当房间仅有一面或相邻两面外围护物时，全部计入其外门、窗缝隙；

②当房间有相对两面外围护物时，仅计入较大的一面缝隙；

③当房间有三面外围护物时，仅计入风量较大的两面的缝隙；

④当房间有四面外围护物时，则计入较多风向的1/2外围护物范围内的外门、窗隙。

采用辐射供暖作局部供暖时，局部供暖的热负荷应按全面辐射供暖的热负荷乘以表6-7的局部辐射供暖负荷计算系数确定。

局部辐射供暖负荷计算系数　　　　　　　表6-7

局部辐射供暖区面积与房间总面积的比值f	≥0.75	0.55	0.40	0.25	≤0.20
局部辐射供暖负荷计算系数	1	0.72	0.54	0.38	0.30

3）供暖设计热负荷的估算

根据《全国民用建筑工程设计技术措施（2009）：暖通空调·动力》的规定，只设供暖系统的民用建筑物，其供暖热负荷可按下列方法之一进行估算。

（1）面积热指标法

当只知道建筑总面积时，其供暖设计热负荷可采用面积热指标法进行估算，见下式：

$$Q_o = Fq_f \qquad (6-11)$$

式中　Q_o——建筑物的供暖设计热负荷（W）；

　　　F——建筑物的建筑面积（m^2）；

　　　q_f——建筑物供暖面积热指标（W/m^2），它表示每$1m^2$建筑面积的供暖设计热负荷。可根据建筑物性质按表6-8选取：

建筑物供暖面积热指标（采取节能措施）　　　　　　　表6-8

建筑物类型	供暖面积热指标（W/m^2）	建筑物类型	供暖面积热指标（W/m^2）
住宅	40~45	商店	55~70
居住区综合楼	45~55	食堂餐厅	100~130
学校办公楼	50~70	影剧院	80~105
医院（托幼）	55~70	展览馆	80~105
旅馆	50~60	大礼堂、体育馆	100~150

注：总建筑面积大、外围护结构热工性能好、窗户面积小，采用较小的指标；反之，采用较大的指标（摘自《全国民用建筑工程设计技术措施（2009）：暖通空调·动力》）。

（2）窗墙比公式法

当已知外墙面积和窗墙比时，建筑物供暖设计热负荷可采用式（6-12）估算：

$$Q = (7a + 1.7)W(t_n - t_{wn}) \qquad (6\text{-}12)$$

式中　Q——建筑物供暖设计热负荷（W）；

　　　a——外窗面积与外墙面积（包括窗）之比；

　　　W——外墙总面积（包括窗）（m^2）；

　　　t_n——室内供暖设计温度（℃）；

　　　t_{wn}——室外供暖计算温度（℃）。

考虑到对建筑围护物的最小热阻和节能热阻以及对窗户密封程度随地区的限值，建议对严寒地区，将计算结果（建筑物供暖热负荷）乘以0.9左右的系数；对寒冷地区，将所得结果乘以1.05～1.10的系数。

应指出的是：建筑物的供暖耗热量，最主要的是通过垂直围护结构（墙、门、窗等）向外传递热量，而不是直接取决于建筑平面面积。供暖热指标的大小主要与建筑物的围护结构及外形有关。当建筑物围护结构的传热系数越大、采光率越大、外部体积越小或建筑物的长宽比越大时，单位体积的热损失，热指标值也越大。因此，从建筑物的围护结构及其外形方面考虑降低建筑耗热指标值的种种措施，是建筑节能的主要途径，也是降低集中供热系统的供暖设计热负荷的主要途径。

6.2.2　冷负荷与耗冷量

空调系统的作用是排除室内的热负荷和湿负荷，维持室内要求的温度和湿度。热湿负荷的大小对空调系统的规模有决定性影响。所以设计空调系统时，首先要计算房间的热湿负荷。此外，确定空调系统的送风量或送风参数，依据的也是空调房间的热湿负荷。

（1）计算方法概述

20世纪50年代，空气调节技术逐渐成熟，空调房间围护结构传热也由稳定传热计算发展到利用周期性不稳定传热法计算，如1952年苏联的A. M. 什克洛维尔提出的谐波反应法，我国也曾以此法进行计算。但是，该计算方法只考虑围护结构本身的不稳定传热，并未涉及整体房间的热作用过程，具体来说就是没有区别房间得热、冷负荷和除热量三个不同的概念，而把进入房间的瞬时得热当作瞬时负荷，致使空调系统设备容量选择过大。

自20世纪60年代末，美国、加拿大等国先后开始研究新的计算方法，例如，美国Carrier公司的蓄热系数法（1965年）、加拿大的DGStephenson和G. P. Mitalas提出的房间反应系数法（1967年）和传递函数法（1971年）等。虽然各种方法在数学处理手法上有所区别，但对于在内外扰量作用下房间热传递过程的物理分析是一致的，全面考虑了房间围护结构和物体的蓄热和放热。我国在20世纪70、80年代开展了负荷计算方法的研究，提出两种冷负荷计算方法：谐波反应法和冷负荷系数法。本书着重介绍冷负荷系数法的简化计算法。

（2）谐波反应法

谐波反应法是将房间内外扰量分解为一组以$2\pi/T$为基频的正弦函数，T是求解问题的周期，冬、夏季房间的设计扰量均取$T=24$h。例如，谐波反应法求解板壁围护结构对扰量的响应，就是求得板壁对不同频率的热力响应。

采用两个参数表达板壁对不同频率的响应：一个参数是衰减倍数v，另一个参数是总延迟时间ξ（h）。为了计算房间冷负荷，则需考虑两种情况：第一种情况是室内侧空气温度稳定条件下，对外扰的频率响应，也可称为传热响应；第二种情况是室外侧空气温度稳定条件下，对室内空气温度波的频率响应，也称为内表面吸热响应。

①对于第一种情况

传热衰减倍数v_0的定义：围护结构内侧空气温度稳定，外侧受室外综合温度或室外空气温度谐波作用，室外综合温度或室外空气温度谐波波幅与围护结构内表面温度谐波波幅的比值。

传热延迟时间ξ_0（h）的定义：围护结构内侧空气温度稳定，外侧受室外综合温度或室外空气温度谐波作用，围护结构内表面温度谐波最高值（或最低值）出现时间与室外综合温度或室外空气温度谐波最高值（或最低值）出现时间的差值。

②对于第二种情况

传热衰减倍数v_n中的衰减是指室内空气到内表面的衰减倍数。而对流延迟时间ξ_n（h）的延迟则是指室内空气与内表面间的延迟时间。

（3）冷负荷系数法

冷负荷系数法是在传递函数法的基础上为便于在工程中进行手算而建立起来的一种简化计算法。通过冷负荷温度或冷负荷系数直接从各种扰量值求得各分项逐时冷负荷。当计算某建筑物空调冷负荷时，则可按条件查出相应的冷负荷温度与冷负荷系数，用稳定传热公式形式即可算出经围护结构传入热量所形成的冷负荷和日射得热形成的冷负荷。实际扰量（温度和太阳辐射）都以逐时的离散值给出，输出亦都用逐时值表示，并用冷负荷温度（或冷负荷温差）直接从外扰来计算负荷。冷负荷温度可以根据当地的标准气象、室内设计参数、不同的建筑结构等典型条件事先计算成表格以备查用。对日射得热等，采用与负荷强度意义类似的冷负荷系数来简化计算。

①用冷负荷温度计算围护结构传热形成的冷负荷

通过围护结构进入的非稳定传热形成的逐时冷负荷，可用下列冷负荷温度简化公式计算：

$$CL_{Wq} = KF(t_{wlq} - t_n) \qquad (6-13)$$

$$CL_{Wm} = KF(t_{wlm} - t_n) \qquad (6-14)$$

$$CL_{We} = KF(t_{wlc} - t_n) \qquad (6-15)$$

式中　CL_{Wq}——外墙传热形成的逐时冷负荷（W）；

　　　CL_{Wm}——屋面传热形成的逐时冷负荷（W）；

　　　CL_{We}——外窗传热形成的逐时冷负荷（W）；

　　　K——外墙、屋面或外窗传热系数 [W/（m²·K）]；

　　　F——外墙、屋面或外窗传热面积（m²）；

　　　t_{wlq}——外墙的逐时冷负荷计算温度（℃）；

　　　t_{wlm}——屋面的逐时冷负荷计算温度（℃）；

　　　t_{wlc}——外窗的逐时冷负荷计算温度（℃）；

　　　t_n——夏季空调区设计温度（℃）。

其中，t_{wlq}、t_{wlm}、t_{wle} 可按《民用建筑供暖通风与空气调节设计规范》GB 50736—2012中的附录H选用和《工业建筑供暖通风与空气调节设计规范》GB 50019—2015中的相关规定计算。

②可按稳定传热方法计算的空调区夏季冷负荷

室温允许波动范围大于或等于 ± 1.0℃的空调区，其非轻型外墙的室外计算温度可采用近似室外计算日平均综合温度，按下式计算：

$$t_{zp} = t_{wp} + \frac{\rho J_p}{\alpha_w} \qquad (6-16)$$

式中　t_{zp}——夏季空调室外计算日平均综合温度（℃）；

　　　t_{wp}——夏季空调室外计算日平均温度（采用历年平均不保证5d的日平均温度）（℃）；

　　　J_p——围护结构所在朝向太阳总辐射照度的日平均值（W/m²）；

　　　ρ——围护结构外表面对于太阳辐射热的吸收系数；

　　　α_w——围护结构外表面换热系数 [W/（m²·K）]。

室温允许波动范围大于或等于 ± 1.0℃的空调区，其非轻型外墙传热形成的冷负荷可近似按下式计算：

$$CL_{Wq} = KF(t_{zp} - t_n) \qquad (6-17)$$

注：当屋顶处于空调区之外时，只计算屋顶传热进入空调区的辐射部分形成的冷负荷。

空调区与邻室的夏季温差大于3℃时，其通过隔墙、楼板等内围护结构传热形成的冷负荷可按下式计算：

$$CL_{Wn} = KF(t_{wp} + \Delta t_{ls} - t_n) \qquad (6\text{-}18)$$

式中　CL_{Wn}——内围护结构传热形成的冷负荷（W）；

Δt_{ls}——邻室计算平均温度与夏季空调室外计算日平均温度的差值（℃），邻室计算平均温度可按工程实际取值。工业建筑空调区计算，直接采用邻室计算平均温度t_{ls}，即$t_{wp}+\Delta t_{ls}=t_{ls}$。

舒适性空调区，夏季可不计算通过地面传热形成的冷负荷；工艺性空调区有外墙且室温波动允许范围不超过±1.0℃时，宜计算距外墙2m范围内地面传热形成的冷负荷。

③用冷负荷系数计算外窗日射得热形成的冷负荷

透过玻璃窗进入空调区的太阳辐射热形成的冷负荷，应根据当地的太阳辐射强度、外窗的构造、遮阳设施的类型、附近高大建筑或遮挡物的影响、室内空气分布特点以及空调区的蓄热特性等因素，通过计算确定。

透过玻璃窗进入室内的日射得热分为两部分：透过玻璃窗直接进入室内的太阳辐射热和玻璃窗吸收太阳辐射后传入室内的热量。

由于窗的类型、遮阳设施、太阳入射角及太阳辐射强度等因素的各种组合太多，无法建立太阳辐射得热与太阳辐射强度之间的函数关系，于是采用一种对比的计算方法。采用3mm厚的普通平板玻璃作为"标准玻璃"，在室内表面放热系数$\alpha_n=8.7$W/（$m^2 \cdot K$）和室外表面放热系数$\alpha_w=18.6$W/（$m^2 \cdot K$）的条件下，得出夏季（以七月份为代表）通过这一"标准玻璃"的两部分日射得热量之和，称为日射得热因数$D_{j,max}$。并经过大量统计计算，得出适用于各地区的$D_{j,max}$。

考虑到在非标准玻璃情况下，以及不同窗类型和遮阳设施对得热的影响，可对日射得热因数加以修正。透过玻璃窗进入的太阳辐射得热形成的逐时冷负荷可按下式计算：

$$CL_C = C_{dC} C_z D_{J,max} F_C \qquad (6\text{-}19)$$

$$C_z = C_w C_n C_s \qquad (6\text{-}20)$$

式中　C_z——外窗综合遮挡系数；

CL_C——透过玻璃窗进入的太阳辐射得热形成的逐时冷负荷（W）；

C_{dC}——透过无遮阳标准玻璃的太阳辐射冷负荷系数；

C_w——外遮阳修正系数；

C_n——内遮阳修正系数；

C_s——玻璃修正系数；

$D_{\mathrm{J,max}}$——夏季透过标准玻璃窗的最大日射得热因数；

F_{C}——窗玻璃净面积（m^2）。

其中，C_{dC}、$D_{\mathrm{J,max}}$可根据《民用建筑供暖通风与空气调节设计规范》GB 50736—2012中的附录H确定。

④室内热源散热形成的冷负荷

室内的人体、照明和设备散发的热量中，其对流部分直接形成冷负荷；而辐射部分要先与围护结构、家具等换热，经围护结构和家具等的蓄热后再以对流形式释放到室内，形成负荷。因此，室内热源散发的热量，也要乘以相应的冷负荷系数才变为负荷。人体、照明和设备等散热形成的逐时冷负荷，分别按以下公式计算：

$$CL_{\mathrm{rt}} = C_{\mathrm{cl_{rt}}} \phi Q_{\mathrm{rt}} \qquad (6\text{-}21)$$

$$CL_{\mathrm{zm}} = C_{\mathrm{cl_{zm}}} C_{\mathrm{zm}} Q_{\mathrm{zm}} \qquad (6\text{-}22)$$

$$CL_{\mathrm{sb}} = C_{\mathrm{cl_{sb}}} C_{\mathrm{sb}} Q_{\mathrm{sb}} \qquad (6\text{-}23)$$

式中　CL_{rt}——人体散热形成的逐时冷负荷（W）。

$C_{\mathrm{cl_{rt}}}$——人体冷负荷系数（取决于人员在室内停留时间以及由进入室内时算起至计算时刻的时间），对于人员密集以及夜间停止供冷的场合，可取$C_{\mathrm{cl_{rt}}}=1$。

ϕ——群集系数，指因人员性别、年龄构成以及密集程度等情况的不同而考虑的折减系数；年龄、性别不同，人员的小时散热量就不同，例如成年女性的散热量约为成年男性散热量的85%，儿童的散热量约为成年男性散热量的75%。

Q_{rt}——人体散热量（W）。

CL_{zm}——照明散热形成的逐时冷负荷（W）。

$C_{\mathrm{cl_{zm}}}$——照明冷负荷系数。

C_{zm}——照明修正系数。

Q_{zm}——照明散热量（W）。

CL_{sb}——设备散热形成的逐时冷负荷（W）。

$C_{\mathrm{cl_{sb}}}$——设备冷负荷系数。

C_{sb}——设备修正系数。

Q_{sb}——设备散热量（W）。

其中，$C_{\mathrm{cl_{rt}}}$、$C_{\mathrm{cl_{zm}}}$、$C_{\mathrm{cl_{sb}}}$可按《民用建筑供暖通风与空气调节设计规范》GB 50736—2012中的附录H选用。

在办公建筑中，计算机对室内空调冷负荷的影响很大，有时甚至超过了室内人员和照明设备形成的冷负荷，通常台式计算机的冷负荷值可按

150～200W/台考虑，笔记本计算机的冷负荷值可按70～100W/台考虑。应注意计算机技术的进步。低能耗"零终端计算机主机"研发，会带来巨大的节能效益。

餐厅、宴会厅等还应考虑到食物的散热量，其数据可为：

食物全热量为17.4W/人，食物显热量和潜热量均为8.7W/人。

工业建筑中计算设备、人体和照明设备形成的冷负荷时，应根据空调区蓄热特性、使用功能和设备开启时间分别选用适宜的设备功率系数、同时使用系数、人员群集系数、设备的通风保温系数。当设备、人体和照明所占冷负荷比例较小时，可不计其影响。

（4）空调湿负荷计算

室内各种散湿量形成了空调室内湿负荷。

①人体散湿量

计算时刻的人体散湿量D_τ，可按下式计算：

$$D_\tau = 0.001\phi n_\tau g \qquad (6\text{-}24)$$

式中　D_τ——人体散湿量（kg/h）；

　　　ϕ——群集系数；

　　　n_τ——计算时刻空调区内的总人数；

　　　g——成年男性小时散湿量［g/（h·人）］。

②水体散湿量

常压下，暴露水面或溜湿表面蒸发的水蒸气量按下式计算：

$$G = (a + 0.00013v) \times (p_{q,b} - p_q) \times A \times \frac{B}{B'} \qquad (6\text{-}25)$$

式中　G——散湿量（kg/h）；

　　　A——敞露水面的面积（m²）；

　　　$p_{q,b}$——水表面的饱和空气水蒸气分压力（Pa）；

　　　p_q——室内空气的水蒸气分压力（Pa）；

　　　B——标准大气压，取101325Pa；

　　　B'——当地实际大气压（Pa）；

　　　v——蒸发表面的空气流速（m/s）；

　　　a——周围空气温度为15～30℃时，在不同水温下的扩散系数

　　　　　［kg/（m²·h·Pa）］。

有水流动的地面，其表面蒸发水量可按下式计算：

$$G = \frac{G_1 \cdot c \cdot (t_1 - t_2)}{r} \qquad (6\text{-}26)$$

式中　G——水分蒸发量（kg/h）；

　　　G_1——流动水量（kg/h）；

　　　c——水的比热容［kJ/（kg·K）］，取4.1868kJ/（kg·K）；

　　　t_1——水的初温（℃）；

　　　t_2——水的终温（℃），即排入下水管的水温；

　　　r——水的汽化潜热（kJ/kg），取2450kJ/kg。

③食物散湿量

餐厅、宴会厅等还应考虑到食物散湿量，其值为11.5g/（h·人）。

空调区的夏季冷负荷，应按各项逐时冷负荷的综合最大值确定。空调系统的夏季冷负荷，应按各空调区逐时冷负荷的综合最大值或各空调区冷负荷的累计值确定，并应计入新风负荷、再热负荷及各项附加的冷负荷。

各空调区逐时冷负荷的综合最大值，是从同时使用的各空调区逐时冷负荷相加之后得出的数列中找出最大值；各空调区夏季冷负荷的累计值，即找出各空调区逐时冷负荷的最大值并将它们相加在一起，而不考虑它们是否同时发生。后一种方法的计算结果显然比前一种方法的计算结果要大。冷负荷设计值的选取，与系统形式、控制方式等因素是密切相关的，例如对于多个房间（或空调区），当采用变风量集中式空调系统时，由于系统本身有适应各空调区冷负荷变化的调节能力，此时应采用各空调区逐时冷负荷的综合最大值作为冷负荷设计值；当采用定风量集中式空调系统或末端设备没有室温控制装置的风机盘管系统时，由于系统本身不能适应各空调区冷负荷的变化，为了保证最不利情况下达到空调区的温湿度要求，即应采用各空调区夏季冷负荷最大值的累计值来作为冷负荷设计值。

④空调热负荷计算

空调区的冬季热负荷可按前文提及的热负荷计算，基于冬夏两季室外观测数据——室外计算温度。室外计算参数应采用冬季空调计算参数，计算时应扣除室内工艺设备等稳定散热量。空调系统的冬季热负荷应按所服务空调区的热负荷累计值确定。

6.2.3　建筑年耗热量计算

建筑耗热量指标是对建筑本体节能性能以及建筑楼内运行调节性能的综合评价指标，是指为满足冬季室内温度舒适性要求，在一个完整供暖期内需要向室内提供的热量除以建筑面积所得到的能耗指标，用以考核建筑围护结构本身的能耗水平及楼内运行调节状况。

1）民用建筑全年耗热量

累计耗热量是指计算时间为年的耗热量。

（1）供暖全年耗热量

供暖全年耗热量是指供暖系统或供暖热用户在一个供暖期内的总耗热量，计算公式如下：

$$Q_h^a = 0.0864 N Q_h \frac{t_i - t_a}{t_i - t_{o,h}} \tag{6-27}$$

式中　Q_h^a——供暖全年耗热量（GJ）；

　　　Q_h——供暖设计热负荷（kW）；

　　　N——供暖期天数（d）；

　　　t_i——室内计算温度（℃）；

　　　t_a——供暖期室外平均温度（℃）；

　　　$t_{o,h}$——供暖期室外计算温度（℃）。

（2）供暖期通风耗热量

通风年耗热量是指一个通风热用户或供热系统中所有通风热用户在一个供暖期内的总耗热量。

$$Q_v^a = 0.0036 T_v N Q_v \frac{t_i - t_a}{t_i - t_{o,v}} \tag{6-28}$$

式中　Q_v^a——供暖期通风耗热量（GJ）；

　　　Q_v——通风设计热负荷（kW）；

　　　T_v——供暖期内通风装置每日平均运行小时数（h）；

　　　$t_{o,v}$——冬季通风室外计算温度（℃）。

（3）空调供暖耗热量

$$Q_a^a = 0.0036 T_a N Q_a \frac{t_i - t_a}{t_i - t_{o,a}} \tag{6-29}$$

式中　Q_a^a——空调供暖耗热量（GJ）；

　　　Q_a——空调冬季设计热负荷（kW）；

　　　T_a——供暖期内空调装置每日平均运行小时数（h）；

　　　$t_{o,a}$——冬季空调室外计算温度（℃）。

（4）供冷期制冷耗热量

$$Q_c^a = 0.0036 Q_c T_{c,max} \tag{6-30}$$

式中　Q_c^a——供冷期制冷耗热量（GJ）；

　　　Q_c——空调夏季设计冷负荷（kW）；

　　　$T_{c,max}$——空调夏季最大负荷利用小时数（h）。

（5）生活热水全年耗热量

热水供应年耗热量是指所有热水供应热用户在一年内的总耗热量。

$$Q_w^a = 30.24 Q_{w,a} \tag{6-31}$$

式中　Q_w^a——生活热水全年耗热量（GJ）；

　　　$Q_{w,a}$——生活热水平均负荷（kW）。

2）工业建筑全年耗热量

生产工艺全年耗热量是指一个生产工艺热用户或供热系统中所有生产工艺热用户一年内的总耗热量。工业建筑全年耗热量中，生产工艺热负荷全年耗热量应根据年负荷曲线图计算；供暖、通风、空调及生活热水的全年耗热量可按民用建筑的规定计算。

6.3

建筑运行能耗模拟

6.3.1　建筑能耗模拟原理与方法

建筑能耗模拟的对象是两种类型的建筑：新建建筑和既有建筑。对于新建建筑，通过建筑能耗的模拟与分析对设计方案进行比较和优化，使其符合相关的标准和规范，进行经济性分析等；对于既有建筑，通过建筑能耗的模拟和分析计算基准能耗和节能改造方案的能耗的节省和费用的节省等。前者通常采用正演模拟的方法（Forward Modeling），后者采用逆向模拟（Inverse Modeling）的方法。

用来描述建筑系统的数学模型由3个部分组成：①输入变量，包括可控制的变量和无法控制的变量（如天气参数）；②系统结构和特性，即对于建筑系统的物理描述（如建筑围护结构的传热特性、空调系统的特性等）；③输出变量，系统对于输入变量的反应，通常指能耗。在输入变量及系统结构和特性这两个部分确定之后，输出变量（能耗）就可以得到确定。因应用的对象和研究目的的不同，建筑能耗模拟的建模方法可以分为两大类。

（1）正演模拟方法（经典方法）：在输入变量和系统结构与特性确定后预测输出变量（能耗）。这种模拟方法从建筑系统和部件的物理描述开始，例如，建筑几何尺寸、地理位置、围护结构传热特性、设备类型和运行时间表、空调系统类型、建筑运行时间表、冷热源设备等。建筑的峰值和平均能耗就可以用建立的模型进行预测和模拟。

（2）逆向模拟方法（数据驱动方法）：在输入变量和输出变量已知或经过测量后已知时，估计建筑系统的各项参数，建立建筑系统的数学描述。与正演模拟方法不同，这种方法利用已有的建筑能耗数据来建立模型。建筑能耗数据可以分为两种类型：设定型和非设定型。所谓设定型数据是指在预先设定或计划好的实验工况下的建筑能耗数据；而非设定型数据则是指在建筑系统正常运行状况下获得的建筑能耗数据。逆向模拟方法所建立的模型往往比正演模拟方法简单，而且对于系统性能的未来预测更为准确。

本节对这两大类建模方法以及简化能耗估算方法进行介绍。

6.3.2　简化能耗估算方法

简化能耗估算方法是相对于详细模拟方法而言的，包括度日数法、温频法等。简化模拟法因其简便的输入和快速的运行速度在一些模拟软件中仍然采用。

1）度日数法

度日数法是估算建筑能耗最简单的方法，适用于建筑用能及空调设备效率相对稳定不变的情况。如果设备效率或能耗随室外温度变化，则需要采用温频法计算不同室外温度与相应小时数的乘积来估算。如果室内温度随内部负荷的变化而波动，简单的稳态模型如度日数法则不能使用。

虽然详细模拟方法被广泛采用，能够很快地建模计算建筑能耗，度日数和平衡温度的概念仍然是非常有用的估算建筑能耗的工具，某个城市的气候条件也可以用度日数明确地表达。而且，当室内温度和内部得热相对稳定且其供冷与供热连续运行整个供热、供冷季时，则度日数法是一种简便的估算其全年负荷和能耗的方法。

（1）平衡温度（Balance Point Temperature）

建筑的平衡温度t_{bal}是指在某一特定的室内温度t_i下，总的热损失正好被太阳辐射、人员、照明、设备等的得热抵消的室外温度t_o。

$$q_{gain} = K_{tot}(t_i - t_{bal}) \qquad (6\text{-}32)$$

式中　q_{gain}——热损失（W）；

　　　t_i——第i天的室内日平均温度（℃）；

　　　t_{bal}——平衡温度（℃）；

　　　K_{tot}——建筑总热损失系数（W/K）。

该式中的得热q_{gain}是计算时段的平均值，并非峰值，太阳辐射也是平均值，非峰值。

建筑全年供热能耗q_h为：

$$q_h = \frac{K_{tot}}{\eta_h}\left[t_{bal} - t_o(\theta)\right] \qquad (6\text{-}33)$$

式中　　q_h——建筑全年供热能耗；

　　　　η_h——供热系统的效率，为全年平均效率；

　　　　θ——时间，加号表示仅正值才被计入。

如果t_{abl}、K_{tot}和η_h保持不变，则全年总供热能耗$Q_{h,yr}$为q_h随时间的积分：

$$Q_{h,yr} = \frac{K_{tot}}{\eta_h}\int\left[t_{bal} - t_o(\theta)\right]^+ d\theta \qquad (6\text{-}34)$$

（2）年度日数法

如果把室外温度日平均值低于平衡温度的差值进行求和，则得到供热度日数HDD：

$$HDD(t_{bal}) = \sum_{i=0}^{n}\left(t_{bal} - t_{o,i}\right)^+ \qquad (6\text{-}35)$$

式中　　n——供热期天数或计算天数（d）；

$HDD(t_{bal})$——基于平衡温度t_{bal}的供热度日数。

则全年总供热能耗为：

$$Q_{h,yr} = \frac{K_{tot}}{\eta_h}HDD(t_{bal}) \qquad (6\text{-}36)$$

供冷度日数CDD的计算公式与HDD相似：

$$CDD(t_{bal}) = \sum_{i=0}^{n}\left(t_{o,i} - t_{bal}\right)^+ \qquad (6\text{-}37)$$

采用供冷度日数计算供冷能耗，并不像计算供热能耗那么简单，其计算式与式（6-36）相似，可以写成：

$$Q_{c,yr} = \frac{K_{tot}}{\eta_h}CDD(t_{bal}) \qquad (6\text{-}38)$$

上式对于K_{tot}恒定的建筑是适用的，而K_{tot}为恒定不变的假设在供热季节是可以接受的，因为窗户紧闭且换气次数保持不变；但在过渡季节或供冷季节，可以通过开窗通风或通过增大新风量（空气侧经济器）消除得热，延迟机械制冷的开启时间。机械制冷仅在室外温度高于t_{max}时才需要，t_{max}用下式计算：

$$t_{\max} = t_{\mathrm{i}} - \frac{q_{\mathrm{gain}}}{K_{\max}} \qquad (6\text{-}39)$$

式中 $K_{\max}$——开窗状态下的建筑总热损失系数，其值随室外风速变化很大，但可以简单地假设其恒定，以计算得到$t_{\max}$。这样全年供冷能耗Q_{c}可以用下式来估算：

$$Q_{\mathrm{c}} = K_{\mathrm{tot}}\left[CDD(t_{\max}) + (t_{\max} - t_{\mathrm{bal}})N_{\max} \right] \qquad (6\text{-}40)$$

式中 $CDD(t_{\max})$——基于$t_{\max}$的供冷度日数；

$N_{\max}$——供冷季室外空气温度t_{o}高于$t_{\max}$的天数。

这[①]实际上是将图6-1中的实线所围区域分解为一个长方形和一个三角形，就可以得到全年供冷能耗。然而，实际建筑的得热和通风量及室内人员的开窗和空调的行为都是变化的，尤其是在采用经济器（Economizer）的商业建筑中，因通风增加而多消耗的风机能耗也必须计入，且在非占用时间段空调系统关闭。因此，度时数（CDH）比度日数更能代表空调设备运行的时间，因为度日数是假设只要有冷负荷系统运行就不间断。

潜热负荷是建筑负荷的重要组成部分，可以用下式来估算供冷季逐月潜热负荷：

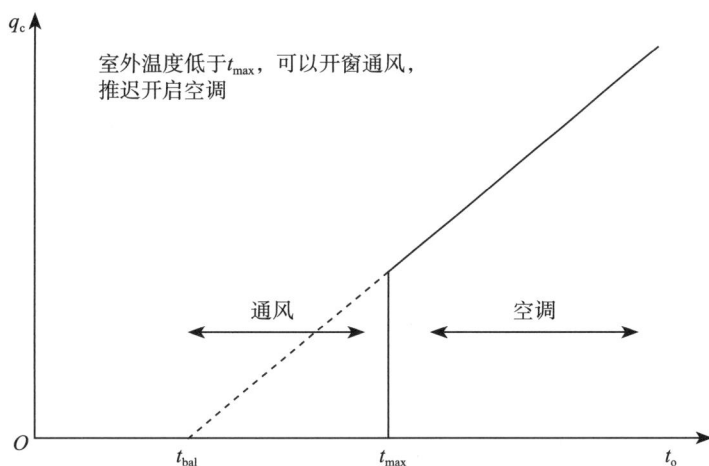

图6-1 与室外空气温度t_{o}相关的冷负荷

$$q_{\mathrm{latent}} = mh_{\mathrm{fg}}\left(W_{\mathrm{o}} - W_{\mathrm{i}} \right) \qquad (6\text{-}41)$$

---

① 指式（6-40），将函数用曲线作了表示。

式中　q_{latent}——月潜热冷负荷（kW）；

　　　m——月总渗透风量（kg/s）；

　　　h_{fg}——水的蒸发热（kJ/kg）；

　　　W_o——室外空气含湿量（月平均）；

　　　W_i——室内空气含湿量（月平均）。

度日数法假设平衡温度t_{bal}恒定，但在实际的建筑中并非这样，因为围护结构传热得热、太阳辐射得热和室内热源得热等都是在变化的，在室外气温与平衡温度相差较小的过渡季节，有可能存在一天之中有些时间需要供冷（白天）有些时间需要供热（晚上）的现象。过渡季节人们可以通过开窗通风来调节室内状态，而这样的人员行为是无法用度日数法来准确估算的。因此，度日数法估算供冷能耗的准确性难以得到保证。

但是，对于以围护结构传热损失为主导的单热区建筑的年供热能耗，采用合适的基准温度（Base Temperature）的度日数法能够对其进行相当准确的估算。

2）变基准温度的年度日数法

采用供热度日数HDD（t_{bal}）计算供热能耗取决于平衡温度t_{bal}的取值。因室内温度设定的个人喜好不同，各类建筑的特性也大不相同，平衡温度的取值的变化范围很大，因此采用相同的平衡温度作为基准温度（例如18.3℃）不可取。图6-2所示为美国3个城市基于不同的平衡温度的度日数。

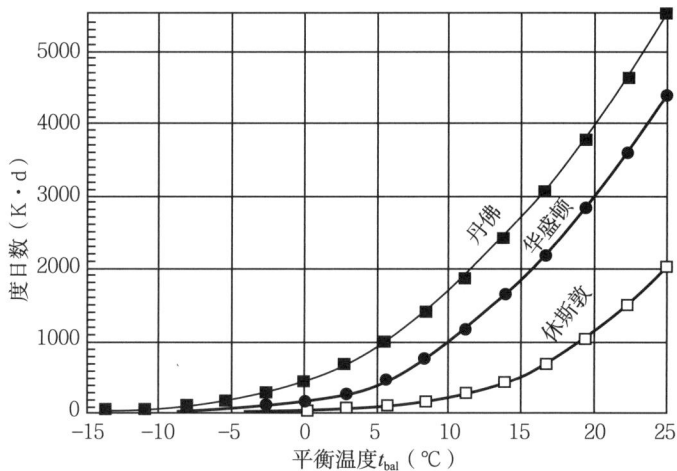

图6-2　美国3个城市基于不同的平衡温度的度日数

3）温频（Bin）法

度日数法，即使是变基准温度的度日数法在很多情况下都不适用，因为建筑总热损失系数K_{tot}、空调系统的效率η_h及平衡温度t_{bal}并非恒定不变。例如，空气源热泵的效率随室外空气温度的变化而变化；商业建筑中室内人数的变化对内部负荷、室温和新风量都有影响。在这些情况下，采用温频（Bin）法则能够获得较为准确的能耗估算。首先根据某城市的气象参数，以室外干球温度t_o为中点按照一定的间隔进行均匀划分，统计出不同温度段各自出现的小时数N_{bin}。分别计算在不同温度频段下的建筑能耗，将计算结果乘以各频段的小时数，相加便可得到全年的能耗量。

6.3.3　正演模拟方法与模型

1）模型组成

正演模拟方法的模型由4个主要模块构成：负荷模块（Loads）、系统模块（Systems）、设备模块（Plants）和经济模块（Economics），即LSPE，这4个模块相互联系形成一个建筑系统模型。其中负荷模块用于模拟建筑外围护结构及其与室外环境和室内负荷之间的相互影响；系统模块用于模拟空调系统的空气输送设备、风机、盘管以及相关的控制装置；设备模块用于模拟制冷机、锅炉、冷却塔、蓄能设备、发电设备、泵等设备；经济模块用于计算为满足建筑负荷所需要的能源费用。图6-3为正演模拟方法的计算流程示意图。

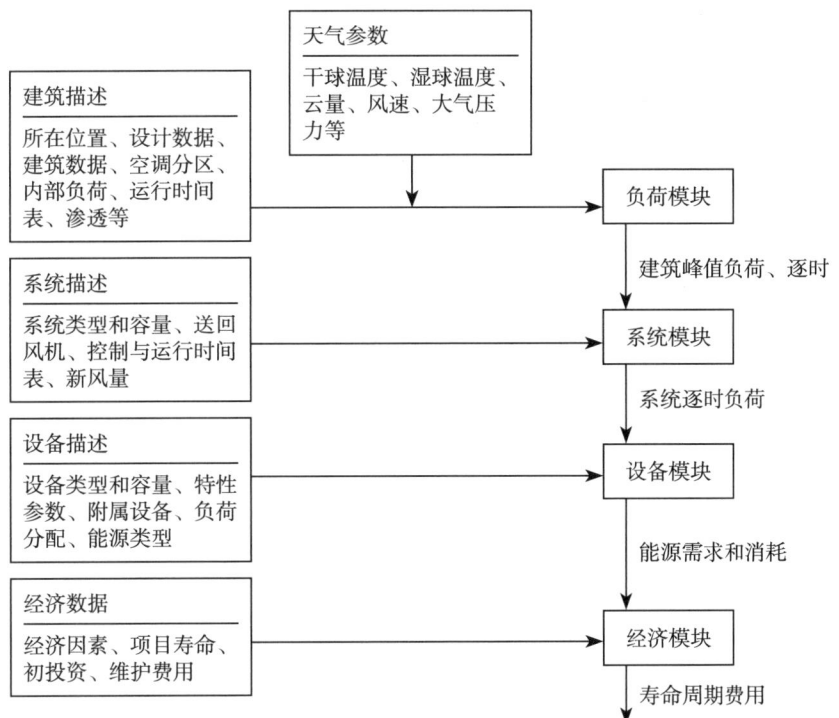

图6-3　正演模拟方法的计算流程示意图

2）负荷计算方法与模型

负荷不同于得热，其区别就在于得热中的辐射部分。显热得热包含对流部分和辐射部分，对流部分可立即成为瞬时负荷，辐射部分被储蓄于围护结构或家具中，提高各壁面温度，最终以对流形式释放到室内形成负荷，或流失到室外。内部负荷（设备、照明、人员）得热中的对流部分可立即成为瞬时负荷，辐射部分被建筑各内壁面和家具吸收和储存，提高壁面和家具表面温度，再与室内空气进行对流热交换，成为瞬时负荷。

瞬时冷负荷应与空调系统的除热量相等，否则室内空气中储存的能量将发生变化。而在负荷模拟中忽略室内空气的比热容，认为其始终处于热平衡状态，因此室内显热负荷与除热量相等，但符号相反。

负荷模拟有3种方法：热平衡法（Heat Balance Method）、加权系数法（Weighting Factor Method）和热网络法（Thermal-Network Method），前两种方法较为常用。

热平衡法和加权系数法都采用传递函数法计算墙体传热，但从得热到负荷的计算方法二者不同。

（1）热平衡法

热平衡法根据热力学第一定律建立建筑外表面、建筑体、建筑内表面和室内空气的热平衡方程，通过联立求解以计算室内瞬时负荷。热平衡法假设房间的空气是充分混合的，因此温度均匀一致；而且房间的各个表面也具有均匀一致的表面温度和长短波辐射，表面的辐射为散射，墙体导热为一维过程。热平衡法的假设条件较少，但计算求解过程较复杂，耗时较长。热平衡法可以用来模拟辐射供冷或供热系统，原因在于可将其作为房间的一个表面，并对其建立热平衡方程并求解。

如图6-4所示为非透明围护结构的热平衡过程，虚线框所包围部分对每个表面重复进行。透明围护结构的热平衡过程与之相似，只是在热传导部分应包含其吸收的太阳辐射，分解为两部分：与室内空气对流交换进入室内；与室外空气对流交换散失到室外。图6-4中的透射太阳辐射也是通过透明围护结构进入室内的。

①外墙外表面的热平衡方程

热平衡法要对每个表面都列出其热平衡方程。非透明围护结构的外表面的热平衡方程为：

$$q_{\text{qsol}} + q_{\text{LWR}} + q_{\text{cnov}} - q_{\text{ko}} = 0 \qquad (6\text{-}42)$$

式中　q_{qsol}——被吸收的直射和散射太阳辐射热流；

　　　q_{LWR}——与室外空气、地面、天空、其他建筑表面间净长波辐射交换热流；

　　　q_{cnov}——与室外空气的对流热交换热流；

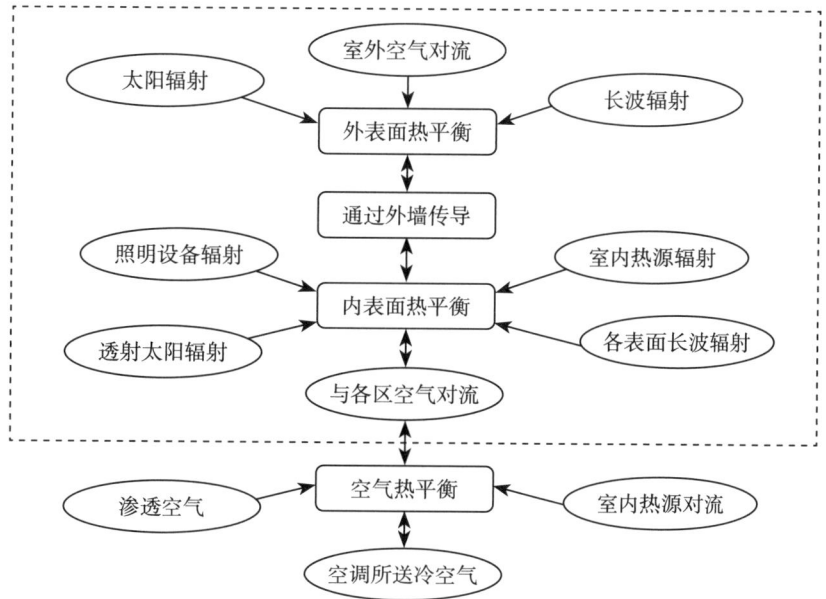

图6-4 非透明围护结构的热平衡过程

q_{ko}——通过墙体的导热热流。

式（6-42）中的各项均为热流，可以用不同的方法模拟，前3项可以采用室外空气综合温度（Sol-Air Temperature）进行合并。

②墙体导热过程

如图6-5所示为墙体导热过程示意图，T_o和T_i分别为墙体外表面和内表面的温度，q_{ko}和q_{ki}分别为墙体外表面和内表面的导热热流。因外表面和内表面的热平衡方程中包含温度和导热热流，所采用的方法需同时对其进行求解。目前两种方法应用得比较成功：有限差分法和导热传递函数法（Conduction Transfer Function，CTF）。

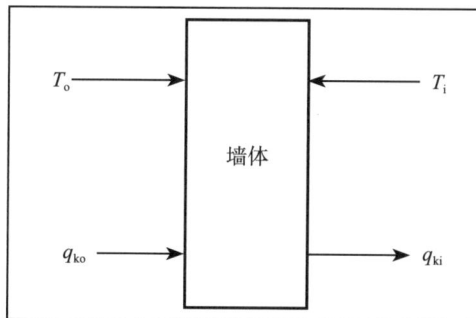

图6-5 墙体导热过程示意图

有限差分法是将一个墙体传热模型从时间和空间两个方向上离散为差分方程，然后以初始条件为出发点，按时间逐层推进，从而得出最终解。有限差分法可以求解线性和非线性系统，当时间步长和空间步长选择合理时能够取得较高的精度。可以处理多维传热情况，因而常用于分析热桥对墙体动态传热过程的影响。但这种方法为了保证解的收敛和精度需要划分过多的节点；为了计算出最终的结果，需要求出每一个时间步长的整个空间温度分布；当边界条件改变时，必须重新计算所有的参数，因此在负荷计算和能耗模拟中，这种方法并不是很理想。

CTF是由反应系数法发展而来的。1967年Stephenson和Mitalas提出了反应系数法，墙体反应系数序列$Y（k）$被定义为墙体对单位等腰温度三角波输入的热流输出值的等时间序列，它能够描述墙体对室外温度扰量的动态响应过程。通过三角波的叠加逼近室外空气综合温度的变化，从而可以得到墙体热力系统对任意室外扰量的响应。用反应系数法计算墙体非稳定传热的收敛速度较慢，特别是对于重型墙体。为了保证室内得热计算的精确性，反应系数通常要取到50项以上，这就造成计算不方便并占有大量的存储空间。因此，反应系数法产生不久，人们就开始寻求对它的改进。1971年，Stephenson提出用Z传递函数法。与反应系数法一样，传递函数法也可以描述墙体的动态热特性，但所需要的系数项比反应系数法项数少得多，使计算时间和计算机所需的存储空间大大减少。ASHRAE基础手册已包含具有代表性的常用墙体和屋顶结构传热Z传递系数（CTF）的数据库，在已知室外气象参数条件下，调用数据库并对CTF值进行简单修正就可以近似计算出因外围护结构非稳定传热引起的室内逐时得热量。

③外墙内表面热平衡方程

外墙内表面热平衡方程为：

$$q_{LWX} + q_{SW} + q_{LWS} + q_k + q_{sol} + q_{cnov} = 0 \qquad （6\text{-}43）$$

式中　q_{LWX}——热区各表面的净长波辐射热流；

　　　q_{SW}——照明灯具的净短波辐射热流；

　　　q_{LWS}——热区内的设备的长波辐射热流；

　　　q_k——通过墙体的导热；

　　　q_{sol}——被各表面吸收的太阳辐射透射；

　　　q_{cnov}——与房间空气的对流换热热流。

对于各个表面之间的长波辐射，有两种简化模拟的方法：①房间空气对于长波辐射完全透明；②房间空气完全吸收各个表面的长波辐射。如果采用第一种方法，房间空气不参加各个表面之间的长波辐射热交换过程；第二种方法则假设长波辐射全部被空气吸收，也就可以将表面与表面间的辐射换热进行完全解耦。但第二种方法的计算精度不如第一种。

家具能够增加室内表面的面积，也能增加房间内的蓄热体。将因家具增加的表面积和蓄热体纳入室内辐射和对流热交换过程，则能够更为真实地模拟房间的热过程。

照明灯具的短波辐射被假设为在热区各个表面上均匀分配，设备的长波辐射被分解为辐射和对流两部分进行计算。

在计算透射太阳辐射时，采用太阳能得热系数（Solar Heat Gain Coefficient, $SHGC$）优于采用遮阳系数（Shading Coefficient, SC），因$SHGC$包含了透射太阳辐射部分和太阳辐射被玻璃吸收再散失到室内的热流部分。

④房间空气热平衡

在房间热平衡方程中，忽略房间比容，假设在每个时间步长达到准稳态热平衡：

$$q_{\text{cnov}} + q_{\text{CE}} + q_{\text{IV}} + q_{\text{sys}} = 0 \tag{6-44}$$

式中　　q_{cnov}——各表面的对流换热热流；

　　　　q_{CE}——室内负荷的对流热流；

　　　　q_{IV}——渗透和通风气流的显热得热；

　　　　q_{sys}——空调系统的热交换热流。

⑤负荷计算的热区

图6-6为热区示意图，由四面墙、一个屋顶（或吊顶）、一个地板和一个蓄热体组成。每面墙和屋顶又包含一面窗或一个天窗（屋顶），这样一共有12个表面，任何一个表面都有可能面积为零。

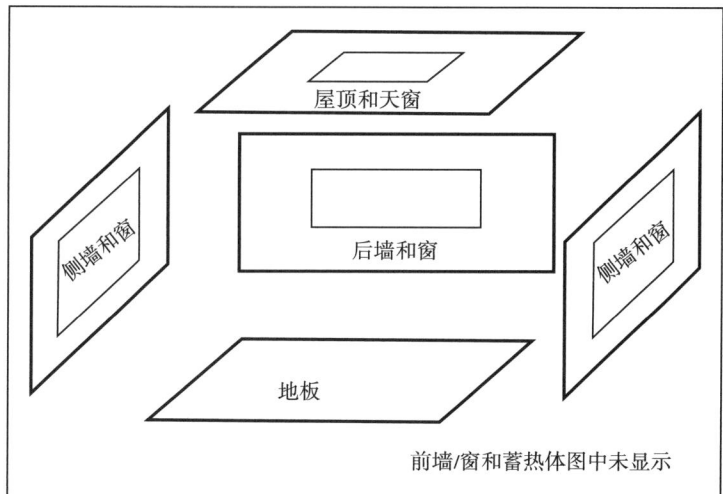

图6-6　热区示意图

由于热平衡法详细描述了房间热传递过程，通过能量守恒方程来计算瞬时负荷，因此，也可以用于冷辐射顶板或辐射供热系统的模拟计算，把这些辐射源当作室内的一个表面，列出相应的热平衡方程，与其他内表面的热平衡方程联立求解，可以准确计算辐射对室内热环境的影响。这一点加权系数法无法做到。

（2）加权系数法

加权系数法是介于忽略建筑体的蓄热特性的稳态计算方法和动态的热平衡方法之间的一个折中。这种方法首先在输入建筑几何模型、天气参数和内部负荷后计算出在某一给定的房间温度下的得热，然后在已知空调系统的特性参数之后由房间得热计算房间温度和除热量。这种方法是由Z传递函数法推导得来，有两组权系数：得热权系数和空气温度权系数。得热权系数用于表示得热转化为负荷的关系，由总的得热量中对流部分与辐射部分的比例以及辐射得热量在各个表面的分配比例决定；空气温度权系数用于表示房间温度与负荷之间的关系。

加权系数法采用两步计算法计算房间温度和除热量：

①第一步，假设房间温度固定在设定值上，计算瞬时得热量，包括外墙传热得热、窗户的太阳辐射得热、室内热源（人员、照明和设备）的得热等。然后计算在固定房间温度条件下的由各类得热量引起的除热量或冷负荷。这一步计算的冷负荷与瞬时得热不同处在于瞬时得热中部分被各个壁面和家具吸收，再慢慢释放到空气中。θ时刻的冷负荷Q_θ，可以表示为当前和先前时刻的瞬时得热（q_θ、$q_{\theta-1}\cdots$）、先前时刻的冷负荷（$Q_{\theta-1}$、$Q_{\theta-2}\cdots$）以及得热权系数（v_0、$v_1\cdots$；w_1、$w_2\cdots$）的关系式：

$$Q_\theta = v_0 q_\theta + v_1 q_{\theta-1} + \cdots - w_1 Q_{\theta-1} - w_2 Q_{\theta-2} - \cdots \tag{6-45}$$

不同热源得热中对流部分和辐射部分的比例不同、辐射得热在各个表面的分配比例不同，得热权系数也会不同；不同的房间结构会使其吸收并逐步释放的得热量不同，因此得热权系数也不同。在第一步计算中，所有得热转化的负荷相加得到房间的总冷负荷。

②第二步，总冷负荷被用来计算实际的除热量和房间温度。除热量与冷负荷不同，因为实际上房间空气温度是在变化的，而且空调系统的特性也各不相同。因此t时刻的房间空气温度t_θ可以用下式计算：

$$t_\theta = \frac{1}{g_0} + \left[\left(Q_\theta - ER_\theta \right) + p_1 \left(Q_{\theta-1} - ER_{\theta-1} \right) + \right. \\ \left. p_2 \left(Q_{\theta-2} - ER_{\theta-2} \right) + \cdots - g_1 t_{\theta-1} - g_2 t_{\theta-2} - \cdots \right] \tag{6-46}$$

式中　ER_θ——空调系统在时刻θ的除热量；

　　g_0、g_1、g_2、$\cdots$、p_1、p_2、$\cdots$——房间空气温度权系数。

表6-9列出了典型的轻型、中型和重型结构房间的部分权系数。有些模

拟软件能够自动计算建筑和房间的权系数，以提高计算精度。

典型的轻型、中型和重型结构房间的部分权系数 表6-9

围护结构	g_0^* [W/(m²·K)]	g_1^* [W/(m²·K)]	g_2^* [W/(m²·K)]	p_1	p_2
轻型	+9.54	−9.82	+0.28	+1.00	−0.82
中型	+10.28	−10.73	+0.45	+1.00	−0.87
重型	+10.50	−11.07	+0.57	+1.00	−0.93

注：*表示典型。

加权系数法有两个假设：①模拟的传热过程为线性。这个假设非常必要，因为这样可以分别计算不同建筑构件的得热，然后相加得到总得热。因此，某些非线性的过程如辐射和自然对流就必须被假设为线性过程。②影响权系数的系统参数均为定值，与时间无关。这个假设的必要性在于可以使得整个模拟过程仅采用一组权系数。这两点假设在一定程度上削弱了模拟结果的准确性，尤其是在主要房间传热过程随时间变化的情况。加权系数法中采用综合辐射/对流换热系数作为房间内表面的换热系数，并假设该系数保持不变。但在实际房间中，某个表面的辐射换热量取决于其他各个表面的温度，而不是房间温度，综合辐射/对流换热系数并不是一个常数。在这种情况下，只能采用平均值来确定权系数。这也是加权系数法不能准确计算辐射供冷/供热系统的原因。

（3）热网络法

热网络法是将建筑系统分解为一个由很多节点构成的网络，节点之间的连接是能量的交换。热网络法可以被看作是更为精确的热平衡法。热平衡法中房间空气只是一个节点，而热网络法中可以是多个节点；热平衡法中每个传热部件（墙、屋顶、地板等）只能有一个外表面节点和一个内表面节点，热网络法则可以有多个节点；热平衡法对于照明的模拟较为简单，热网络法则对于光源、灯具和整流器分别进行详细模拟。但是热网络法在计算节点温度和节点之间的传热（包括导热、对流和辐射）时还是基于热平衡法。在3种方法中，热网络法是最为灵活和最为准确的方法，然而，这也意味着它需要最多的计算机时，并且使用者需要投入更多的时间和努力来实现它的灵活性。

3）系统部件模型

系统部件包括所有的集中冷热源设备与建筑热区之间的空调系统部件，通常包括空气处理机组、空气输配系统、管道、风阀、风机，以及对空气进行加热、冷却、加湿、去湿的设备等，也包括集中冷热源设备与热区、空调箱之间的液态流体（水、制冷剂）输配系统，如水管、水阀和水泵等。因此可以大致将其分为两类：①输配设备，包括水泵/风机、水管/风管、水阀/风阀、集管/静压箱、配件等；②传热传质设备，如加热盘管、冷却去湿盘管、水-水热交换器、空气热交换器、蒸发冷却器、蒸汽加湿器等。

（1）输配设备（风机、泵）

风机和泵输送流体所消耗的电能取决于流体的流量和阻力，后者与输送管系的配置、阀门、配件等有关。在能耗模拟软件中，风机和水泵的特性采用部分负荷性能曲线表达，性能曲线的形状因风机调节风量和压头的方式不同而不同。图6-7为典型风机的部分负荷性能曲线。

在模拟软件中，用多项式回归方程来表示这些曲线，如下：

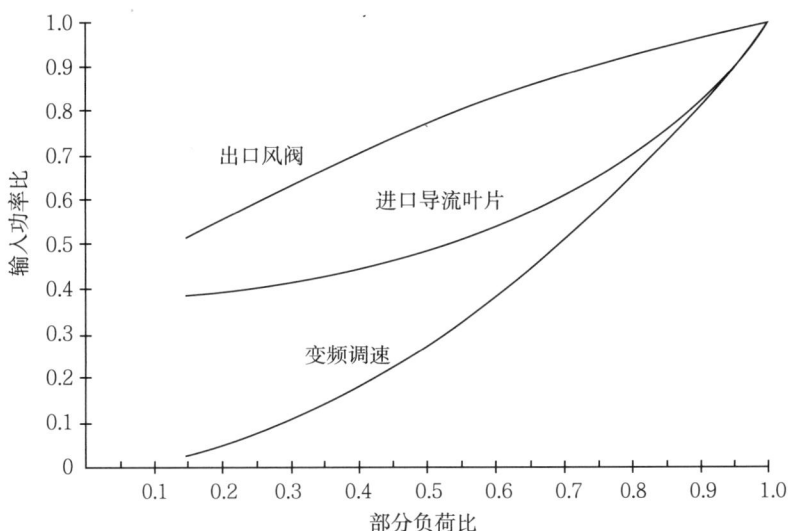

图6-7 典型风机的部分负荷性能曲线

$$PIR = \frac{W}{W_{full}} = f_{plr}\left(\frac{Q}{Q_{full}}\right) \qquad (6-47)$$

式中 PIR ——输入功率比；

  W ——部分负荷下的风机功率（W）；

  W_{full} ——满负荷或设计工况下的风机功率（W）；

  Q ——部分负荷下的风机风量 [（cfm）或（m³/h）]；

  Q_{full} ——满负荷或设计工况下的风机风量 [（cfm）或（m³/h）]；

  f_{plr} ——回归多项式方程。

图6-8为ASHRAE RP-823项目中的现场风机测试数据与性能曲线，该性能曲线与图6-7中的变频调速风机性能曲线类似，但更接近于线性。

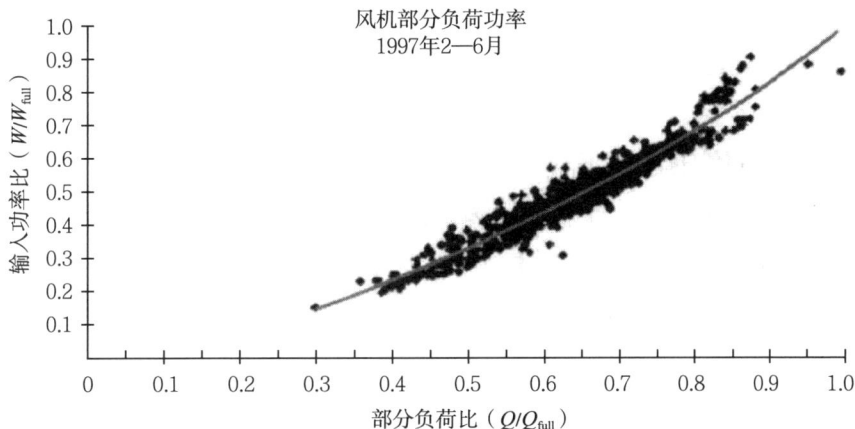

风机部分负荷功率
1997年2—6月

图6-8　ASHRAE RP-823项目中的现场风机测试数据与性能曲线

风机在运行过程中也会向输送的空气中散发热量，造成空气温升。水泵对输送的水的温升的作用通常被忽略。风机散失到输送空气中的热量可以用下式计算：

$$q_{\text{fluid}} = \left[\eta_{\text{m}} + (1-\eta_{\text{m}})f_{\text{m, loss}} \right] W \tag{6-48}$$

式中　q_{fluid}——散失到输送流中的热量（W）；

　　　$f_{\text{m, loss}}$——电机热量散失到流体中的比例（当风机位于输送气流中时，该值为1；当风机位于输送气流外时，该值为0）；

　　　W——风机功率（W）；

　　　η_{m}——电机效率。

（2）热质交换设备模型

空调系统中的热质交换设备包括加热盘管、冷却去湿盘管（表冷器）、管壳式热交换器、空气—空气热交换器、蒸发冷却器、蒸汽加湿器等。虽然这些设备不直接消耗能源，它们的性能会影响进入冷热源设备的流体状态，进而影响冷热源设备的能效。因此，这些设备的模型是否准确或者合适至关重要。

热质交换设备模型通常采用效率—传热单元数（$\varepsilon\text{-}NTU$）模型。该模型包含3个无量纲参数：热交换器效率ε、传热单元数NTU和热容流率比C_{r}。热交换器效率ε是实际换热量与具有无限大换热面积的逆流热交换器在相同流体流量和温度下的最大可能的换热量之比。

表6-10列出了几种常用热交换器的效率计算公式。

181

流动形式分类		热交换器 ε 计算公式	备注
顺流		$\dfrac{1-\exp[-N(1-C_r)]}{1+C_r}$	
逆流		$\dfrac{1-\exp[-N(1-C_r)]}{1-C_r\exp[-N(1-C_r)]}$	$C_r \neq 1$
管壳式 [单壳流道；两管、四管（或更多）管流流道]		$\dfrac{N}{1+N}$ $\dfrac{2}{1+C_r+\alpha(1+e^{-\alpha N})/(1-e^{-\alpha N})}$	$C_r=1$ $\alpha=\sqrt{1+C_r^2}$
管壳式 [多壳流道，流道数为n；单壳流道内分布两管、四管（或更多）管流流道]		$\left[\left(\dfrac{1-\varepsilon_1 C_r}{1-\varepsilon_1}\right)^n-1\right]\left[\left(\dfrac{1-\varepsilon_1 C_r}{1-\varepsilon_1}\right)^n-C_r\right]^{-1}$	ε_1 为单壳流道管壳式换热器换热效率
交叉流（单项）	两种流体皆不混合	$1-\exp\left(\dfrac{\gamma N^{0.22}}{C_r}\right)$	$\gamma=\exp(-C_r N^{0.78})-1$
	c（比热容）值大的流体混合，c值小的流体不混合	$\dfrac{1-\exp(C_r\gamma)}{C_r}$	$\gamma=1-\exp(-N)$
	c值大的流体不混合，c值小的流体混合	$1-\exp\left(-\dfrac{\gamma}{C_r}\right)$	$\gamma=1-\exp(-N_{C_r})$
	两种流体都混合	$\dfrac{N}{N/(1-e^{-N})+C_r N(1-e^{-NC_r})-1}$	
	其他所有$C_r=0$的换热器	$1-\exp(-N)$	

4）冷热源设备模型

冷热源设备消耗能源，通过输配系统向建筑供冷或供热。冷热源设备包括冷机、锅炉、冷却塔、热电联产设备、蓄能设备等。冷热源设备作为建筑中最主要的耗能设备之一，准确的模拟十分重要。

冷热源设备的性能取决于其设计构造、负荷条件、环境条件和控制方式等。例如，制冷机组的性能由其基本设计参数（如热交换面积、压缩机类型与设计）、冷凝器与蒸发器的温度和流量、在不同负荷和工况下的控制方法决定。这些参数一直在变化，因此需要进行逐时计算模拟。

5）系统模拟方法

在建立了建筑及其系统的各个部件的模型之后，要对整个系统进行建模。图6-9为系统建模方法示意图。

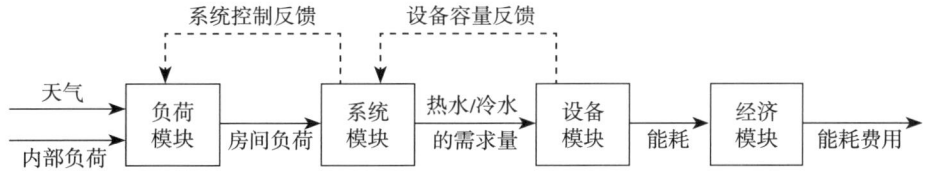

图6-9　系统建模方法示意图

系统模拟方法有两种：顺序模拟法（Sequence Modeling）和同时模拟法（Simultaneous Modeling）。顺序模拟法的计算步骤是顺序分层的，首先计算每个建筑区域的负荷，然后进行空调系统的模拟计算，即计算空气处理机组、风机盘管、新风机组等的能耗量，接着计算冷热源的能耗量，最后根据能源价格计算能耗费用。顺序模拟法是按顺序计算每一层，每层之间没有数据反馈，计算步长为1h，即假设每小时内空调系统和机组的状态是稳定的。由于没有数据反馈，顺序模拟法无法保证空调系统可以满足负荷要求，在空调系统和设备容量不足时，仅能给出负荷不足的提示，却无法反映系统的真实运行情况。

同时模拟法弥补了顺序模拟法的不足，在每个时间步长，负荷、系统和设备都同时进行模拟计算，能够保证空调系统满足负荷的要求，因而使得模拟的准确性有很大的提高，但要花费大量的计算机内存和机时。目前随着计算机技术的飞速发展，采用同时模拟法的软件在个人计算机上也可以较快速地运行并得到模拟结果。

6）系统控制模拟方法

控制系统分不同的层次：高层、管理层和就地控制。管理层控制包括参数重整和优化控制，会直接影响能耗。就地控制也对能耗有影响，例如，比例房间温度控制将在能耗与舒适性之间进行权衡。大部分的全能耗模拟软件能够模拟管理层控制，而就地控制则需要更专业的基于部件或公式的模拟软件来模拟。

因能耗模拟软件的主要模拟对象是建筑能耗，控制变量（如送风温度）通常被假设控制在设定温度上，除非系统容量不够。而通过模拟可以计算出要保持设定值所需要的容量是否超过了系统所能提供的容量。如果超过，系统所能提供的容量则被用来计算控制变量的实际值。如果仅采用比例控制，控制变量与系统容量的关系式就可以被用来模拟计算。例如，常规的气动房间温度控制就可以用房间温度与供热/冷量的关系式来表示。送风温度重整控制也可以用室外温度与送风温度的关系式模拟。

对于房间温度的控制往往需要设定死区，即某一个不需要供热也不需要供冷的温度区间。在这个温度区间，房间显热负荷为零。而如果采用比例控

183

制，房间温度随负荷比例上升或下降，当控制容量达到最大时，供冷/热量随送风温度与房间温度之差按比例变化。在模拟中需要准确模拟这些过程。

7）天气参数

详细的逐时能耗模拟需要采用逐时天气参数。由于天气参数逐年变化，通常采用能够代表某地区或城市长期气象条件的逐时气象数据文件典型年（典型气象年），作为建筑全年能耗模拟计算的天气输入条件。

（1）典型气象年数据组成

典型气象年（TMY）的基本生成方法由美国Sandia国家实验室于1978年提出，它由12个具有气候代表性的典型月（TMM）组成一个"假想"气象年。典型月的选择需要考虑各气象要素在热环境分析中所占的权重，选取最接近历史时间段（一般取30年）平均值的月份。被分析的气象要素是干球温度、露点温度、风速和水平面总辐射，具体分析方法为Finkelstein-Schafer统计方法，即通过对比所选月份的逐年累积分布函数与长期（30年）的累积分布函数的接近程度来确定。

TMY中包含多个天气参数，如EnergyPlus使用的EPW格式的天气参数文件中共有26个气象参数，包括干球温度、露点温度、相对湿度、大气压力、太阳辐射（总辐射、水平面总辐射、直射辐射和散射辐射）、光照度、风速、风向、云量、可见度、降水和降雪等参数。而DOE-2计算所用的BIN文件，只包含了14个主要参数，分别是干球温度、湿球温度、大气压力、云量、降雨、降雪、风向、空气含湿量、空气密度、空气焓值、太阳总辐射、直射辐射、云类型和风速。

（2）气象文件类型

目前建筑模拟中采用的典型年气象文件类型主要有典型气象年（Typical Meteorological Year，TMY）、参考年（Test Reference Year，TRY）、能耗计算气象年（Weather Year for Energy Calculations，WYEC）。

典型气象年TMY是建筑能耗模拟软件中使用较多的气象输入参数文件类型，国际上多个机构使用TMY生成方法生成了不同版本的TMY文件，用于EnergyPlus的天气参数来源于不同国家和地区多达20个研究项目。我国城市的TMY文件有IWEC（International Weather Year for Energy Calculation），CSWD（Chinese Standard Weather Data）、SWERA（Solar and Wind Energy Resource Assessment）和CTYW（Chinese Typical Year Weather）这四个版本，其中IWEC是ASHRAE和NCDC（美国国家气候数据中心）利用DATSAV 3数据库生成的除美国和加拿大的城市之外的227个城市的典型气象参数文件，历史数据年份跨度是1982—1999年；CSWD是清华大学基于我国气象局收集的我国270个地面气象台站的实测气象数据（1971—2003年）开发的中国建筑热环境分析专用气象数据集，包括了设计用室外气象参数、TMY全年逐时数据，还针对常规空调、供暖和太阳能环境控制系统提供了5套代表性的设计典型年逐时数据——温度极高年、温度极低年、焓值极高年、辐射极高年和辐射极低年；SWERA是由联合国环境规划署支持的资源评估项目针对包括我国在内的14个发展中国家进行太阳能和风能资源评估，开发了156个城市的逐时典型年数据；CTYW是基于美国NCIXC资料库里我国57个台站1982—1997年的气象数据建立的中国建筑用标准气象数据库。

EnergyPlus使用的天气参数格式是EPW文件，DOE-2和eQuest使用的是BIN文件，TRANSYS使用的是TM2文件。可通过天气参数转换工具（如eQ_WthProc）将EPW文件转化成BIN文件。

与TMY不同，TRY选取月平均干球温度最接近该时间段平均干球温度的月份作为参考月，因此TRY可以理解为"平均年"，参考年TRY主要用于计算HVAC系统的用能情况。

能耗计算气象年WYEC是ASHRAE于1970—1983年先后进行的RP-100、RP-239和RP-364科研项目中提出，月份选择方法参照参考年TRY，区别在于选择依据中增加了太阳辐射。WYEC2W和WYEC2T文件是采用了不同的太阳辐射计算方法得到的。ASHRAE从1990年开始更新WYEC数据集，最新的WYEC数据集与TMY格式相同，并包含了逐时光照度参数。

（3）实时气象数据文件

为了更准确地模拟建筑能耗，可以采用实时气象参数文件。可以通过在建筑附近安装固定或者移动的气象站实时记录气象数据，再将其整理为不同模拟软件要求的格式。也有一些网站提供实时气象数据下载。全球各站台的实时气象数据可以在美国能源部能源效率与可再生能源办公室（EERE）网站上下载，多数站台资料里包含干球温度、露点温度、风速/风向、大气压力、能见度、云量和雨雪信息，该数据库中为原始观测数据，存储时大部分时间数据会由格林尼治标准时间（GMT）自动转换成当地标准时间（LST），数据信息未经任何统计处理和修正，存在缺失。另外，中国气象科学数据共享服务网收集了我国主要城市站点的实时日降水数据分析和近三日地面气象观测数据，地面数据包括时间步长为6h的气压、气温、云量和风速数据及其日平均值。

6.3.4 逆向建模方法（数据驱动方法）

逆向建模方法可以分为3种类型：经验（黑箱）法（Empirical or "BlackBox" Approach）、校验模拟法（Calibrated Simulation Approach）和灰箱法（Gray-Box Approach）。

1）经验（黑箱）法

这种方法建立实测能耗与各项影响因子（如天气参数、人员密度等）之间的回归模型。回归模型可以是单纯的统计模型，也可以基于一些基本建筑能耗公式。无论是哪一种，模型的系数都没有（或很少）被赋予物理含义。这种方法可以在任何时间尺度（逐月、逐日、逐时或更小的时间间隔）上使用。单变量（Single-Variate）、多变量（Multivariate）、变点（Change-Point）、傅里叶级数（Fourier Series）和人工神经元网络（Artificial Neural Network，ANN）模型都属于这一类型。因其较为简单和直接，这种建模方法是逆向建模方法中应用最多的一种。

（1）稳态模型

稳态模型可用于月、周甚至日数据的处理，并常用于建立基准模型。它不考虑变量的短时瞬变影响，例如由建筑蓄热导致的温度的瞬态变化。常见的用于模拟建筑和设备能耗的稳态模型有以下几种：单变量模型、变平衡点模型、多变量模型、多项式模型等。多项式模型历来被作为统计学模型广泛应用于空调设备模拟，例如水泵、风机、冷水机组等。以下对单变量模型和多变量模型作简要介绍：

①单变量模型

单变量模型应用最为广泛。它将建筑能耗表示为与某一影响能耗的变量关系式。室外干球温度通常是最重要的回归变量。单变量模型的模型形式包括单参数、双参数、三参数、四参数和五参数模型，如图6-10所示。表6-11给出了单变量模型的计算公式。

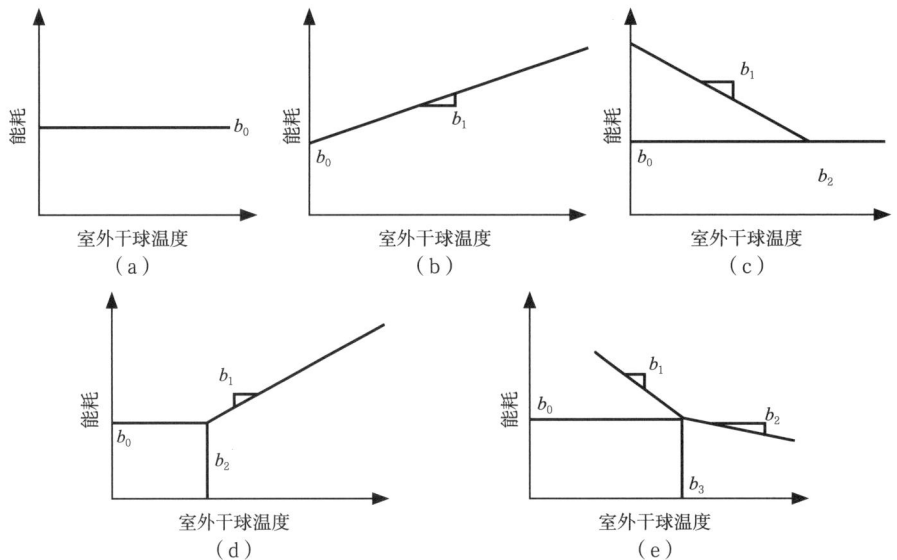

图6-10 单变量模型
（a）单参数模型；（b）双参数模型；（c）三参数变点模型，供热；（d）三参数变点模型，供冷；
（e）四参数模型，供热

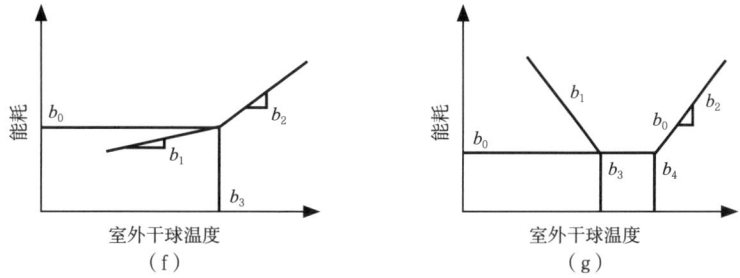

图6-10 单变量模型（续）
(f) 四参数模型，供冷；(g) 五参数模型

单变量模型的计算公式　　　　　　　　　　　　表6-11

模型类型	独立变量	公式	应用
单参数模型	无	$E=b_0$	非天气敏感的建筑能耗
双参数模型	室外温度	$E=b_0+b_1(T)$	始终需要供热或供冷的建筑能耗
三参数模型	度日数	$E=b_0+b_1(DD_{BT})$	天气敏感的建筑能耗（采用燃气供热及产生生活热水）
	室外温度	$E=b_0+b_1(b_2-T)^+$	
	室外温度	$E=b_0+b_1(T-b_2)^+$	天气敏感的建筑能耗（供冷）
四参数模型	室外温度	$E=b_0+b_1(b_3-T)^+-b_2(T+b_3)^+$ $E=b_0-b_1(b_3-T)^++b_2(T-b_3)^+$	商业建筑能耗（供热） 商业建筑能耗（供冷）
五参数模型	度日数	$E=b_0-b_1(DD_{TH})+b_2(DD_{TC})$	采用电供热和供冷的商业建筑能耗
	室外温度	$E=b_0+b_1(b_3-T)^++b_2(T-b_4)^+$	

注：DD表示度日数；T表示逐月的室外日平均干球温度；括号右上角的+号表示只有当括号内数值为正时才进行累加。

　　单参数模型［图6-10（a）］表示能耗与环境温度无关，始终为定值（b_0）。双参数模型［图6-10（b）］中b_0为y轴截距，b_1表示斜率，表示能耗随室外干球温度线性上升，适用于全年或者需要供冷或者需要供暖的建筑。图6-10（c）表示三参数变点模型（供热），b_0为基准能耗，b_1为能耗与室外干球温度与平衡点b_2之差的回归直线的斜率。这里的平衡点即为平衡温度。该模型典型的用途是采用燃气供暖和制取生活热水的独立住宅建筑的燃气消耗量的计算。图6-10（d）表示三参数变点模型（供冷）。图6-10（e）和图6-10（f）分别表示用于供热和供冷的四参数模型。该模型中的四个参数为：平衡点（温度）b_3、平衡点上的基准能耗b_0、室外干球温度低于平衡点的回归直线斜率b_1、室外干球温度高于平衡点的回归直线斜率b_2。五参数模型［图6-10（g）］有两个变平衡点，可以用来估算用电供暖和供冷的建筑的能耗。

　　单变量模型的优点在于其简单、易于自动回归，在可以获得建筑的逐月能耗数据和逐日平均室外气温的条件下，即可广泛应用于大量建筑的能耗计算中。单变量模型用于逐日能耗的计算时也不失准确性，因其可弥补工作日、非工作日和周末的不同而带来的能耗差异，只需在建模时把对应的数据分开处理即可。而在评价建筑节能改造效果中，单变量模型也有较大优势，因为它可以通过把年能耗数据标准化，从而排除年与年之间因天气条件不同所产生的影响。对于全年持续供冷或供热的建筑，四参数模型比三参数模型在统计学意义上具有更好的吻合度。

②多变量模型

多变量模型作为单变量模型的延伸，使用若干易得、可靠的变量对建筑能耗进行模拟，在一定程度上提高了模型的准确性。其函数形式是基于建筑HVAC系统和其他系统的工程学原理建立的。

多变量模型包括以下两种基本类型：标准多变量线性模型（变平衡点回归模型）、傅里叶级数模型。标准多变量线性模型在对数据进行观测时不保留数据的时间序列特性；而傅里叶级数模型保留建筑能耗数据的时间序列特性，并根据建筑的运行周期捕捉以日或季为周期的能耗数据。

对于多变量模型而言，如何进行回归变量的筛选很重要。模型应包含那些不会受建筑改造影响而同时又很可能在改造周期内发生变化的变量（例如气候变量），还有一些变量，比如运行时间、基础负荷和室内占用率的变化，即便它们不是节能措施的内容，但因为它们可能会在改造后发生变化，因而也应该被纳入模型变量中。多变量线性模型中的变量除了单变量模型中的室外干球温度外，还可包括室内照明和设备负荷、太阳辐射负荷、室外露点温度等。

多变量模型的变量并非越多越好，应在准确性可以接受的前提下尽量考虑简单的模型。因为多变量模型需要更多的实测数据，若模型变量中的任何一个无法获得时，模型就无法使用。而且，有些回归变量可能线性相关，这种情况称为多重共线性，会使得对回归系数的估计存在不确定性，模型的准确性也会有所下降。

多变量模型在处理以天为时间跨度的数据时有很好的准确性，当数据以小时为时间跨度时处理的准确性略有下降。这是因为建筑在白天和夜间的运行方式不同，从而对回归变量产生了不同的相关影响。

（2）动态模型

如上所述，稳态模型通常用于处理月数据或日数据，而动态模型则在建筑的热惰性显著影响其得热或热损失的情况下，用于处理小时数据或更小时间步长的数据。动态模型通常需要求解一系列微分方程，较稳态模型而言更为复杂。同时还需要更多的数据测量对模型进行调整，并要求分析人员对于模拟的建筑或系统设备以及动态模型本身有足够的了解。用于建筑全能耗模拟的动态模型可分为4种类型：热网络法、时间序列法、微分方程法和模态分析法。基于纯统计学方法的动态模型常见的有机械学习模型和人工神经元网络模型。

人工神经元网络模型（Artificial Neural Networks，ANN）包括一个输入层（可以输入一个或多个输入量）、一个或多个隐藏层和一个输出层或目标层。神经元网络由少量的随机数开始，然后输入数据通过网络进行计算，用期望的结果对计算结果继续进行修正。不断重复这个过程，对神经元网络进行训练，直到输出结果令用户满意。ANN模型可以用于商业建筑的能耗分析。

2）校验模拟法

这种方法采用现有的建筑能耗模拟软件（正演模拟法）建立模型，然后调整或校验模型的各项输入参数，使实际建筑能耗与模型的输出结果更好地吻合。用来校验模型的能耗数据可以是逐时的，也可以是逐月的，前者可以获得较为精确的模型。

3）灰箱法

这种方法首先建立一个表达建筑和空调系统的物理模型，然后用统计分析方法确定各项物理参数。这种方法需要分析人员具备建立合理的物理模型和估计物理参数的知识和能力。这种方法在故障检测与诊断（Fault Detection and Diagnosis，FDD）和在线控制（Online Control）方面有很好的应用前景，但在整个建筑的能耗估计上的应用较为有限。

6.4.1　数据驱动方法概述与应用框架

数据驱动（Data-Driven）方法通过挖掘建筑运行碳排放数据潜在规律，建立输入参数（如设计参数和运行工况）与输出目标（如运行碳排放和能耗）之间的映射关系，逐渐成为建筑性能模拟与低碳评估的重要技术手段。方法的核心优势在于无需依赖复杂的物理模型，即可通过历史数据以及机器学习算法实现动态预测，尤其适用于不确定性较高、非线性特征显著的建筑系统。

要在实际应用中构建起数据驱动的运行碳评估模拟方法框架，主要涉及：

1）数据整合与标准处理

数据驱动框架的基础是多元异构数据的协同整合。除建筑本体设计参数和运行工况外，还需融合外部气象数据（如温湿度和太阳辐射）及实时监测的能耗数据。通过统一数据格式、剔除异常值、填补缺失数据等预处理步骤，形成标准化数据集，确保模型的泛化能力，为后续提供可靠的基础数据保障。数据驱动模型中数据操作流程见图6-11。

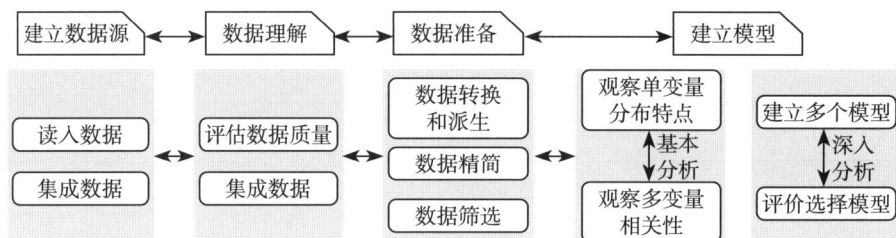

图6-11　数据驱动模型中数据操作流程

2）变量筛选与模型适配

针对冷热负荷、照明能耗、电梯能效等建筑运行碳排放多维度影响因素，需通过相关性分析或主成分分析筛选关键变量，降低数据冗余。在此基础上，根据任务需求选择适配算法。当前常用算法主要包括线性回归、多项式回归、神经网络以及机器学习算法。一般来说，传统机器学习模型适用于小样本数据与快速预测场景，深度学习模型则更擅长捕捉时序特征与复杂非线性关系。构建数据驱动模型的一般思路见图6-12。

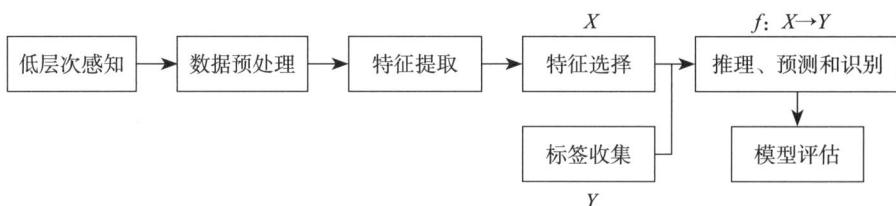

图6-12　构建数据驱动模型的一般思路

3）动态模拟与实时优化

结合Grasshopper、EnergyPlus等参数化建模工具，能够批量生成不同设计参数组合下的能耗模拟结果，构建训练数据库。通过超参数调优、交叉验证和均方根误差（$RMSE$）、平均绝对误差（MAE）、决定系数（R^2）等评估指标，可进一步提高模型准确性。最终模型可嵌入建筑信息模型（BIM）平台，实时反馈设计参数调整对碳排放的影响，支持对多个系统能耗数据的动态优化决策，从而实现运行碳排放的量化评估。

相比于传统计算方法，数据驱动方法能够处理复杂非线性关系，并根据实际运行数据进行实时动态调整。即使在无法确定所有参数的建筑设计阶段，数据驱动模型仍可基于已知参数和历史数据，对建筑运行碳排放进行合理预测。此外，数据驱动的方法能够为运行碳排放优化设计提供及时反馈，从而确保建筑在运行阶段能够始终处于高效节能的运行状态。

6.4.2 数据驱动的建筑运行碳排放模拟

1）功能空间概念介绍

功能空间是指根据建筑内部不同区域的使用功能和能耗特性进行划分的空间单元，它不仅反映建筑的使用需求，还为精细化的能耗分析提供了基础。这种划分方式将建筑视为由多种不同能耗特征的空间组合成的有机整体，突破了传统以整栋建筑为单位的能耗评估模式。通过功能空间，可以更加准确地反映建筑内部各区域的实际情况，为运行碳排放精细化模拟和优化提供支持。

在数据驱动的建筑运行碳排放模拟中，功能空间的划分是实现精准预测的基础。通过对功能空间的定义和分类，可以将建筑的能耗特性分解到各个具体区域，进而利用历史数据和机器学习算法建立针对每个功能空间的能耗模型。这种方法能够充分考虑不同功能空间运行时间、设备使用、人员密度等方面的差异，从而提高碳排放预测准确性和可靠性。例如，办公区域能源消耗主要集中在白天工作时间，商业空间则可能在夜间或周末能耗需求更高。

从整体上来看，功能空间可以根据其能耗特性和使用功能分为主要功能空间以及辅助功能空间。主要功能空间是指建筑中用于核心使用功能的区域，如办公建筑中的办公室、会议室，商业建筑中的营业厅，教育建筑中的教室和实验室等。这些空间通常是建筑的主要使用区域，其能耗特征和使用时间相对明确，对建筑整体能耗和碳排放的影响较大。辅助功能空间则包括一些支持性区域，例如楼梯间、卫生间、设备用房等，它们虽然不直接用于主要功能，但在运行中也会消耗一定的能源，因此也需要纳入碳排放模拟的范围。

同样，以办公建筑为例，它的主要功能空间可以包括高档办公室、普通办公区、会议室和报告厅等，这些区域通常具有较高的照明功率密度和空调使用频率。辅助功能空间则可能包括走廊、卫生间和设备机房等，这些区域的能耗主要集中在照明和通风设备上。而在商业建筑中，主要功能空间可能包括超市营业厅、专卖店营业厅、电影院和餐厅等，这些区域能耗特征受到营业时间和顾客流量的显著影响。辅助功能空间则可能包括共享空间、大堂门厅和休闲空间等，其能耗相对较低，但仍然需要考虑在运行碳排放模拟中。

2）计算模型

基于上述功能空间组合，建筑整体运行碳排放预测的计算原理如下：

$$C_{OP} = \frac{E_{OP} \times F_{ce} \times 0.32}{S} \qquad (6\text{-}49)$$

$$E_{OP} = \left[\sum_{i=1}^{n} (E_{li,i} + E_{hw,i} + E_{HVAC,i}) \right] + E_d \qquad (6\text{-}50)$$

式中　C_{OP}——单位建筑面积年运行碳排放量［kgCO$_2$e/（m$^2 \cdot$ a）］；

　　　E_{OP}——单位建筑面积年运行总能耗［kWh/（m$^2 \cdot$ a）］；

　　　F_{ce}——标准煤碳排放因子（kgCO$_2$e/kgce）。

　　　S——建筑面积（m^2）；

　　　$E_{li,i}$——第i个功能空间照明系统年能耗（kWh/a）；

　　　$E_{hw,i}$——第i个功能空间生活热水系统年能耗（kWh/a）；

　　$E_{HVAC,i}$——第i个功能空间暖通空调系统年能耗（kWh/a）；

　　　E_d——电梯系统年能耗（kWh/a）。

3）数据驱动的暖通空调系统碳排放计算

暖通空调系统作为建筑运行碳排放的主要组成部分，其碳排放水平直接影响建筑的整体能耗表现。但是，相比于其他系统计算方法，暖通空调系统需要综合考虑更多因素，包括围护结构热工性能、室内人员密度、设备使用情况及系统运行时间等。若想进一步提升计算的精确度，空间的被动式设计和主动式优化带来的节能减排潜力同样不容忽视。它们主要体现在空间布局（如楼层和朝向）和围护结构热工参数（如窗墙比、传热系数和太阳得热系数）的优化改进，以及根据空间功能，对其使用特性和节能层级的提前规划，这直接影响了空调系统的选择及其对应能效等级的能效比。

一般情况下，暖通空调系统产生的运行能耗包括冷热源能耗、输配系统和末端空气处理设备的能耗，其中输配系统的能耗又由冷冻水系统、冷却水系统、热水系统和风系统共同影响。暖通空调运行碳排放具体计算公式如下：

$$C_{\mathrm{HVAC}} = \left(\frac{Q_{\mathrm{HVAC,h}}}{COP_{\mathrm{h}}} + \frac{Q_{\mathrm{HVAC,c}}}{COP_{\mathrm{c}}} \right) \times F_{\mathrm{ce}} \times 0.32 \qquad (6\text{-}51)$$

式中　C_{HVAC}——暖通空调系统单位面积年运行碳排放［$\mathrm{kgCO_2e/(m^2 \cdot a)}$］；

　　　$Q_{\mathrm{HVAC,h}}$——暖通空调系统单位面积年累积热负荷［$\mathrm{kWh/(m^2 \cdot a)}$］；

　　　$Q_{\mathrm{HVAC,c}}$——暖通空调系统单位面积年累积冷负荷［$\mathrm{kWh/(m^2 \cdot a)}$］；

　　　COP_{h}——建筑供暖系统综合能效比；

　　　COP_{c}——建筑供冷系统综合能效比。

如图6-13所示，功能空间暖通空调系统碳排放预测可以分为建模、单一工况模拟、批量模拟形成数据库、冷/热负荷预测及能耗预测5个步骤。每一步均需对应关键研究点的支撑。具体来说，在建模阶段需解决模型标准化问题，以确保模型通用性和普适性。单一工况模拟阶段需要确定影响暖通空调系统碳排放的关键参数。批量模拟形成数据库阶段则旨在创建功能空间的累积冷/热负荷数据库，核心在于依据标准规范确定设计参数的限值、变动范围和步阶，以满足目标建筑参数预测需求。冷/热负荷预测阶段基于数据驱动的机器学习方法，通过已有数据库构建预测模型，并针对目标建筑进行预测，其关键在于模型的构建。能耗预测阶段则伴随暖通空调设备系统的确定而实现，重点在于选择分区功能空间的空调系统、确定能效等级以及计算综合能效比。

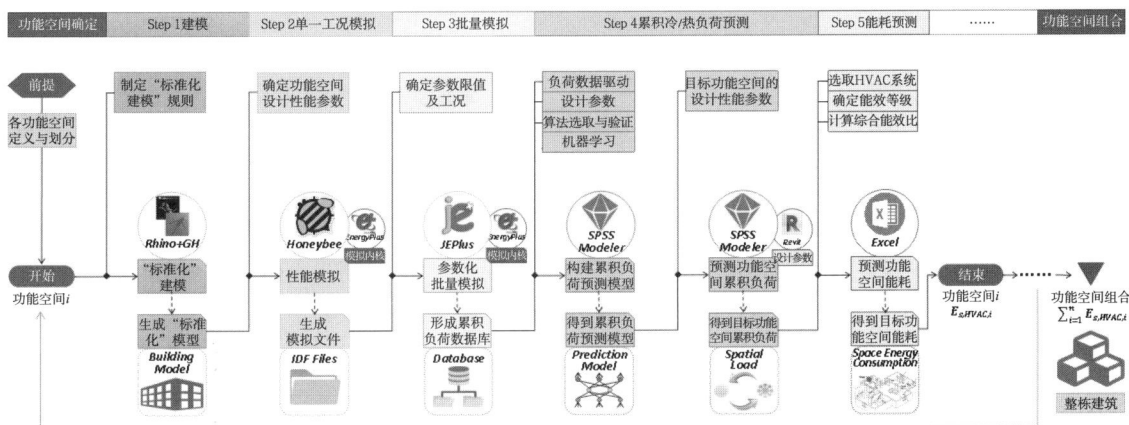

图6-13　数据驱动的暖通空调运行碳排放模拟模型的构建流程

下文将以办公建筑为例，对这些过程的具体内容展开说明：

（1）自变量参数选取

自变量参数的选取是建立数据驱动计算模型的基础，应根据计算深度的需求合理预判当前能够获取到的全部信息，包括但不限于建筑几何设计参数（如开间、进深、高度、层数、层高、表面积、体积、体形系数等）、朝向方位、窗墙比以及围护结构热工性能（如外墙、屋顶和外窗的传热系数、外窗的太阳能得热系数等）等，条件允许的情况下，气象参数也应纳入考虑范围。

由于对建筑累积冷/热负荷的影响因素众多，各个因素之间相互作用情况复杂，选择影响最为显著的关键要素不可或缺。为了更加清晰地了解上述的各个自变量参数对建筑累积冷/热负荷影响程度，本研究通过相关性分析方法进一步探索了这些参数之间以及对累积冷/热负荷的整体作用规律，以上文所提的部分自变量参数为例，它们对办公建筑整体累积冷/热负荷影响程度见图6-14。

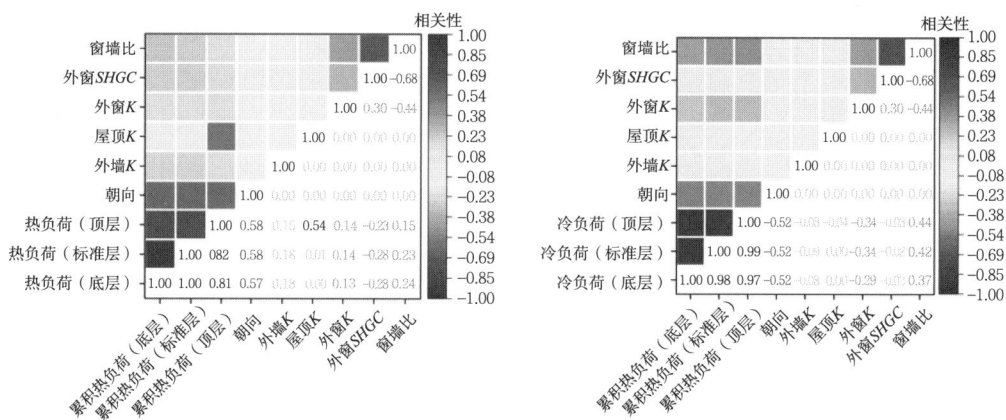

图6-14　办公建筑各楼层累积冷/热负荷及其设计参数相关性热图

（2）标准化模型建立

建立标准化模型是确保模型能够准确反映建筑基本几何特征和空间布局，使数据具有通用性和普适性的关键步骤，同时允许模型能够根据设计参数的变动灵活调整，以适应不同建筑的特定需求。标准化模型的建立需要依托如Rhino和Grasshopper插件等参数化建模平台，同时需要制定一系列建模规则，如基本单元尺寸、楼层朝向分布、热工性能参数等，具体如下：

①基本单元尺寸：模型基本单元尺寸应基于常见的建筑模数和空间尺寸。例如，办公建筑可以采用标准的开间（如4m）和进深（如8m）尺寸。它们不仅需要符合建筑设计的常规要求，还要确保模型通用性和可扩展性。从而使模型的建立、复制和组合更加方便且快速。

②楼层朝向分布：模型楼层朝向分布需要充分考虑建筑功能需求和当地气候特征。为便于后续分析，楼层需确保建筑底层、标准层和顶层都有代表性的楼层，空间朝向也应该涵盖东、南、西、北、东北、东南、西北、西南所有可能的情况，从而确保不同方位空间的能耗差异能够得到准确反映。为便于研究统计，本研究对不同方位的空间建立了一套编号，如图6-15所示。根据《公共建筑节能设计标准》GB 50189—2015确定热工性能参数下限。

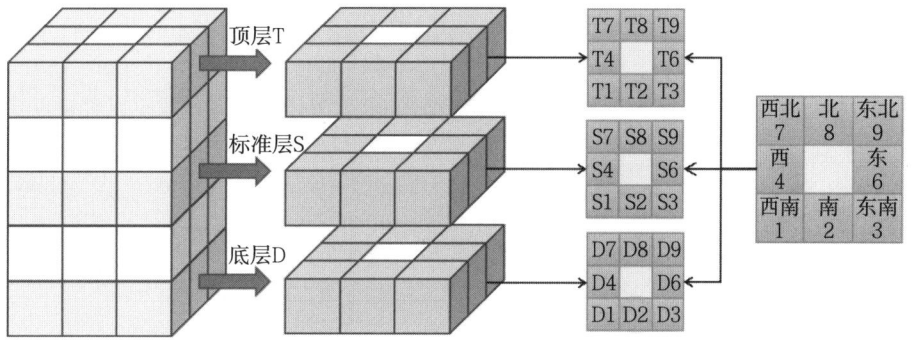

图6-15 模型楼层和朝向的编号示例

③热工性能参数：围护结构热工性能参数应根据相关标准规范进行设置。例如，外墙传热系数须符合《公共建筑节能设计标准》GB 50189—2015的规定，屋顶传热系数须符合《严寒和寒冷地区居住建筑节能设计标准》JGJ 26—2018的规定。以办公建筑为例，根据《近零能耗建筑技术标准》GB/T 51350—2019确定热工性能参数上限，根据《公共建筑节能设计标准》GB 50189—2015确定热工性能参数下限，参数的设置见表6-12。

围护结构热工性能参数范围　　　　　　　　　　表6-12

围护结构		传热系数 K [W/($m^2 \cdot$ K)]	太阳能得热系数	属性	具体取值
屋面		$0.1 \sim 0.45$	—	变值	根据围护结构参数取值
外墙		$0.1 \sim 0.50$	—	变值	根据围护结构参数取值
楼板		$0.3 \sim 1.00$	—	定值	假设 k 取值 0.5
隔墙		$1.2 \sim 1.50$	—	定值	假设 k 取值 1.5
单一立面外窗	窗墙比为 0.2	$1.5 \sim 3.0$	—	变值	根据围护结构参数取值
	窗墙比为 0.3	$1.5 \sim 2.7$	$0.45 \sim 0.52$	变值	根据围护结构参数取值
	窗墙比为 0.4	$1.5 \sim 2.4$	$0.30 \sim 0.48$	变值	根据围护结构参数取值
	窗墙比为 0.5	$1.5 \sim 2.2$	$0.30 \sim 0.43$	变值	根据围护结构参数取值
	窗墙比为 0.6	$1.5 \sim 2.0$	$0.30 \sim 0.40$	变值	根据围护结构参数取值
	窗墙比为 0.7	$1.5 \sim 1.9$	$0.30 \sim 0.35$	变值	根据围护结构参数取值
	窗墙比为 0.8	$1.5 \sim 1.6$	$0.30 \sim 0.35$	变值	根据围护结构参数取值
	窗墙比为 0.9	$1.5 \sim 1.5$	0.30	变值	根据围护结构参数取值
	周边地面	$\geqslant 0.60$	—	定值	假设 k 取值 1.27

根据上述规则，即可建立第i类功能空间的"标准化"模型。基于此模型，能够分析该类功能空间在不同楼层、朝向、位置及热工设计参数下的能耗表现，为后续构建该类功能空间的累积冷/热负荷数据库奠定基础。如图6-16和图6-17所示，该标准模型共有5层，每层各朝向均由普通办公室这类功能空间的基本单元模型围绕核心筒空间组合而成。

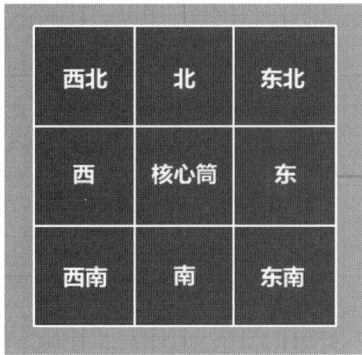

图6-16 标准模型俯视图

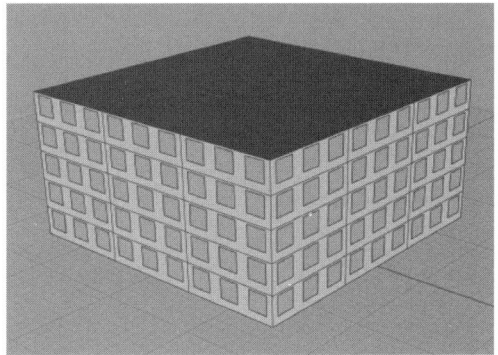

图6-17 标准模型三维图

（3）参数化性能模拟

参数化模拟是建立数据驱动计算模型的核心环节，它通过系统改变建筑的设计参数和运行工况，批量生成大规模的能耗数据，从而为后续机器学习预测模型的构建提供数据支持。一般来说，参数化模拟不仅需要全面地覆盖各项参数所有可能的变化范围，还要能够通过自动化技术高效生成模拟结果。除表6-12所提到的围护结构热工性能参数之外，本研究同时考虑了如表6-13所示的工况。

参数化模拟的主要工况设置 表6-13

类别	序号	参数	工况明细	工况数
地域气候	1	气象数据	决定了采暖度日数（*HDD*）、制冷度日数（*CDD*）和太阳辐射强度3个参数	1
朝向方位	1	朝向方位	[−90°：15°：90°]，即以正南为基准方向，往东/西每偏15°取值： −90°——南偏东90°； −75°——南偏东75°； −60°——南偏东60°； −45°——南偏东45°； −30°——南偏东30°； −15°——南偏东15°； 0°——正南向； 15°——南偏西15°； 30°——南偏西30°； 45°——南偏西45°； 60°——南偏西60°； 75°——南偏西75°； 90°——南偏西90°	13
体形	1	体形系数	[0.1：0.02：0.3]，由开间、进深、层高和层数参数化计算得到	11
	2	开间		
	3	进深		

类别	序号	参数	工况明细	工况数
体形	4	层高		
	5	层数		
	6	表面积	由开间、进深、层高和层数参数化计算得到	
	7	体积	由开间、进深、层高和层数参数化计算得到	
窗墙比	1	窗墙比	[0.2：0.2：0.8]	4

注：工况明细格式说明：[初始值:步阶:结束值]。

在确定参数范围后，需要选择合适的模拟软件进行参数化模拟。本研究选取的Honeybee插件是一个基于Grasshopper的参数化建模工具，它能够与EnergyPlus等能耗模拟引擎无缝集成，以实现高效且自动的能耗模拟。通过使用Honeybee将建筑模型的一系列几何参数和运行工况进行参数化处理，即可生成不同工况下的建筑冷热负荷数据库。需要注意的是，在模拟过程中需要设置合理的参数步长，以确保模拟结果精度和计算效率。这些参数设置需要综合考虑建筑功能需求、相关设计规范以及实际运行工况。以办公建筑为例，其在Rhino环境中利用Grasshopper建模的参数设置见图6-18。

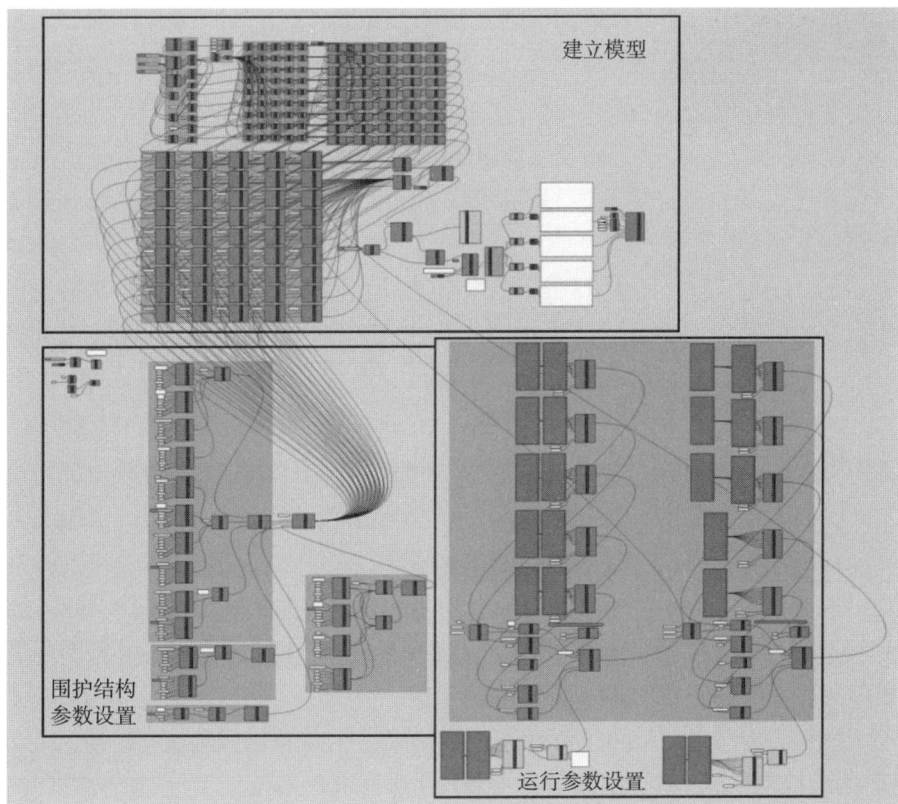

图6-18　办公建筑模型参数设置界面

进一步地，若想将更多设计因素纳入研究范围，如建筑内部空间的位置、朝向、窗墙比、设备运行时间和人员活动情况，可以根据实际需要灵活调整。不过，当模拟参数工况过多时，仅靠手动单次模拟难以快速累积形成大规模的数据库。此时，就需要一个能够生成运行仿真模型命令并随后收集结果的工具。JEPlus软件便满足了这一点需要，它已经被开发为EnergyPlus的参数化工具，能够自动并行计算庞大数据，极大提高了模拟效率，如图6-19所示。

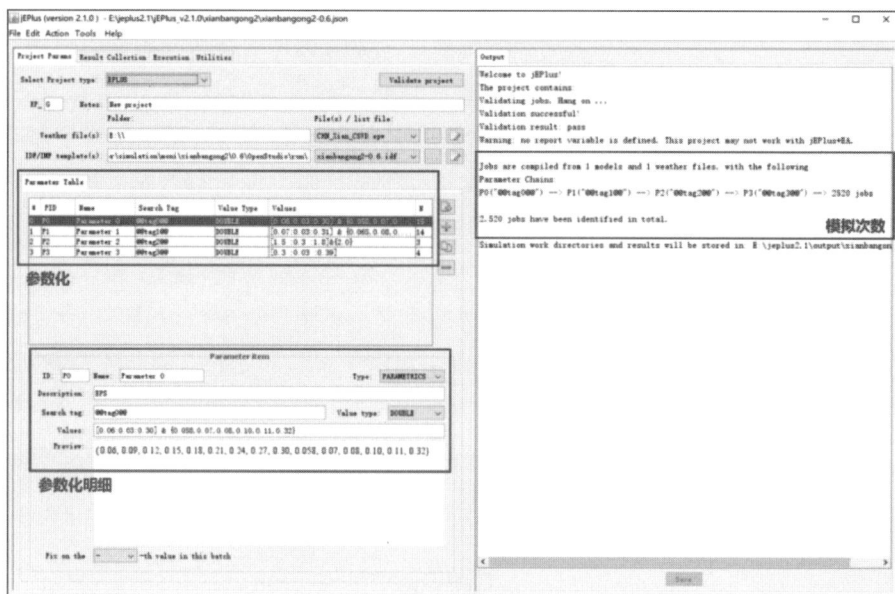

图6-19 基于 JEPlus "参数化" 设置及批量模拟界面

通过参数化批量模拟，已基本形成某一类型功能空间的累积冷/热负荷数据库。该数据库分为冷负荷和热负荷两类，可逐月或逐年显示结果，并按楼层位置（底层、标准层、顶层）以及朝向（东、南、西、北、东南、东北、西南、西北）进行分类。各个"标准化"模型中的功能空间基本单元以及每个"参数化"的设计参数均对应独立的累积冷/热负荷数据库。只要时间允许，即可建立完整的目标功能空间累积冷/热负荷数据库。

（4）预测模型的构建

基于参数化性能模拟得到的累积冷/热负荷数据库，结合合适的机器学习算法即可构建建筑暖通空调运行能耗预测模型。在此之前，需要对数据进行预处理，包括数据清洗、异常值去除、缺失值填补和数据归一化等，从而将不同量纲的数据转换到同一尺度，以提高模型训练效率和预测精度。预处理后的数据进一步被分为训练集和测试集，通常情况下，采用70%的数据作为训练集，其余30%作为测试集，以验证模型的泛化能力。

研究结合参数化批量模拟生成的463680种工况的累积冷/热负荷数据，将楼层位置、朝向、窗墙比、外窗*SHGC*、外窗*K*、外墙*K*以及屋顶*K*作为预测变量，利用SPSS Modeler软件平台建立数据流和预测模型，如图6-20所示。

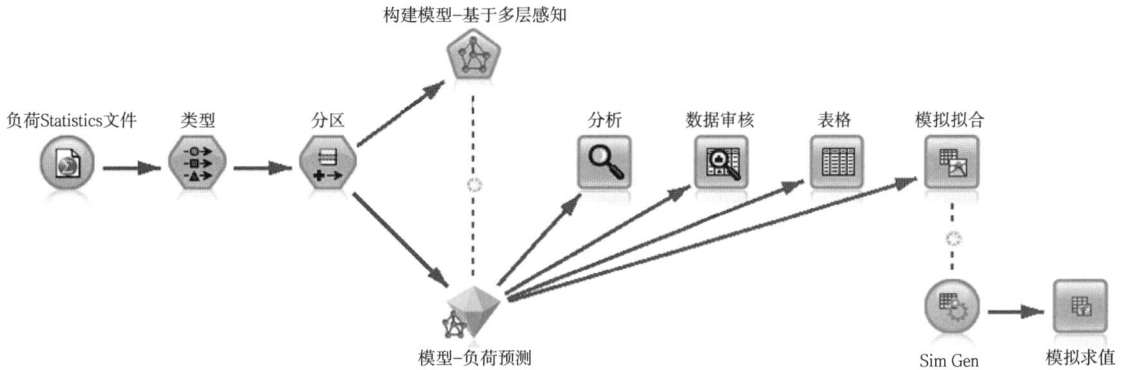

图6-20　基于SPSS Modeler构建功能空间累积冷/热负荷预测模型过程图

此外，选择合适的机器学习算法是构建预测模型的另一个关键要素。本研究采用多层感知器（MLP）神经网络为主要算法。MLP神经网络作为一种前馈神经网络，能够学习输入和输出数据之间的非线性关系，且适用于复杂的系统建模。在模型训练过程中，通过调整隐藏层的神经元数量、学习率和迭代次数等超参数，可以进一步优化模型的性能。在训练过程中，一般使用训练集数据进行模型训练，使用验证集数据进行超参数调优。基于MLP的累积冷负荷预测的神经网络图如图6-21所示。

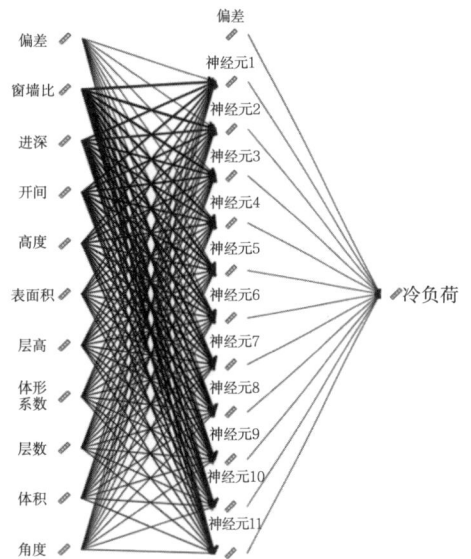

图6-21　基于MLP的累积冷负荷预测的神经网络图

构建模型过程中需要设置的其他关键参数包括：隐藏层的单元格数并由系统自动计算，隐藏层的神经元为7个；防止过度拟合集合的百分比为30%；随机生成种子数为143890941；构建模型过程中同时计算预测变量重要性。

模型训练完成后，使用测试集数据对其进行验证。通过计算模型*RMSE*、*MAE*以及R^2等指标，即可评估模型的预测精度。这些指标能够量化模型预测值与实际值的差异，从而评估其可靠性和准确性。如表6-14所示，本研究所构建的预测模型R^2值均接近1，表明其具有较高精度，能够准确反映暖通空调系统的碳排放特性。

基于MLP的累积负荷预测模型评价结果 　　表6-14

预测模型	MAE（kWh/m^2）		RMSE（kWh/m^2）		R^2	
	训练集	测试集	训练集	测试集	训练集	测试集
累积冷负荷	0.446	0.525	0.684	0.780	0.993	0.993
累积热负荷	0.268	0.268	0.555	0.565	0.989	0.990
累积总负荷	1.096	1.079	1.539	1.542	0.986	0.990

　　如图6-22所示，本研究通过对比模型预测值与实际模拟值，进一步验证了模型的预测精度。可见，该模型能够用于暖通空调系统运行碳排放的预测。

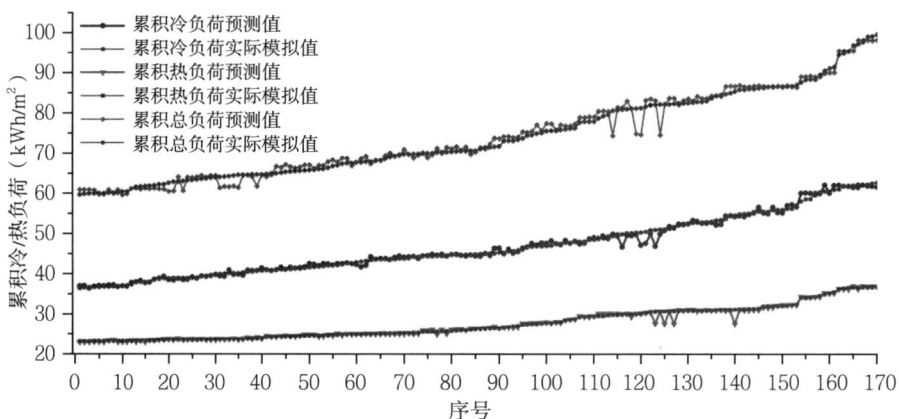

图6-22　累积冷/热负荷数据的实际模拟值与预测值对比图

　　为了直观地表现各模型预测性能的差异，将其中作为测试集的139652个累积冷/热负荷数据实际模拟值与预测值作对比，得到如图6-23和图6-24所示的结果。

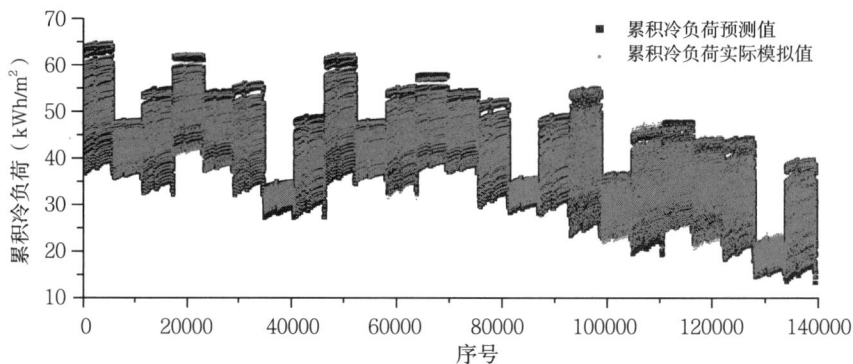

图6-23　139652个累积冷负荷数据的实际模拟值与预测值对比图

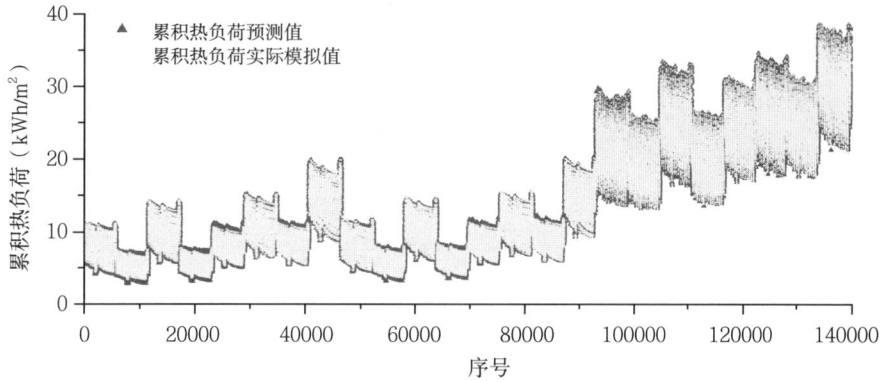

图6-24　139652个累积热负荷数据的实际模拟值与预测值对比图

通过预测模型能够获取功能空间的累积冷/热负荷预测值，并且还可通过调节其设计参数来优化功能空间布局和热工设计，从而降低累积冷/热负荷。该模型锁定影响累积冷/热负荷的关键参数，通过"设计-预测"循环模式，实现功能空间的优化和节能效果，从而为功能空间的能耗和碳排放预测奠定基础，对其他功能空间相关研究具有重要借鉴意义。值得注意的是，本研究以单个气候区和功能空间为例，实际应用中需建立更加完善的数据库，从而满足不同类型功能空间碳排放预测需求。

在此基础上，通过综合能效比即可评估各功能空间暖通空调系统能耗水平。综合能效比是指系统提供的总冷量或热量与所有耗电设备的总功率之比，是衡量单位输入功率转化为制冷量或制热量的效率指标。一般来说，综合能效比越高，表明系统在单位能耗下所提供的冷热能力越强，从而能耗水平越低。因此，综合能效比直接决定了暖通空调系统的能耗与碳排放水平。在实际应用中，虽然暖通空调系统的具体性能参数可能尚未完全确定，但可通过设定不同能效等级下的综合能效比，结合已知的累积冷/热负荷估算系统能耗与碳排放数据。本研究中，综合能效比的计算范围涵盖了冷热源机组、输配系统和末端空气处理设备。通过这种方式，可以充分考虑功能空间布局以及围护结构热工参数对累积冷/热负荷的影响，同时结合各功能空间的使用特性与节能要求，选择合适的能效等级，实现节能减排的目标。

6.4.3　其他系统的运行碳排放模拟

1）生活热水系统运行碳排放模拟

依据《建筑碳排放计算标准》GB/T 51366—2019，生活热水系统的运行碳排放应包括热水的制备、输配以及使用过程中的碳排放，它的计算需要综合考虑热水使用模式、设备效益以及可再生能源的利用等因素。生活热水系统运行碳排放模拟一般可以采用静态模型进行计算，公式如下：

$$E_{hw} = 0.32 \times \dfrac{\sum_{j=1}^{12} \dfrac{C_r \times (t_r - t_{l,m,j}) \times p_r \times q_r \times m_r \times d_{r,m,j}}{3600}}{\eta_r \times \eta_w} \tag{6-52}$$

式中　E_{hw} ——单位建筑面积生活热水系统的年能耗［kgce/（$m^2 \cdot a$）］；

　　　η_r ——生活热水输配效率（%），包括热水系统的输配能耗、管道热损失、生活热水二次循环及储存的热损失，通常取值 1.10%~1.15%；

　　　η_w ——生活热水系统热源年平均效率（%），取值可参考表6-15；

　　　C_r ——水的比热容［kJ/（kg·℃）］，通常取值4.187 kJ/（kg·℃）；

　　　t_r ——设计热水温度（℃），通常取值60℃；

　　$t_{l,m,j}$ ——第j个月的设计冷水温度（℃）；

　　　p_r ——热水密度（kg/L），通常取值0.983191kg/L；

　　　q_r ——热水用水定额［L/（人·班）或L/（人·d）］，取值可参考《建筑给水排水设计标准》GB 50015—2019；

　　　m_r ——单位建筑面积的用水计算单位数［（人/m^2）或（床/m^2）］，取值可参考《建筑设计资料集（第三版）》；

　　$d_{r,m,j}$ ——第j个月的生活热水使用天数（d）或使用班数（班），取值可参考《建筑节能与可再生能源利用通用规范》GB 55015—2021中的建筑运行时间表。

生活热水系统热源年平均效率η_w　　　　　　　　　　表6-15

设备	消耗能源	效率	设备	消耗能源	效率
单热泵	电	400%	电热水器	电	95%
太阳能＋电辅助加热	电	90%	燃油锅炉	柴油	75%
太阳能＋热泵辅助加热	电	400%	燃煤锅炉	煤	70%
燃气热水器	天然气	90%			

在实际应用中，为了更加准确地反映生活热水系统的碳排放，可进一步考虑太阳能热水系统的贡献，其年供能量可通过式（6-53）进行计算：

$$Q_{s,re,hw,s} = \dfrac{A_{c,so} \times J_{so} \times (1 - \eta_L) \times \eta_{cd}}{3.6} \tag{6-53}$$

式中　$Q_{s,re,hw,s}$ ——太阳能热水系统年供能量（kWh/a）；

　　　$A_{c,so}$ ——太阳能集热器面积（m^2）；

　　　J_{so} ——太阳集热器采光面年平均太阳辐射量（MJ/m^2），取值可参考《建筑节能与可再生能源利用通用规范》GB 55015—

2021或《民用建筑太阳能热水系统应用技术标准》GB 50364—2018；

η_{L}——管路和储热装置的热损失率（%），取值可参考表6-16；

η_{cd}——基于总面积的集热器平均集热效率（%），取值可参考表6-17或《民用建筑太阳能热水系统应用技术标准》GB 50364—2018附录B。

η_{L}取值参考表　　　　　　　　　　　　　　表6-16

系统类型	热损失率 η_{L}（%）
太阳能集热器（组）紧靠集热水箱（罐）时	15～20
太阳能集热器（组）与集热水箱（罐） 分别布置在两处时	20～30

η_{cd}取值参考表　　　　　　　　　　　　　　表6-17

系统类型	基于总面积的集热器平均集热效率 η_{cd}（%）	
	取值范围	均值
分散系统	40～70	55.0
集中系统	30～45	37.5

根据上述计算模型涉及的相关参数，若要使用数据驱动方法计算生活热水系统运行碳排放量，需要收集包括但不限于建筑的热水用水定额、使用时间、系统效率和冷水温度等运行数据，通过查阅相关标准以及进行相关调研，将这些数据同建筑的地理位置、类型、规模等整体设计参数一一对应并建立计算所需的基础数据库。以此为基础，便可以建立起动态预测模型，从而根据建筑实际使用情况和设计参数变化实时预测生活热水系统的能耗水平。

2）采光照明系统运行碳排放模拟

要准确计算采光照明系统的运行碳排放，除了需要明确照明设备的功率和使用时间以外，还必须综合考虑自然采光条件、照明控制策略和人员使用习惯等多种因素。具体来说，有效利用自然采光可显著降低照明系统的能耗，使用智能照明系统则能进一步实现节能减排，这些都是需要充分考虑的因素。

采用静态模型计算采光照明系统运行能耗时，一般可通过式（6-54）计算：

$$E_{\mathrm{li}} = 0.32 \times \frac{P_{\mathrm{l,m}} \times (t_{\mathrm{l,m}} \times rat_{\mathrm{l,m}} - t_{\mathrm{l,d}} \times rat_{\mathrm{l,d}}) - P_{\mathrm{l,a}} \times t_{\mathrm{l,a}} \times rat_{\mathrm{l,a}}}{1000} \qquad (6-54)$$

式中　E_{li}——建筑采光照明系统运行年能耗（kWh/a）；

$P_{l,m}$——建筑主要功能空间照明灯具功率密度（W/m²），取值可参考《建筑节能与可再生能源利用通用规范》GB 55015—2021或《建筑照明设计标准》GB/T 50034—2024；

$P_{l,a}$——建筑辅助功能空间照明灯具功率密度（W/m²），取值可参考《建筑节能与可再生能源利用通用规范》GB 55015—2021或《建筑照明设计标准》GB/T 50034—2024；

$t_{l,m}$——建筑主要功能空间照明灯具年理论照明时间（h/a）；

$t_{l,d}$——建筑主要功能空间利用天然采光的区域年采光时间（h/a）；

$t_{l,a}$——建筑辅助功能空间照明灯具年理论照明时间（h/a）；

$rat_{l,m}$——主要功能空间面积占比，参考《建筑设计资料集（第三版）》；

$rat_{l,d}$——天然采光区域面积占比，参考《建筑设计资料集（第三版）》；

$rat_{l,a}$——辅助功能空间面积占比，参考《建筑设计资料集（第三版）》。

此外，为了更加准确地反映自然采光对照明能耗的影响，本研究还引入了采光系数以及日光供应系数。其中，采光系数是指室内某一点照度与同一时刻室外无遮挡天空的水平照度之比。采光利用系数则反映了天然采光在实际照明中的有效利用程度。式（6-55）通过上述两个参数量化了天然采光的贡献，从而实现了对照明能耗的修正：

$$E_{li,nl} = \left[P_{li} \times (1 - P_{li}) + F_{li} \times \frac{D_{li}}{D_{tg}} \right] \times t_{li} \times A_{li} \qquad (6\text{-}55)$$

式中 $E_{li,nl}$——考虑自然采光的采光照明系统运行年能耗（kWh/a）；

P_{li}——照明灯具的功率密度（W/m²）；

F_{li}——建筑日光供应系数，取值可参考表6-18和表6-19；

D_{li}——建筑采光利用系数，侧窗和天窗采光的利用面积见图6-25；

D_{tg}——建筑目标采光系数，即期望达到的天然采光水平。

适用于侧窗的日光供应系数取值表　　　　　　　　表6-18

采光系数（%）	0.13	0.50	1.00	1.50	2.00	3.00	5.00	8.00	12.0	18.0
日光供应系数（%）	12.1	36.1	49.6	63.5	66.4	75.2	81.1	87.7	90.8	91.4

适用于天窗的日光供应系数取值表　　　　　　　　表6-19

采光等级 D	无（$D < 2\%$）	低（$2\% \leqslant D < 4\%$）	中（$4\% \leqslant D < 6\%$）	高（$D \geqslant 6\%$）
日光供应系数（%）	0	68.0	85.0	92.0

随着功能空间的明确，在BIM模型中可以准确获取各功能空间三维尺寸、门窗位置、高度等关键设计信息。这些信息直接影响天然采光效果，为动态照明碳排放的计算提供了必要的数据支持。结合ISO相关标准和图6-25可以看出：

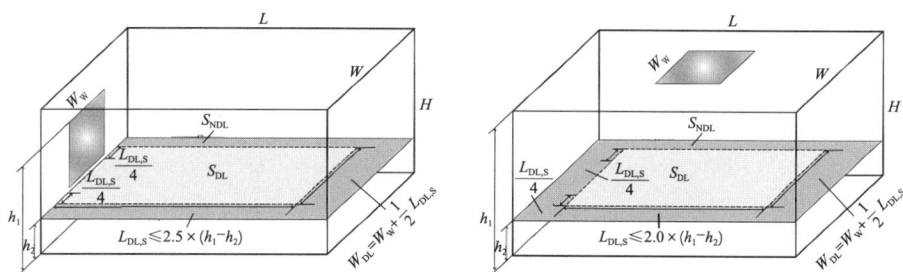

图6-25 侧窗采光和天窗采光面积计算示意图

（1）如果利用侧窗采光的$L_{DL,S} \leqslant 2.5 \times (h_1 - h_2)$，也就是$S_{DL,S} \leqslant 2.5 \times (h_1 - h_2) \times W_{DL}$时，考虑$S_{DL,S}$部分为动态采光区域；

（2）如果利用天窗采光的$L_{DL,S} \leqslant 2.0 \times (h_1 - h_2)$，也就是$S_{DL,S} \leqslant 2.0 \times (h_1 - h_2) \times W_{DL}$时，考虑$S_{DL,S}$部分为动态采光区域；

（3）如果$L_{DL,S} \geqslant L$或$L_{DL,R} \geqslant L$，则$S_{NDL} = 0$；

（4）假设考虑动态采光部分面积最大化，取$L_{DL,S} = 2.5 \times (h_1 - h_2)$或$L_{DL,S} = 2.0 \times (h_1 - h_2)$，则$S_{DL,S} = 2.5 \times (h_1 - h_2) \times W_{DL}$或$S_{DL,S} = 2.0 \times (h_1 - h_2) \times W_{DL}$。

如果需要进一步提升计算的精细度，还可将人员控制策略纳入考虑范围。它包括但不限于自动感应开关、定时控制和调光控制等，能够根据室内人员活动情况和采光需求自动调节照明系统的亮度或开关状态。人员控制策略对采光照明系统运行碳排放的影响可通过人员控制系数量化，如式（6-56）所示：

$$F_{OC,i} = 1 - F_{A,i} \times F_{OC,ctrl,i} \qquad （6-56）$$

式中 $F_{OC,i}$——第i个功能空间人员控制系数，可参考《Light and lighting-Energy performance of lighting in building》ISO/CIE 20086：2019（E）中的表D.3进行估算取值；

$\quad\quad F_{A,i}$——第i个功能空间人员缺席系数，可参考《Light and lighting-Energy performance of lighting in building》ISO/CIE 20086：2019（E）中的表D.2进行估算取值；

$\quad F_{OC,ctrl,i}$——第i个功能空间人员感应控制系统系数，取值参考表6-20。

系统类别	日光感应系统 无自动人员感应系统		日光感应系统 有自动人员感应系统			
方式	手动开关	手动开关＋附 加自动扫描信号	自动开／ 调暗	自动开关	人工开／ 调暗	人工开， 自动关
取值	1.00	0.95	0.95	0.90	0.90	0.80

可见，建筑采光照明系统的运行碳排放受到其窗墙比、外窗得热、灯具功率、人员密度以及系统类型等多种因素的影响。具体来说，窗墙比决定了室内空间自然采光的潜力，较大的窗墙比通常意味着更多的天然光照和更少的照明需求；外窗的太阳能得热系数则影响了进入室内的太阳辐射热量，进而影响照明系统的能耗；照明灯具功率密度直接决定了照明系统整体能耗水平；室内人员密度则影响照明系统的使用时间和使用强度；而照明系统类型，如是否配备光电自动控制和人员感应控制系统，则决定了其运行效率和节能潜力。

3）电梯系统运行碳排放模拟

电梯系统的运行碳排放通常取决于电梯的类型、载重量、运行的频率和时间以及设备能效等级。根据《建筑碳排放计算标准》GB/T 51366—2019，电梯系统运行碳排放的计算涉及特定能源的消耗量。在无法确定具体的设备参数时，可以使用相关标准规定或常用默认数据进行估算，具体如式（6-57）~式(6-59）所示：

$$E_d = E_{d,el} + E_{d,es} \tag{6-57}$$

$$E_{d,el} = \frac{0.32 \times (3.6 \times P_{d,el} \times t_{d,el} \times V_{d,el} \times W_{d,el} + E_{d,el} \times t_{d,el}) \times N_{d,el}}{1000} \tag{6-58}$$

$$E_{d,es} = P_{d,es} \times t_{d,es} \times 0.32 \tag{6-59}$$

式中 E_d——建筑电梯系统单位面积运行年能耗［kgce/（m²·a）］；

        $E_{d,el}$——单位面积直梯运行年能耗［kgce/（m²·a）］，取值可参考《建筑碳排放计算标准》GB/T 51366—2019；

        $E_{d,es}$——单位面积扶梯运行年能耗［kgce/（m²·a）］；

        $P_{d,el}$——直梯特定能源消耗量（mWh/kgm），取值可参考《建筑碳排放计算标准》GB/T 51366—2019；

        $P_{d,es}$——扶梯（不含变频扶梯）电机功率（kW）；

        $t_{d,el}$——直梯年平均运行小时数（h/a）；

        $t_{d,es}$——扶梯年平均运行小时数（h/a）；

$V_{d,el}$——直梯运行速度（m/s），取值可参考《电梯主参数及轿厢、井道、机房的型式与尺寸　第1部分：Ⅰ、Ⅱ、Ⅲ、Ⅵ类电梯》GB/T 7025.1—2023；

$W_{d,el}$——直梯额定载重量（kg）；

$N_{d,el}$——单位建筑面积直梯数量（部/m²），可参考《全国民用建筑工程设计技术措施（2009）：规划·建筑·景观》表9.2.2或《建筑设计资料集（第三版）》中各类型建筑垂直交通设计内容中电梯数量估算表进行估算取值。

若要进一步提高计算的准确度，除了建筑单体本体参数和电梯系统性能参数之外，还需要从电梯系统的整体性出发，充分考虑各个电梯之间的联动节能功能，即将电梯群控因素也纳入该部分的计算模型中，如式（6-60）所示：

$$E_{d,el,u} = E_{d,el} \times k_u \qquad （6-60）$$

式中　$E_{d,el,u}$——考虑群控因素的单位面积直梯运行年能耗 [kgce/（m²·a）]；

k_u——电梯使用系数，取值可参考表6-21。

电梯使用系数取值参考表　　　　　　　　　　表6-21

建筑类型	住宅	办公建筑	宾馆	医院	商场	学校
电梯使用系数	0.4	0.6	0.7	0.8	0.7	0.4

6.4.4　案例分析与讨论

1）案例分析

为了验证上文所建立的建筑运行碳排放模拟模型的准确性和可靠性，本研究选取了一栋位于陕西省西安市的某办公建筑作为案例进行详细分析。该建筑位于寒冷地区，地上建筑面积为35197m²，地上24层，建筑高度为96m，建筑体积为141955.58m³，体形系数为0.11，采用框架核心筒结构，抗震设防烈度为8度。项目的基本信息和设计参数均来源于实际的工程数据，因此可以确保分析研究该案例具有一定的现实基础和参考价值。本研究使用能耗模拟软件计算得到案例建筑运行碳排放数据，相关参数见表6-22。

参数类别	参数名称		值
围护结构热工参数	体形系数		0.11
	传热系数	外墙	0.32W/（m²·K）
		屋顶	0.29W/（m²·K）
		外窗	1.50W/（m²·K）
	太阳得热系数	外窗	0.30
	窗墙比	东向	0.69
		南向	0.69
		西向	0.69
		北向	0.69
暖通空调设计参数	制冷	系统	多联机/单元式空调
		能效比	3.50
		时间	根据《建筑节能与可再生能源利用通用规范》GB 55015—2021设置
	供暖	系统	多联机/单元式热泵
		能效比	2.74
		时间	根据《建筑节能与可再生能源利用通用规范》GB 55015—2021设置
	照明	功率密度	根据《建筑节能与可再生能源利用通用规范》GB 55015—2021设置
		运行时间	—
	生活热水	设备	锅炉
		效率	0.90
		用水定额	10L/（人·d）
		热水温差	45℃
		供应人数	2600人
		运行时长	8h/d
		运行天数	260d
	电梯	特定能量消耗	0.84mWh/kgm
		额定载重量	1350kg
		速度	1.75m/s
		待机功率	100W
		运行时长	3h/d
		电梯数量	7部
		运行天数	365d

基于表6-22所列的各项参数创建三维模型,即可在能耗模拟软件中计算得到该建筑生活热水、采光照明、电梯、供暖、制冷等各项能耗及碳排放数据,具体结果见表6-23。

案例建筑能耗和碳排放计算结果统计　　　　　　表6-23

序号	系统类型	能耗 $[kWh/(m^2 \cdot a)]$	碳排放量 $[kgCO_2e/(m^2 \cdot a)]$	比例(%)
1	生活热水	11.06	6.43	23.43
2	采光照明	15.13	8.79	32.06
3	电梯	1.71	0.99	3.62
4	供暖	2.92	1.70	6.19
5	制冷	16.38	9.52	34.70
6	其他	(26.14)	(15.19)	—
	合计	47.20	27.43	100

由表6-23可知,制冷和供暖系统运行碳排放占比40.89%,占比最大;采光照明系统运行碳排放量为8.79kgCO$_2$e/($m^2 \cdot a$),占比32.06%;生活热水系统运行碳排放量为6.43kgCO$_2$e/($m^2 \cdot a$),占比23.43%,同样不容忽视。

同样地,使用上文所构建的计算模型对案例的运行碳排放再次进行计算。其中,生活热水、采光照明和电梯系统运行碳排放采用静态计算模型结合标准规定的相关常用指标进行估算,计算结果见表6-24。

基于静态计算模型的部分系统运行碳排放量计算　　　　　　表6-24

系统类型	生活热水	采光照明	电梯
碳排放量 $[kgCO_2e/(m^2 \cdot a)]$	6.25	7.18	0.98

针对暖通空调系统产生的运行碳排放量,本研究使用基于数据驱动方法构建的"MLP"多元回归预测模型进行计算,部分输入参数及输出结果见表6-25。

基于数据驱动模型的暖通空调系统碳排放量计算　　　　　　表6-25

类别	名称	值	名称	值
过程设计参数	地域气候	西安市,寒冷B区	层高	4.00m
	朝向方位	0°(正南)	层数	24层
	体形系数	0.11	开间	41.00m
	表面积	15443.76m^2	进深	36.90m
	体积	141955.58m	东向窗墙比	0.69

类别	名称	值	名称	值
过程设计参数	南向窗墙比	0.69	北向窗墙比	0.69
	西向窗墙比	0.69		
结果预测	耗冷量	52.44kWh/（m²·a）	耗热量	10.54kWh/（m²·a）
	供冷能耗	14.98kWh/（m²·a）	供暖能耗	3.85kWh/（m²·a）
	供冷碳排放量	8.71kgCO₂e/（m²·a）	供暖碳排放量	2.23kgCO₂e/（m²·a）

  将基于能耗软件模拟得到的计算结果与使用本研究构建的计算模型得到的计算结果进行对比，案例建筑的各部分运行碳排放量及误差情况对比见表6-26。

基于基本方法与计算模型所得案例运行碳排放量   表6-26

系统类型	年碳排放量 [kgCO$_2$e/（m²·a）]			全生命周期碳排放量（kgCO$_2$e/m²）			相对误差（%）
	基本方法	计算模型	绝对误差	基本方法	计算模型	绝对误差	
生活热水	6.43	6.25	0.18	321.50	312.50	9.00	2.80
采光照明	8.79	7.18	1.61	439.50	359.00	80.50	18.32
电梯	0.99	0.98	0.01	49.50	49.00	0.50	1.01
供冷	9.52	8.71	0.81	476.00	435.50	40.50	8.51
供暖	1.70	2.23	0.53	85.00	111.50	26.50	31.18
合计	27.43	25.35	2.08	1371.50	1267.50	104.00	7.58

  由表6-26可以看出，总体上，基于基本方法和本研究计算模型计算得到的案例建筑运行碳排放量相对误差为7.58%，即计算精度为92.42%。从全生命周期时间维度来看，年碳排放量误差仅为2.08kgCO$_2$e/（m²·a），累积到全生命周期时其运行碳排放绝对误差为104.00kgCO$_2$e/m²。其中，电梯系统和生活热水系统计算结果相对误差较小，分别为1.01%和2.80%，暖通空调系统的相对误差相比之下略偏大，尤其是供暖系统，误差达31.18%。

2）总结与讨论

  本节介绍了一套基于数据驱动方法的建筑运行碳排放模拟模型，并通过实际案例进行了应用验证。在构建模型的过程中，充分考虑了建筑运行碳排放的多个组成部分，包括生活热水、采光照明以及暖通空调系统，并通过对标准的解读和对实际能耗数据的收集与分析，根据结构建筑设计参数和运行工况，利用数据驱动方法建立了可行的计算模型。考虑到计算所需的累积冷/热负荷数据难以直接获取且缺少参照，本节重点介绍了暖通空调系统的运行碳排放数据驱动模型的构建过程。这一过程不仅涉及大量数据的统计与处理，以及依托能耗模拟引擎和计算机并行处理技术的批量运算，还通过机器学习算法对模型进行了验证和优化，以确保它的准确性和可靠性。

在案例分析部分，研究选取了具有代表性的典型办公建筑作为研究对象，通过与软件模拟得到的运行数据进行对比对模型进行验证。结果表明，计算模型能够较为准确地预测建筑各项系统运行碳排放水平，尤其是电梯和生活热水系统，说明模型在实际应用中有广泛潜力。通过使用该计算模型，能够在建筑设计阶段为其节能优化提供科学支持，帮助建筑师通过调整部分参数提升建筑整体能耗性能。该模型还可用于既有建筑节能改造评估，通过对比不同改造方案下运行碳排放输出值，为建筑的可持续运行提供有力支持。

不过，虽然计算模型在案例评估中表现良好，但在不同地区、不同建筑类型和不同运行工况下的适应性仍需进一步研究和验证。此外，数据驱动的运行碳排放模拟模型还可与碳排放计算软件或能耗模拟工具进一步结合，形成一体化的建筑设计与评估平台，从而为建筑设计和运行管理提供全面的支持。本节所构建的基于数据驱动的建筑运行碳排放模拟模型为建筑运行碳排放的计算提供了一种新的方法论支持。它不仅在理论上具有创新性，避免了传统计算方法或模拟技术存在的弊端，并且在实际应用中展现出了较高的准确性。通过进一步的优化和推广，该模型有望为建筑设计、运行管理和政策制定提供更加有效的支持，为实现建筑领域碳减排目标做出重要贡献。

思考题与练习题

1. 请阐述建筑能耗的分类及其在建筑节能中的重要性。
2. 请描述建筑负荷计算的基本原理，并举例说明如何通过优化建筑围护结构来减少热负荷和冷负荷。
3. 请比较正演模拟方法和逆向建模方法在建筑能耗模拟中的应用场景及其优缺点。

参考文献

［1］ 白致远. 基于SketchUp软件的建筑设计方案阶段碳排放估算方法初探[D]. 南京：东南大学，2023.
［2］ 张孝存. 建筑碳排放量化分析计算与低碳建筑结构评价方法研究[D]. 哈尔滨：哈尔滨工业大学，2018.
［3］ 夏春海，朱颖心，林波荣. 方案设计阶段建筑性能模拟方法综述[J]. 暖通空调，2007，37（12）：32-40.
［4］ 黎志涛. 建筑设计方法[M]. 北京：中国建筑工业出版社，2010.
［5］ 罗智型，王海宁. 建筑能耗与负荷[M]. 北京：知识产权出版社，2021.

第 7 章

低碳建筑实践中的性能模拟应用

住宅建筑是满足人类生活的最基本建筑类型之一。据统计，2021年城镇和农村住宅建筑能耗分别占到了建筑总能耗的25%和21%，并产生了近10亿t的运行碳排放，占到全国建筑碳排放总量的63%，是我国主要碳排放源之一，也是建筑部门节能减碳工作的重点之一。

本节以寒冷地区某小区的住宅建筑为例，利用模拟软件对其进行了低碳建筑性能分析，探讨了被动式设计策略和主动式设计策略的实际效果。

7.1.1　项目背景

本项目是一座现代化生态居住小区（图7-1），其以低碳生态的设计理念为核心，通过系统性规划和技术创新，将绿色建筑、资源节约、生态景观与居民生活需求有机结合，将本土文化融入生态设计，旨在通过性能化的设计方法，优化围护结构的保温及遮阳性能，依靠高效的空调机组等，在保证室内高舒适度的条件下，最大限度地减少供暖和制冷的能源需求。

图7-1　案例鸟瞰效果图

7.1.2　案例概况

该项目用地面积为23272m²，总建筑面积为45838.92m²，建筑主体采用框架-剪力墙结构体系。项目采用了低碳技术措施，地上由6栋16~24层高层住宅及配套商业建筑组成，整体布局遵循绿色建筑朝向优化原则，确保冬季日照充足且夏季通风顺畅。

在低碳技术体系构建方面，项目针对围护结构及细部构造进行低碳设计，在保证室内舒适度的前提下实现低碳目标。同时，积极利用太阳能等再生资源，并采用智慧系统提高能源利用效率，具体措施如下：

（1）无热桥构造体系：采用整体现浇工艺优化女儿墙节点，通过悬挑式阳台设计与主体结构热阻断连接，配合多层防水隔汽材料形成连续密封层，显著减少热桥效应，确保室内干燥舒适。

（2）可再生能源利用：利用现有屋面，设置建筑一体化光伏发电技术，配置智能化能源管理系统，实现清洁电力自给与余电并网，有效提升可再生能源利用率。

（3）高性能围护结构：组合运用轻质保温墙体材料与高效节能外窗系统，通过多层构造设计大幅提升建筑气密性，降低建筑能源消耗需求。

（4）智能遮阳系统：南向立面设置可调节遮阳构件，结合建筑挑檐形态设计，实现动态遮阳与自然采光的平衡，兼顾功能性与建筑美学表现。

（5）长效保温体系：建筑外围护结构通过高强度保温材料与防水层复合应用，保障建筑外围护结构长期稳定的保温隔热性能。

（6）智慧照明控制：公共区域搭载智能感应照明系统，结合自然采光技术应用，实现按需照明与能耗优化，显著提升照明能效水平。

（7）电梯节能系统：配备智能调度电梯群组，采用能量回收装置与环境感应控制技术，形成多维度节能运行模式，有效降低垂直交通系统能耗。

7.1.3 模拟模型建立与验证

针对1~6号住宅楼的室外及室内环境进行模拟分析。首先，需在绿建斯维尔超低能耗计算软件PHES中建立相应住宅的模拟模型，依据建筑实际情况或《建筑节能与可再生能源利用通用规范》GB 55015—2021和《民用建筑热工设计规范》GB 50176—2016等相关标准设定围护结构构造、相关热性能参数、室内占用信息、设备类型、运行时间表、气象参数等。其中，该项目的具体围护结构构造可参考表7-1。

基本设置完成后，可对建筑模型进行能耗动态模拟与计算分析，计算建筑全年供冷、供暖需求，照明电耗，建筑总一次能源等，对结果进行分项输出。可将模拟结果与《近零能耗建筑技术标准》GB/T 51350—2019（以下简称GB/T 51350）的设计限值进行对比，明确项目的节能情况。基于模拟结果的评价与分析，可识别建筑能耗特征，验证建筑是否为超低能耗建筑，为项目低碳技术体系的效能验证提供科学依据，为设备、围护结构选型等提供数据支撑。

本项目通过绿建斯维尔超低能耗PHES进行能耗模拟，供冷年耗冷量为6.45kWh/m²，与GB/T 51350的供冷年耗冷量限值6.45kWh/m²相同；供暖年耗热量为19.10kWh/m²，低于GB/T 51350的供暖年耗热量限值20.00kWh/m²；建筑综合能耗（一次能源）值为61.41kWh/m²，低于GB/T 51350的建筑综合能耗（一次能源）的限值65kWh/m²。因此，本项目的住宅建筑符合超低能耗居住建筑指标规定，属于超低能耗居住建筑。

围护结构构造   表7-1

围护结构	构造
屋顶	20mm花岗石、玄武岩+20mm水泥砂浆+40mmC30细石混凝土+3mm防水卷材、涂膜+30mmC25细石混凝土+120mm挤塑聚苯板+20mmC20细石混凝土+120mm钢筋混凝土+20mm石灰砂浆
外墙	20mm水泥砂浆+6mm抗裂砂浆，耐碱网格布+100mm挤塑聚苯板+20水泥砂浆+240mm钢筋混凝土+20mm石灰砂浆
内墙	20mm水泥砂浆+200mm砂加气制品+20mm水泥砂浆
楼板	30mm挤塑聚苯板+20mm水泥砂浆+120mm钢筋混凝土+20mm石灰砂浆
外窗	断桥铝合金型材窗多腔密封35mm+6mm中透光三银Low-E+12mmAr+6mm透明玻璃

7.1.4 室外物理环境模拟分析

在满足建筑功能的需求基础上，开展适应气候设计，首先在整体布局上，考虑夏季东南风为主导风向，建筑布局应避免会造成风影区的行列式；高层建筑需满足日照需要，同时考虑高层防风设计，利用配套裙房形成防风界面，降低冬季风速，同时考虑室外光环境及声环境，形成因地制宜的室外微气候以保证建筑本体的节能降碳。

1）室外风环境

本项目采用CFD软件，对室外自然通风风场布局进行模拟，综合考虑流场、风速、风速放大系数、风压4个因素。并依据现行国家标准《绿色建筑评价标准》GB/T 50378（以下简称GB/T 50378）对模拟结果进行评价，相关规则如下：

在冬季典型风速和风向条件下，建筑物周围人行区风速小于5m/s，且室外风速放大系数小于2，同时，除迎风第一排建筑外，建筑迎风面与背风面表面风压差不大于5Pa。

过渡季、夏季典型风速和风向条件下，场地内人活动区不出现涡旋或无风区，且50%以上可开启外窗室内外表面的风压差大于0.5Pa。

图7-2（a）反映了冬季建筑室外风速情况，其中室外最大风速出现在场地东侧，约为2m/s，风速放大系数最大值为1.15，且该项目人行区域未出现涡旋；图7-2（b）、（c）反映了冬季建筑室外风压情况，可见冬季除建筑迎风面以外的建筑表面前后压差均小于5Pa，符合GB/T 50378的要求。

分析过渡季、夏季的室外风环境模拟结果，其室外最大风速约为2.8m/s，能够保证周围具有较好的空气新鲜度和良好的空气品质。由图7-2（e）、（f）可知，夏季建筑物表面前后压差约为5Pa，可开启外窗内外表面风压差均大于0.5Pa，有利于室内自然通风。

综上所述，本项目场地分布有利于冬季室外行走舒适及夏季、过渡季的自然通风。

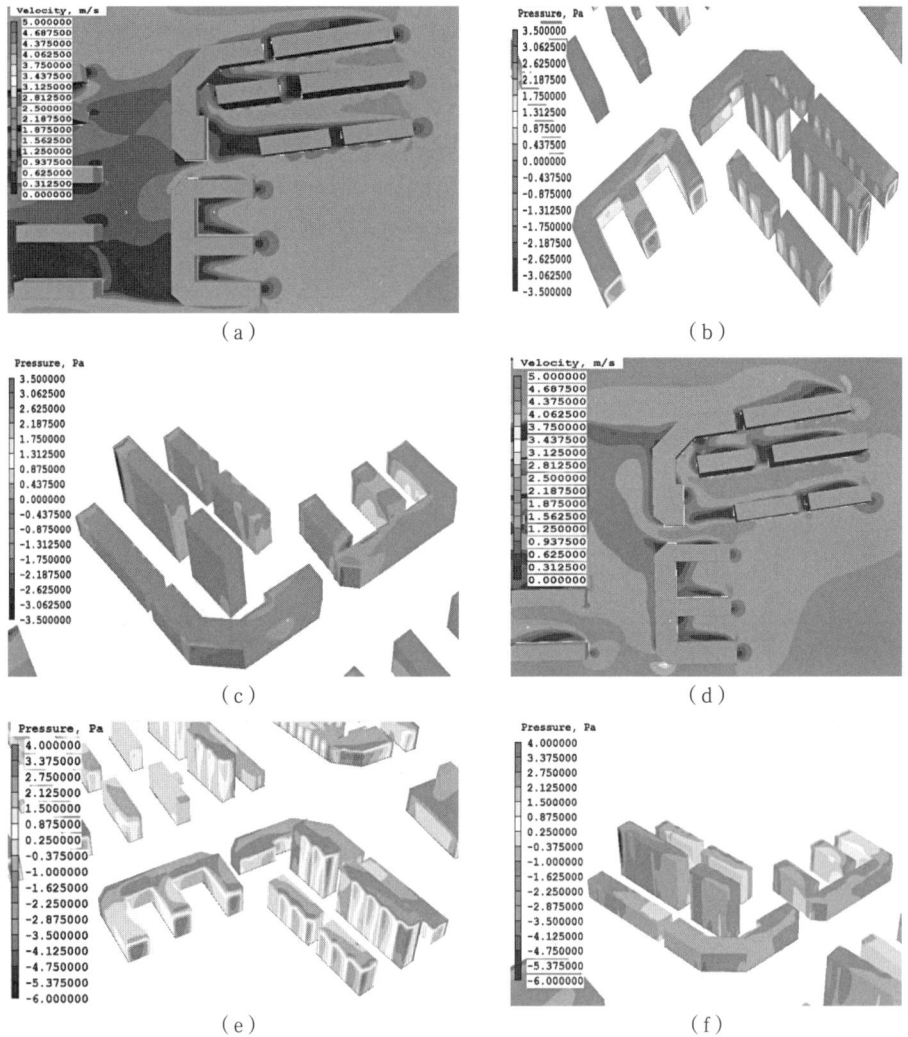

图7-2 室外风环境模拟图

（a）冬季室外人行区1.5m处风速分布图；（b）冬季建筑迎风面风压分布图；（c）冬季建筑背风面风压分布图；（d）夏季、过渡季室外人行区1.5m处风速分布图；（e）夏季、过渡季建筑迎风面风压分布图；（f）夏季、过渡季建筑背风面风压分布图

2）室外日照环境

日照分析是低碳住宅规划和设计中的关键环节，其作用不仅涉及法规合理性，同时直接影响居民的生活质量、健康保障和建筑节能效益。通过日照模拟验证楼间距、建筑高度及布局的合理性，提升居住舒适度与健康保障的同时更有利于建筑节能设计和环境效益。通过日照分析可以优化建筑朝向和窗墙比，在冬季最大化太阳辐射得热，降低供暖能耗。

采用绿建斯维尔日照分析软件SUN，对项目建筑群进行全年日照时数测算。结果表明，1~6号住宅楼在全年最不利日照日（大寒日）的满窗有效日照时数均超过《城市居住区规划设计标准》GB 50180—2018规定的2h最低限值（图7-3）。因此，该项目可在满足居住舒适度的同时，有效降低冬季室内供暖能耗，达到节能降碳的效果，充分发挥太阳辐射得热效应。

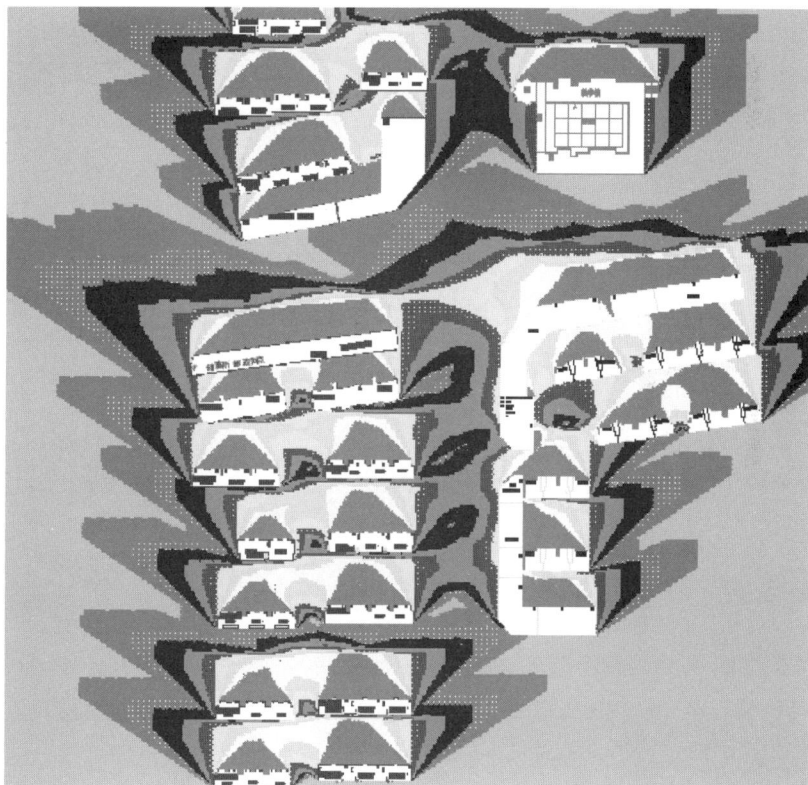

图7-3 建筑日照分析图

3）室外声环境

对于室外声环境进行模拟有助于优化建筑布局及形态设计，降低主动降噪能耗，如建筑群错位排列、设置声屏障绿化带，减少建筑对高能耗隔声墙的依赖。

声环境的模拟是通过绿建斯维尔软件SEDU建立室外声环境分析模型，

与其他模拟不同在于其需建立目标建筑、周边建筑、声屏障、道路和绿化带等对象（图7-4）。经过软件模拟计算，预测出昼间和夜间两种工况下的场地噪声分布情况，包括场地噪声平面分布彩图、案例建筑沿建筑底轮廓线1.5m高度处噪声分布、建筑立面噪声级分布等彩色分析图和数据分析图（图7-5）。最后，基于模拟

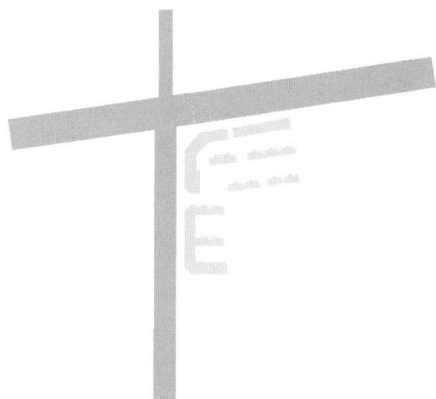

图7-4　室外噪声分析模型

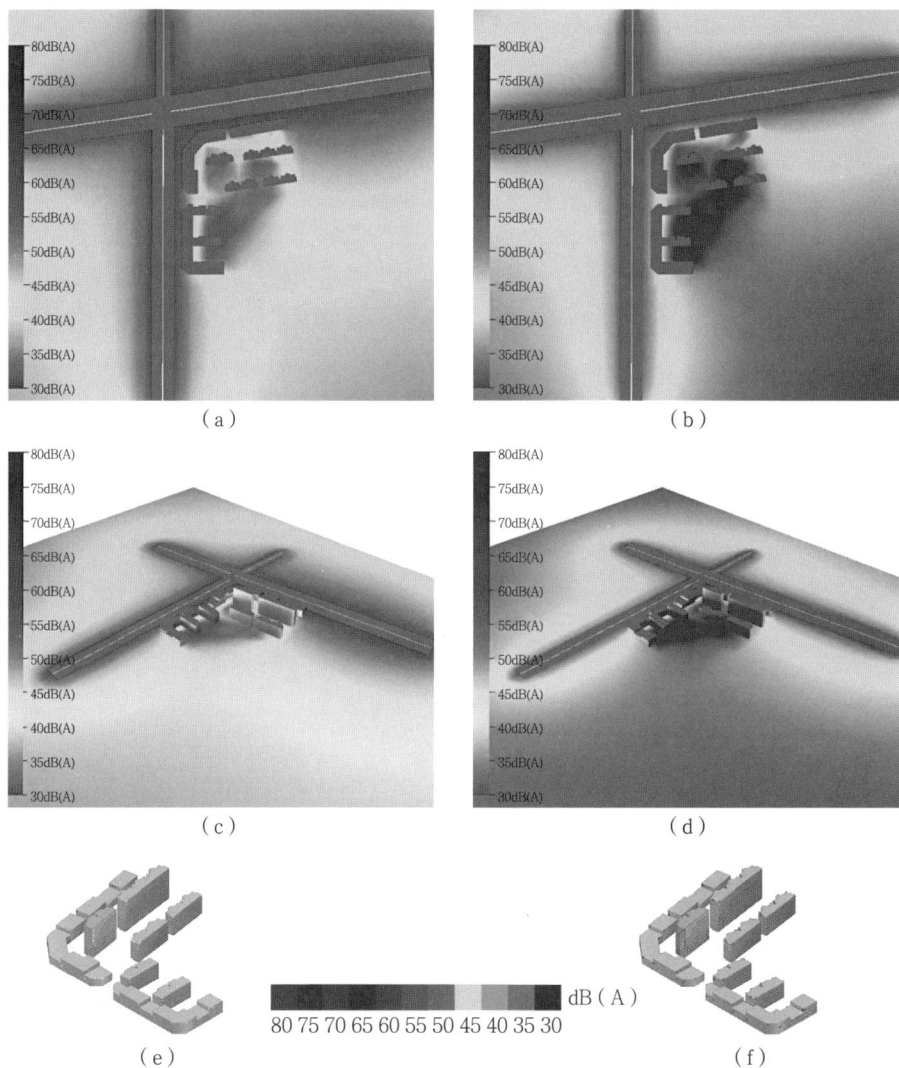

（a）

（b）

（c）

（d）

（e）

（f）

图7-5　建筑立面昼夜噪声级分布图

（a）场地1.5m高度处声压级分布图（昼间）；（b）场地1.5m高度处声压级分布图（夜间）；（c）场地噪声分布俯瞰图（昼间）；（d）场地噪声分布俯瞰图（夜间）；（e）案例建筑附近区域声压级鸟瞰分布图（昼间）；（f）案例建筑附近区域声压级鸟瞰分布图（夜间）

结果，依据《声环境质量标准》GB 3096—2008中所规定的环境噪声限制对该项目的声环境情况进行评价。

由模拟结果可知，该项目通过设置绿化带作为声屏障的措施，昼间室外噪声级为34~57dB，小于标准限值60dB，夜间噪声级为30~51dB，基本小于标准限值50dB，满足现行国家标准的有关规定，为室内声环境创造了良好的基础条件。

7.1.5 低碳住宅室内物理环境分析

1）室内气流组织模拟

调节空气流速是改善热舒适的有效方法。《民用建筑供暖通风与空气调节设计规范》GB 50736—2012第3.0.2条对舒适性空调房间的设计要求见表7-2。模拟采用计算流体动力学CFD软件对本项目进行室内气流组织模拟，获取风速及温度预测数据，以此判断室内环境舒适性，为空调通风设计提供参考，并判断现有设计基础上室内空调工况是否能够达到舒适要求。

舒适性空调室内设计参数　　　　　　　　　　　　　表7-2

类别	热舒适度等级	温度（℃）	相对湿度（%）	风速（m/s）
供热工况	I	22~24	≥30	≤0.2
	II	18~22	—	≤0.2
供冷工况	I	24~26	40~60	≤0.25
	II	26~28	≤70	≤0.3

项目首先依据暖通设计图纸以及相关资料建立住宅空调通风模拟模型，模型中风口尺寸按照暖通图纸量取设置。对模拟结果进行输出可见，如图7-6所示，本案例住宅各户型内流场分布均匀，人体附近风速为0.1~0.2m/s，风口正下方空间气流相对较强，考虑气流间的相互作用，可使得人体处的气流分布均匀，符合《民用建筑供暖通风与空气调节设计规范》GB 50736—2012第3.0.2条的要求。图7-6（c）、（f）、（i）表明了不同测试区域1m高度平面不同位置温度分布情况，可见室内人体附近的温度基本处于24~25.5℃之间，接近室内设计温度26℃，在舒适性空调温度范围内。

2）室内天然采光

天然光营造的光环境以其经济、自然、宜人、不可替代等特性为人们所习惯和喜爱。各种光源的视觉试验结果表明，在同样照度条件下，人眼在天然光下的辨认能力优于人工光。天然采光不仅有利于照明节能，而且有利于增加室内外的自然信息交流，改善空间卫生环境，调节空间使用者的心情。

在建筑中充分利用天然光，对于创造良好光环境、节约能源、保护环境和构建绿色建筑具有重要意义。本案例应用绿建斯维尔采光分析软件DALI对建筑进行建模，模拟流程见图7-7。

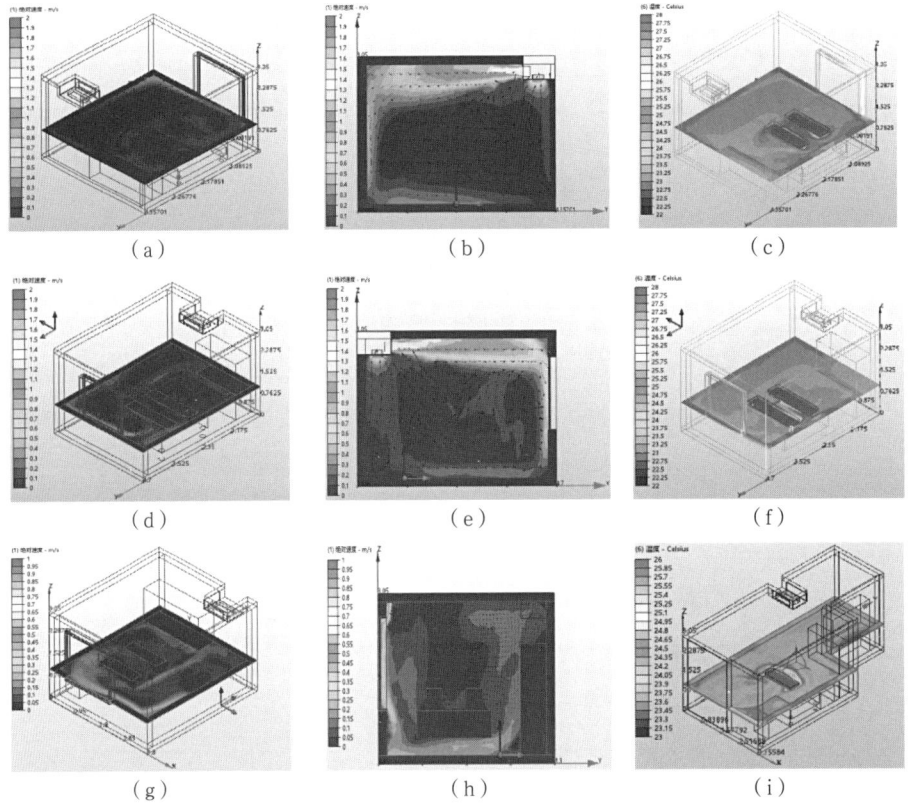

图7-6　空调通风模拟及温度水平分布结果图
（a）主卧室风速水平分布；（b）主卧室风速垂直分布；（c）主卧室温度水平分布；（d）次卧室风速水平分布；（e）次卧室风速垂直分布；（f）次卧室温度水平分布；（g）儿童房风速水平分布；（h）儿童房风速垂直分布；（i）儿童房温度水平分布

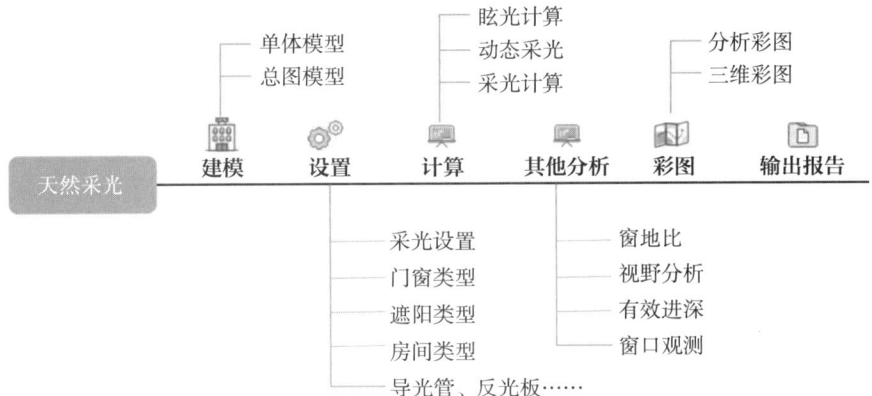

图7-7　天然采光模拟流程图

动态采光逐日和逐月统计图见图7-8和图7-9。

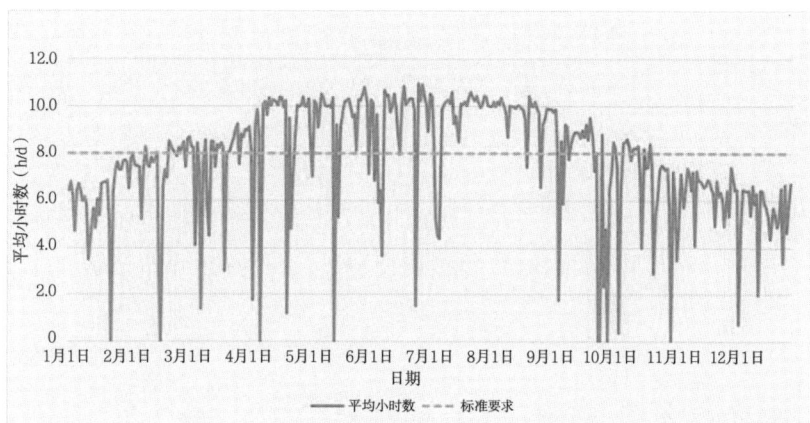

图7-8 动态采光逐日统计图

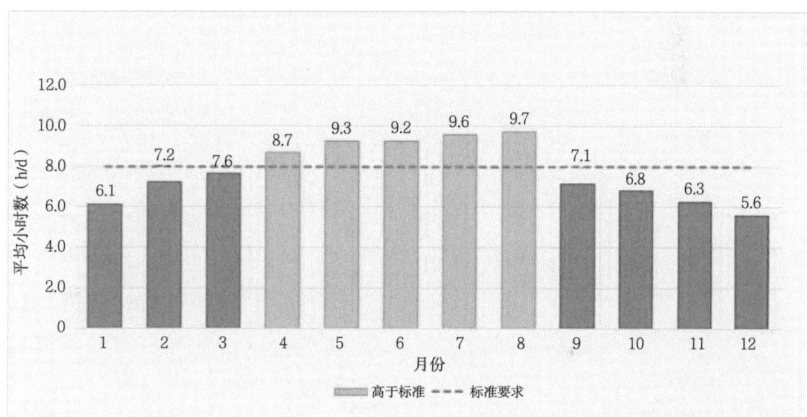

图7-9 动态采光逐月统计图

本项目室内采光总面积为4146.54m²，通过模拟可知，采光达标面积比例达75%，主要功能房间60%以上的区域采光照度值不低于300lx的平均小时数不少于8.0h/d，在很大程度上代替了人工照明，减少了电力消耗，同时减少了因人工照明散热导致的空调制冷能耗。

7.1.6 低碳住宅建筑降碳效果

本项目应用性能化的设计方法，采用全过程多专业协同设计组织形式，从建筑设计内在本质和基本规律出发，基于低碳建筑设计目标开展设计。综合考虑其地域、文化、气候、环境等资源禀赋条件，以及功能需求、技术措施等多种因素，优化建筑设计策略。

利用绿建斯维尔软件CEEB对项目全生命周期碳排放量进行模拟计算，

采取节能减排措施前后的碳排放结果见表7-3。由计算结果可以发现，当本项目未采取任何节能减排措施时，建筑材料生产阶段、运输阶段、施工阶段和建筑运行阶段的总CO_2排放量为48021.45tCO_2e，生命周期中减排前单位面积CO_2排放量为33.87$kgCO_2e$/（$m^2 \cdot a$）；采用了节能减排措施（如采用高效的设备、大量使用可循环利用建筑材料等）后，本项目CO_2总排放量降低为29812.02tCO_2e，采用减排措施后的单位面积CO_2排放量为21.03$kgCO_2e$/（$m^2 \cdot a$）；经过计算，采用节能减排措施与未采用节能减排措施相比，可减少单位面积CO_2排放量12.84kg/（$m^2 \cdot a$）（表7-3）。

采取节能减排措施前后的CO_2排放量（单位：tCO_2e） 表7-3

名称		数值
采用节能减排措施前	材料生产阶段 CO_2 排放量	10068.77
	材料运输阶段 CO_2 排放量	122.33
	材料施工阶段 CO_2 排放量	0
	建筑运行阶段 CO_2 排放量	37830.35
	CO_2 总量排放	48021.45
采用节能减排措施后	材料生产阶段 CO_2 排放量	9566.89
	材料运输阶段 CO_2 排放量	117.40
	材料施工阶段 CO_2 排放量	0
	建筑运行阶段 CO_2 排放量	25483.53
	可再生能源利用减少的 CO_2 排放量	661.10
	建筑材料回收利用减少的 CO_2 排放量	4694.70
	CO_2 总量排放	29812.02

7.1.7 总结

住宅建筑低碳设计性能模拟在现代建筑设计中发挥着重要的作用。这种方法通过结合建筑物理的相关模型与计算机软件平台，为建筑设计方案进行节能减排性能的模拟。

在本案例中，通过性能化的设计方法以及全过程协同的组织形式，因地制宜地对案例进行了模拟优化设计。通过模拟软件预测建筑能耗及物理环境表现，如室外风、光、声环境，以及室内气流组织和天然采光情况等。基于模拟结果，可以直观地了解设计方案在不同条件下的能效表现，从而识别出潜在的能耗问题并进行优化。这种方法不仅提高了设计效率，还确保了建筑在运营阶段能够实现低碳环保的目标。

7.2

低碳办公建筑的性能模拟应用

办公建筑由于其规模和使用频率，是城市能源消耗和碳排放的一大来源。在此背景下，性能模拟技术的应用尤为重要。

本节将详细探讨低碳办公建筑性能模拟的应用及其价值，阐述如何通过模拟工具精确评估建筑的能效和环境影响。通过对建筑全生命周期的模拟，在优化建筑设计的同时，实现建筑运营期间能源管理和维护的高效性，从而显著降低碳排放，推动绿色建筑的发展和实现环境目标的承诺。

案例选取多层办公建筑和高层办公建筑，利用绿建斯维尔软件对二者进行碳排放模拟，计算和分析这两种建筑类型在全生命周期中的碳排放表现，并对比这些数据，分析两个建筑碳排放的差异和改进措施，提出建筑设计优化的实用见解（图7-10、图7-11）。

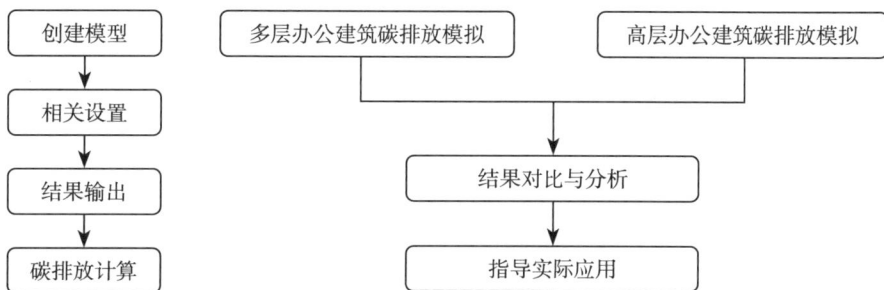

图7-10 绿建斯维尔
碳排放模拟流程图

图7-11 本节内容框架

7.2.1 多层办公建筑低碳性能模拟

1）案例背景

根据大量实例工程，多层办公建筑选取案例标准层如图7-12所示，为典型的板式办公建筑。地理位置设定于湖北省武汉市，建筑朝向为正南，共5层，层高4.2m，总建筑高度为21.45m。标准层面积为1329m²，总建筑面积为6645m²。一层为入口门厅及公共区域，二至五层为办公区。

2）绿建斯维尔建模及模拟过程

（1）创建模型

将多层办公建筑平面图CAD导入绿建斯维尔软件，在设置墙高、窗高之后，进行【模型检查】【重叠检查】【墙柱检查】【建楼层框】【搜索房间】后，建立多层办公建筑碳排放模型（图7-13）。

（2）相关设置

模型建立后，依据多层办公建筑自身的工程背景、材料构造、设备等进行一系列设置，具体流程与内容见图7-14。

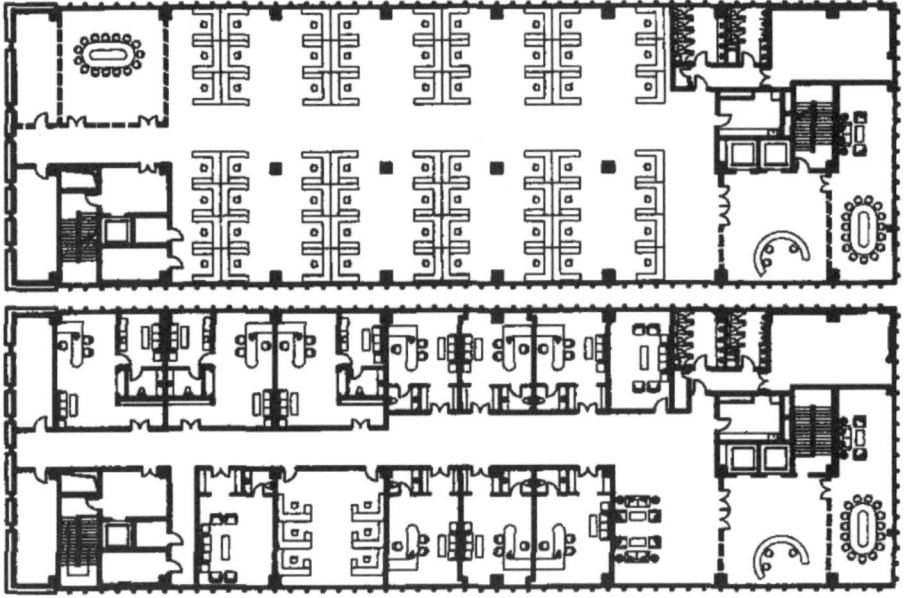

图7-12 多层办公建筑标准层

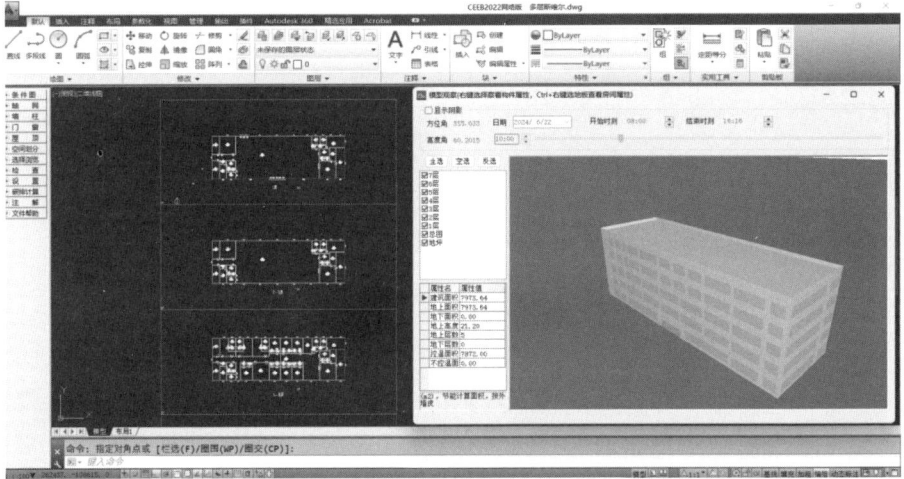

图7-13 多层办公建筑碳排放模拟建模页面

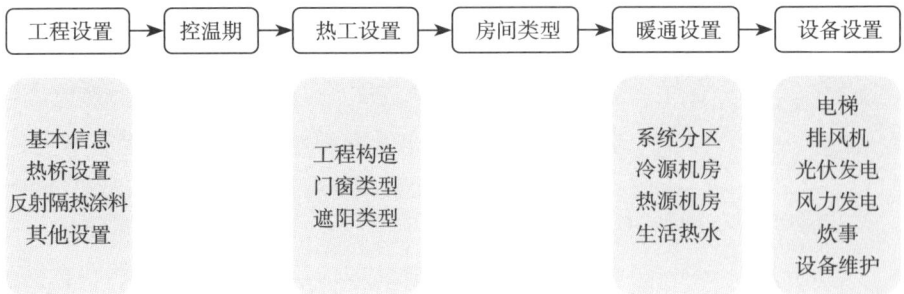

图7-14 设置流程

实际设置操作以工程设置（图7-15）为例，基本信息设置中地理位置为湖北省武汉市，建筑类型为公共建筑，计算目标选择建筑全生命周期碳排放计算。热桥节点选择的热桥位置为外墙—屋顶，且反射隔热涂料布置于屋顶。同时在其他设置中将计算模式设定为专业计算并启动环境遮阳。

在房间类型设置（图7-16）中，赋予每一个功能房间类型，主要的房间类型为普通办公室与高级办公室，另有会议室、卫生间、楼梯间及其他功能房间。

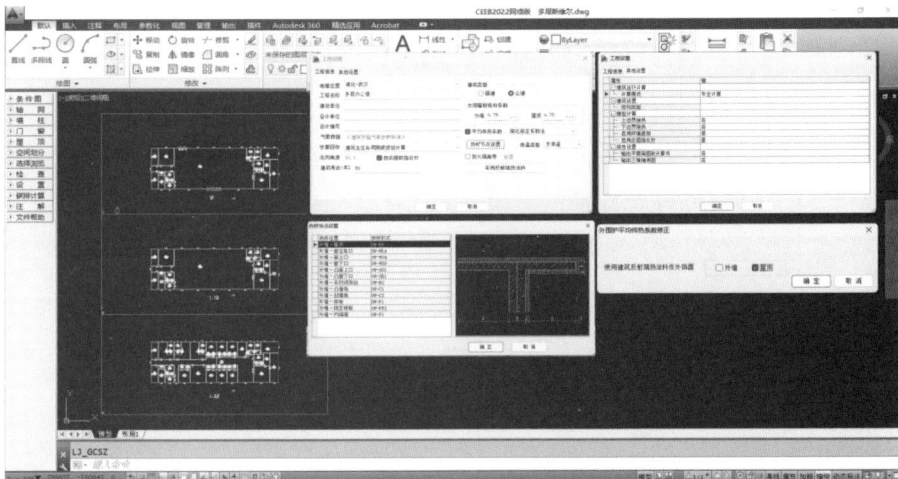

图7-15　工程设置

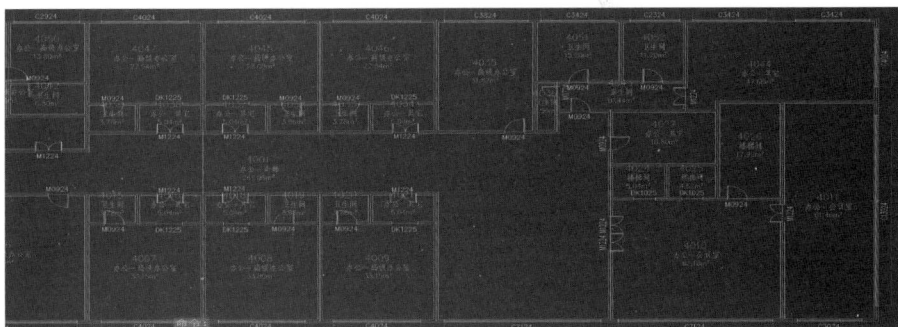

图7-16　房间类型设置局部

（3）碳排放计算

在建筑模型中按楼层提取详细的建筑数据，包括建筑面积、地上体积、地上高度、地上层数、外表面积和体形系数。【建筑耗材】用于计算建材在生产和运输过程中的碳排放量，建筑材料选取软件中工程指标参考：办公建筑。【建造拆除】计算具体的建造和拆除施工造成的碳排放，该建筑应用比例估算法，使用默认数据。【碳汇】用于计算绿地碳汇量，该建筑通过办公建筑绿地率与容积率等指标，进行大致估算。最后进行【碳排计算】，得出多层办公建筑碳排放结果。

3）模拟结果分析

计算结果见图7-17，该建筑全生命周期碳排放中，建筑运行占比最大，为69.21%，其次是建材生产运输，占比为26.59%，建造拆除部分最低，占比为4.20%。从建筑运行碳排放结果来看（表7-4），插座设备是最大的碳排放源，占总排放的40.0%；其次是照明，占31.0%。这两项加起来已占到碳排放的近70%，显示出办公建筑能源利用中设备的优化空间很大。例如，通过升级至更高效的空调系统，使用节能设备，或是整合智能建筑管理系统来优化能耗，都能显著减少碳排放。建材生产运输过程中，各类建材在生产和运输阶段的碳排放量如表7-5所示。混凝土和钢材这类在建筑全生命周期中长期释放碳的材料，其生产过程中的高能耗和高碳排放是碳足迹的重要组成部分。因此选择低碳和可回收材料是降低建筑初始碳排放的有效方法。

类别	年碳排放量（tCO_2）	碳排放量（tCO_2）
建材生产	91.734	4586.722
建材运输	4.629	231.440
建筑建造	5.072	253.588
建筑拆除	10.144	507.175
建筑运行	250.856	12542.808
碳汇	-11.700	-585.000
合计	350.735	17536.733

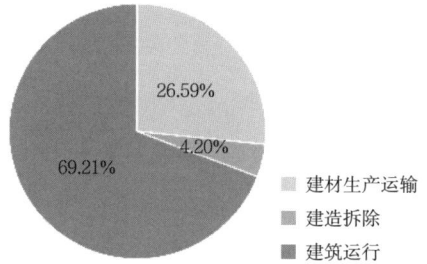

图7-17　多层办公建筑绿建斯维尔碳排放计算结果

建筑运行碳排放 　　　　　　　　　　　　　　　　　　　　　　　　　　表7-4

电力消耗类别	耗电（kWh/m^2）	CO_2排放因子（$kgCO_2e/kWh$）	年碳排放量（tCO_2e/a）	碳排放量（tCO_2e）
供冷	559	0.581	43.155	2157.731
供暖	93	0.581	7.197	359.840
空调风机	115	0.581	8.851	442.568
照明	1010	0.581	78.008	3900.396
插座设备	1291	0.581	99.705	4985.244
其他	181	0.581	13.938	696.879

化石燃料类别	消耗量	CO_2排放因子（tCO_2e/TJ）	年碳排放量（tCO_2e/a）	碳排放量（tCO_2e）
－（热源锅炉）	$0kWh/m^2$	—	0	0
－（市政热力）	$0kWh/m^2$	—	0	0
－（生活热水）	$0kWh/m^2$	—	0（扣减了太阳能）	0（扣减了太阳能）
燃气（炊事）	$0m^3/m^2$	55.540	0	0
其他类别	消耗量	—	年碳排放量（tCO_2e/a）	碳排放量（tCO_2e）
制冷剂	0kg	—	0	0
设备安装维护	—	—	0.003	0.151
可再生能源	供电（kWh/m^2）	CO_2排放因子（$kgCO_2e/kWh$）	年碳减排量（tCO_2e/a）	碳减排量（tCO_2e）
光伏	0	0.581	0	0
风力	0	0.581	0	0
建筑运行碳排放合计			250.857	12542.809

建材在生产和运输阶段的碳排放量　　　　　表7-5

材料	单位	用量	回收比例	质量（t）	寿命（年）	生产碳排放量（tCO_2e）	运输碳排放量（tCO_2e）	碳排放量（tCO_2e）
混凝土	m^3	3860.57	0	9110.95	全生命周期	1312.594	41.910	1354.504
钢筋	t	458.48	0	458.48	全生命周期	1072.843	26.363	1099.206
型钢	t	73.09	0	73.09	全生命周期	172.858	4.203	177.061
水泥	t	219.28	0	219.28	全生命周期	161.171	12.609	173.780
预拌砂浆	t	1049.86	0	1049.86	全生命周期	388.448	4.829	393.277
砂	m^3	511.64	0	818.63	全生命周期	1.535	47.071	48.606
挤塑聚苯板	m^3	26.24	0	0.75	全生命周期	14.012	0.043	14.055
聚氨酯泡沫塑料	m^3	57.91	0	3.62	全生命周期	30.924	0.208	31.132
砌块	m^3	571.44	0	571.44	全生命周期	199.433	32.858	232.291
砖	m^3	498.35	0	722.61	全生命周期	167.446	41.550	208.996
6+12A+6高透低辐射玻璃	m^2	1589.93	0	31.80	全生命周期	205.896	1.829	207.725
商场玻璃外门	m^2	28.80	0	0.86	全生命周期	1.391	0.049	1.440
内门	m^2	339.60	0	10.19	全生命周期	16.403	0.586	16.989
陶瓷	m^2	6797.53	0	203.93	全生命周期	132.552	11.726	144.278
涂料	t	86.38	0	86.38	全生命周期	565.789	4.967	570.756
电缆	kg	1142.89	0	1.14	全生命周期	107.546	0.066	107.612
管材	kg	9967.05	0	9.97	全生命周期	35.881	0.573	36.454
碳排放合计						4586.722	231.440	4818.162

7.2.2 高层办公建筑低碳性能模拟

1）案例背景

高层办公建筑选取案例标准层平面见图7-18，该建筑为典型的点式高层办公建筑。地理位置设定于湖北省武汉市，建筑朝向为正南，共16层，首层层高4.2m，标准层层高3.6m，总建筑高度58.65m。标准层面积为1571m²，总建筑面积为25141m²。一层为入口门厅及公共区域，二至十六层为办公层。办公空间采用不同的大小与形式，适应不同的工作规模。

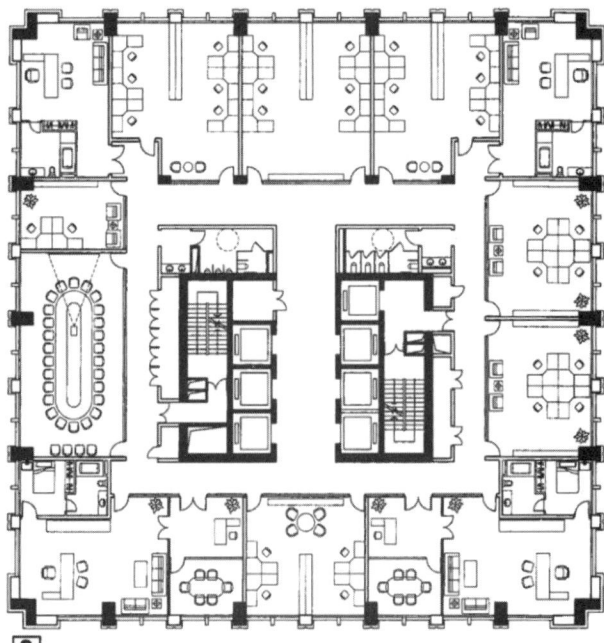

图7-18　高层办公建筑标准层

2）斯维尔建模及模拟过程

（1）创建模型

将高层办公建筑CAD平面图导入绿建斯维尔软件，在设置墙高、窗高之后，进行【模型检查】、【重叠检查】、【墙柱检查】、【建楼层框】、【搜索房间】后，建立高层办公建筑碳排放模型（图7-19）。

（2）相关设置

模型建立后，依据高层办公建筑自身的工程背景、材料构造、设备等进行一系列设置。以设置房间类型（图7-20）为例，赋予每一个功能房间类型，主要的房间类型为普通办公室与高级办公室，另有会议室、卫生间、楼梯间及其他功能房间。

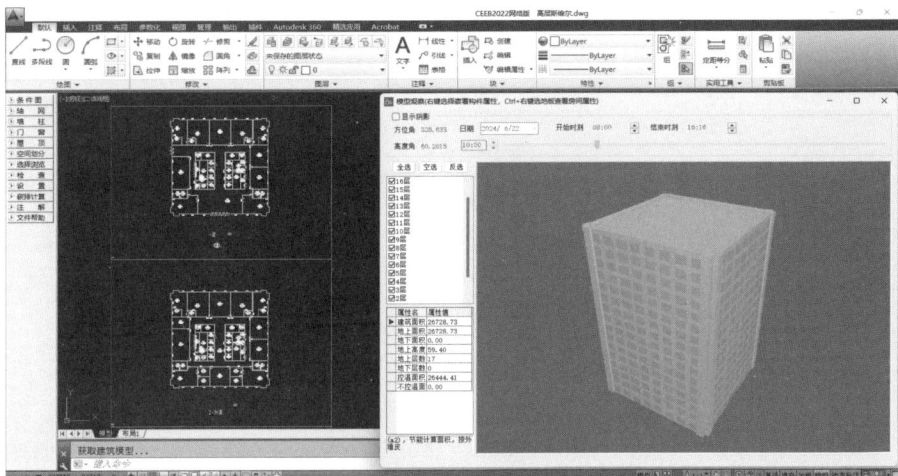

图7-19 高层办公建筑碳排放模拟建模页面

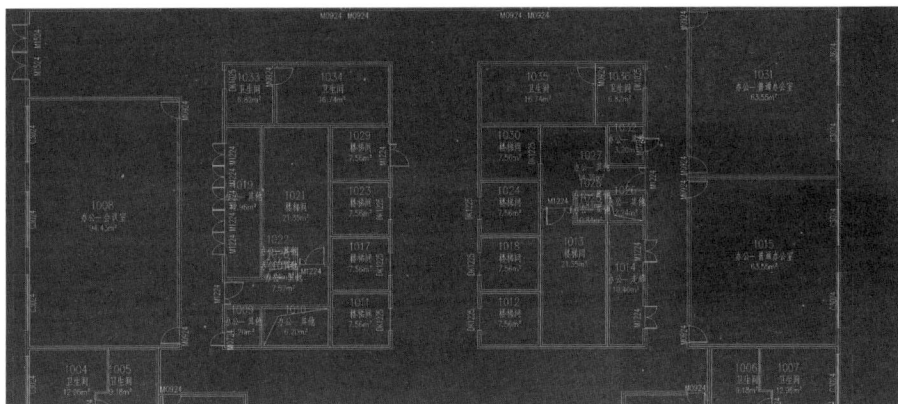

图7-20 房间类型设置（局部）

（3）碳排放计算

在建筑模型中按楼层提取详细的建筑数据，包括建筑面积、地上体积、地上高度、地上层数、外表面积和体形系数。【建筑耗材】用于计算建材在生产和运输过程中的碳排放量，建筑材料选取软件中工程指标参考：办公建筑。【建造拆除】计算具体的建造和拆除施工造成的碳排放，该建筑应用比例估算法，使用默认数据。【碳汇】用于计算绿地碳汇量，该建筑通过办公建筑绿地率与容积率等指标，进行大致估算。最后进行【碳排计算】，得出高层办公建筑碳排放结果。

3）模拟结果分析

高层办公建筑碳排放计算结果如图7-21所示。建筑运行阶段碳排放占总碳排放的69.78%，成为最大的碳排放源，其次是建材生产运输阶段的碳排放，占总碳排放的26.10%，建造拆除阶段碳排放占总碳排放的4.12%。建筑运行阶段是该高层办公建筑减排的重点领域。

类别	年碳排放量（tCO_2）	碳排放量（tCO_2）
建材生产	340.097	17004.869
建材运输	17.468	873.419
建筑建造	18.819	940.963
建筑拆除	37.639	1881.925
建筑运行	956.212	47810.610
碳汇	−43.100	−2155.000
合计	1327.135	66356.786

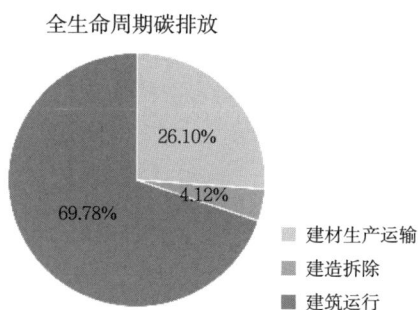

全生命周期碳排放

26.10%
4.12%
69.78%

■ 建材生产运输
■ 建造拆除
■ 建筑运行

图7-21　高层办公建筑碳排放计算结果

建筑运行碳排放和建材生产运输碳排放见表7-6和表7-7。

建筑运行碳排放　　　　　　　　　　　　　　　　表7-6

电力消耗类别	耗电（kWh/m^2）	CO_2排放因子（$kgCO_2e/kWh$）	年碳排放量（tCO_2e/a）	碳排放量（tCO_2e）
供冷	530	0.581	154.738	7736.883
供暖	118	0.581	34.333	1716.639
空调风机	89	0.581	25.999	1299.968
照明	935	0.581	273.151	13657.538
插座设备	1495	0.581	436.598	21829.921
其他	107	0.581	31.390	1569.506
化石燃料类别	消耗量	CO_2排放因子（tCO_2e/TJ）	年碳排放量（tCO_2e/a）	碳排放量（tCO_2e）
—（热源锅炉）	0	—	0	0
—（市政热力）	0	—	0	0
—（生活热水）	0	—	0	0
燃气（炊事）	$0m^3/m^2$	55.540	0	0
其他类别	消耗量		年碳排放量（tCO_2e/a）	碳排放量（tCO_2e）
制冷剂	0kg	0	0	0
设备安装维护	0.003	0.151	0.003	0.151
可再生能源	供电（kWh/m^2）	CO_2排放因子（$kgCO_2e/kWh$）	年碳排放量（tCO_2e/a）	碳排放量（tCO_2e）
光伏	0	0.581	0	0
风力	0	0.581	0	0
建筑运行碳排放合计			956.212	47810.606

材料	单位	用量	回收比例	质量（t）	寿命（年）	生产碳排放量（tCO$_2$e）	运输碳排放量（tCO$_2$e）	碳排放量（tCO$_2$e）
混凝土	m^3	14606.7	0	34471.80	全生命周期	4966.278	158.570	5124.848
钢筋	t	1734.70	0	1734.70	全生命周期	4059.198	99.745	4158.943
型钢	t	276.55	0	276.55	全生命周期	654.041	15.902	669.943
水泥	t	829.64	0	829.64	全生命周期	609.785	47.704	657.489
预拌砂浆	t	3972.22	0	3972.22	全生命周期	1469.721	18.272	1487.993
砂	m^3	1935.83	0	3097.33	全生命周期	5.807	178.096	183.903
挤塑聚苯乙烯泡沫塑料	m^3	148.42	0	5.19	全生命周期	79.256	0.298	79.554
砌块	m^3	2162.10	0	2162.10	全生命周期	754.573	124.321	878.894
砖	m^3	1885.55	0	2734.04	全生命周期	633.545	157.207	790.752
6+12A+6高透低辐射玻璃	m^2	3816.01	0	76.32	全生命周期	494.173	4.388	498.561
商场玻璃外门	m^2	25.20	0	0.76	全生命周期	1.217	0.044	1.261
内门	m^2	1912.08	0	57.36	全生命周期	92.353	3.298	95.651
陶瓷	m^2	25718.9	0	771.57	全生命周期	501.519	44.365	545.884
涂料	t	326.83	0	326.83	全生命周期	2140.737	18.793	2159.530
电缆	kg	4324.19	0	4.32	全生命周期	406.906	0.248	407.154
管材	kg	37711.0	0	37.71	全生命周期	135.760	2.168	137.928
碳排放合计						17004.869	873.419	17878.288

电力消耗是建筑运行阶段主要的能源使用项，其碳排放强度相对较高，总碳排放量达到了约47810tCO$_2$e。其中，照明和插座设备部分碳排放量十分显著，总碳排放量约35487tCO$_2$。建材生产运输阶段仍以混凝土、钢筋碳排放为主。

7.2.3 模拟结果对比

在办公建筑项目的碳排放模拟中，详细的数据分析利于实现建筑的能源效率和环境可持续性目标。对比多层和高层办公建筑在碳排放方面的模拟结果可以揭示不同类型办公建筑在能源使用和碳排放优化策略上的差异与联系。

多层建筑是指建筑高度大于10m、小于或等于24m，且建筑层数大于3层、小于7层的建筑。高层建筑是指高度大于27m的住宅建筑和建筑高度大于24m的其他非单层民用建筑。二者结构差异对能源消耗模式和碳排放量有潜在影响。模拟结果显示，多层与高层办公建筑全生命周期内各阶段碳排放比例较为接近。建筑建造、拆除部分均采取绿建斯维尔软件中的比例估算法，计算结果均在4%左右；建材生产运输阶段碳排放在全生命周期中比例约为

26%；建筑运行阶段中该比例约为69%；另外在碳汇部分仅考虑建筑自身的绿化（按照绿地率要求设置），均不考虑绿色技术及高效设备的使用。

建材生产运输阶段的碳排放具有短时间内排放量大、排放强度高的特点。本次模拟的两个建筑采用相同的建筑材料，因此差别不大。但不同材料的建筑对该阶段碳排放影响较大，相比于传统的钢筋混凝土结构建筑，新型装配式的钢结构、木结构建筑物化阶段碳排放较低，是建筑减碳的理想方向之一。

建筑运行阶段在全生命周期中占比最大，其中电力消耗为最主要的碳排放途径。从图7-22可以看出，二者电力消耗各类型占比情况大体上一致，其中插座设备在电力消耗中占比最重，多层办公建筑插座设备在电力消耗中占39.7%，高层占45.6%。多层办公建筑体量相对较小，供暖、通风和空调系统的能耗占比稍大。相较之下，高层办公建筑由于有更多的楼层，电梯等垂直运输设施的能耗和碳排放不可忽视。在碳排放强度上，高层办公建筑可能由于其密集的使用和更复杂的设施需求，单位面积的碳排放量往往高于多层办公建筑。

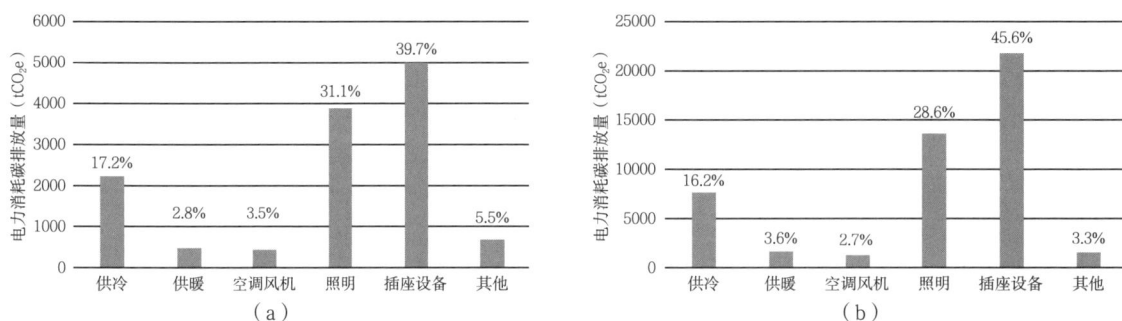

图7-22 多层、高层办公建筑电力消耗类别对比
（a）多层办公建筑；（b）高层办公建筑

7.2.4 实际应用指导

在针对办公建筑碳排放优化的策略中，不论是多层还是高层办公建筑，一些核心原则和技术可以通用，以确保能源效率最大化并减少整体环境影响。通过相关技术手段的碳排放模拟提供了建筑在长期运营中主要能耗和碳排放的数据支持。以下是根据前文案例模拟，探讨出的适用于不同类型和规模的办公建筑的优化策略：

1）高效能源系统的安装和升级

选择和安装高效的能源系统是减少能耗和碳排放的首要步骤。包括高效的暖通空调系统、节能的照明解决方案（如LED灯具）以及其他能源优化设备（如高效率锅炉和热泵）。现代化的设备通常配备有更好的能源管理功能，根据实际需求调节能源使用，避免浪费。

2）可再生能源的集成

在设计和运营中集成可再生能源技术，如太阳能和风能，可以直接减少对化石燃料的依赖。对于有限的屋顶空间的高层建筑，可以考虑使用建筑集成光伏（BIPV），而多层建筑则可能有更多灵活性来安装传统的太阳能板。

3）整体碳足迹审查

进行全生命周期的碳足迹评估，包括建筑材料的生产、运输、使用以及废弃的环节，全面理解和管理建筑的环境影响。审查中确定更多减排机会，如选择低碳材料或改善施工过程中的资源效率。

7.3

低碳中学建筑的性能模拟应用

7.3.1 项目背景

屈原一中综合楼选址于湖南省岳阳市屈原行政区屈原一中校园内，基地内部原为居住用地，原有单层住宅已拆除作为本综合楼使用；整体地势较为平坦，现仅北侧有一条现状道路，项目右侧为市政道路，总平面图如图7-23所示。北与校园内原有体育馆平齐，预留将来发展建设的用地；东至规划道路，距离道路5.4m；西至原有体育馆，距离体育馆7.5m。基地东西宽75m左右，南北长90m左右。项目规划总用地面积为6545m²，综合楼地上建筑面

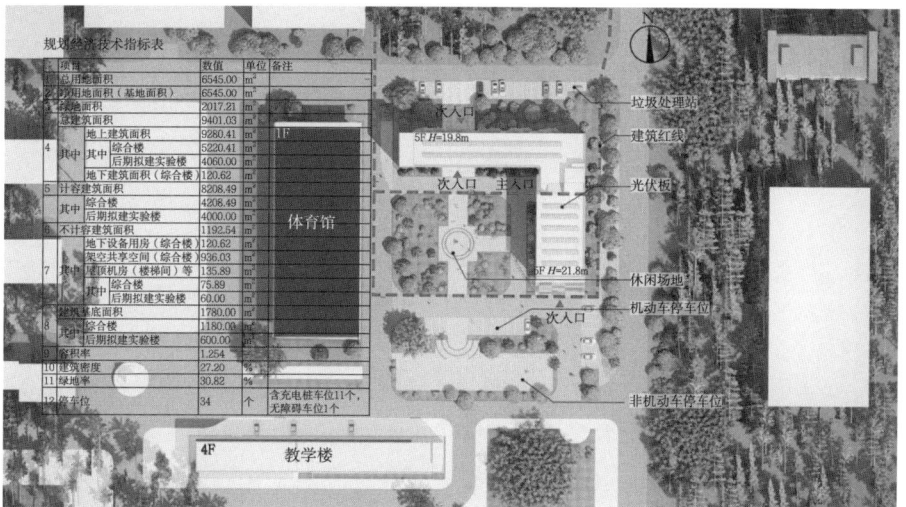

图7-23 总平面图

积为5220.41m²，包括架空层运动、展览、休息空间，教室16间（包括普通教室、音乐教室、美术教室等），教师及行政办公室，舞蹈健身房，美术展厅，乐队排练厅，器乐工作室，会议室，演播厅等空间。容积率为1.254，绿地率为30.82%，项目按国家绿色建筑二星标准设计。

7.3.2　设计策略

1）模块化的建造方式

将建造过程中的大量现场作业转移到工厂进行，在工厂加工好各类建筑构件，然后运输到现场进行连接，形成建筑，减少对现场环境的破坏。如使用太阳能光伏板、成品花坛、U形玻璃等。

2）良好的自然通风和天然采光

在综合楼的设计过程中，采用被动式控制采光、遮阳，有意识地将教学、公共活动空间设置成为有利于采光、通风的空间，降低建筑能耗，提升舒适度，从而实现绿色建筑的目标。

3）充分利用可再生能源

为了减少温室气体的排放和污染，努力推动实现"双碳"目标，在设计过程中充分利用太阳能。

4）通过性能模拟辅助设计

为了达到良好的自然通风和天然采光，在方案设计过程中需要将定性分析与定量分析相结合，通过通风采光等模拟软件进行定量分析的计算。

7.3.3　方案介绍

效果图及现场照片如图7-24所示，该综合教学楼从平面上来看为L形，一层为架空层（图7-25）。北侧设置滑动门，冬季阻挡冷风，夏季开敞通风。教学楼的二层北侧有4个教室和1个教师办公室，为教师提供方便的教学空间，南侧集中设置10间行政办公室和1间资料室，有助于各行政部门协调工作以及查阅资料，教师办公室部分退让放置空调外机。教学楼的三层北侧包含各专业教室，如合唱室、钢琴房、音乐理论教室和声乐工作室。南侧包括美术展厅和排练厅。教学楼四、五层布局与三层类似，四层北侧为美术教室，南北向开窗提供优良的天然采光和通风，为学生提供舒适的专业素描和色彩教学场地，五层北侧为专业教室，南侧为演播厅（图7-26）。

图7-24　效果图及现场照片

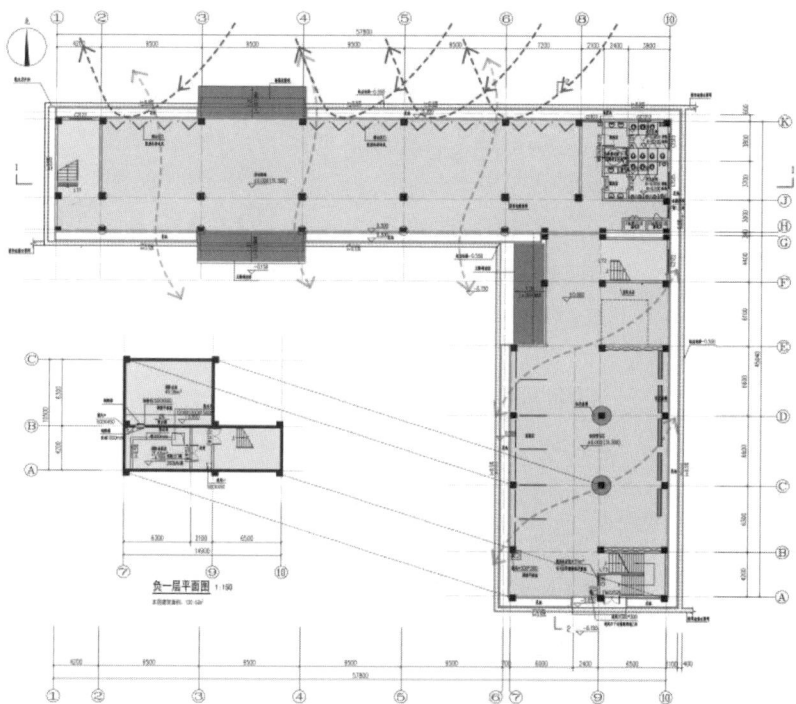

图7-25　负一层及一层平面图

(a)

(b)

(c)

(d)

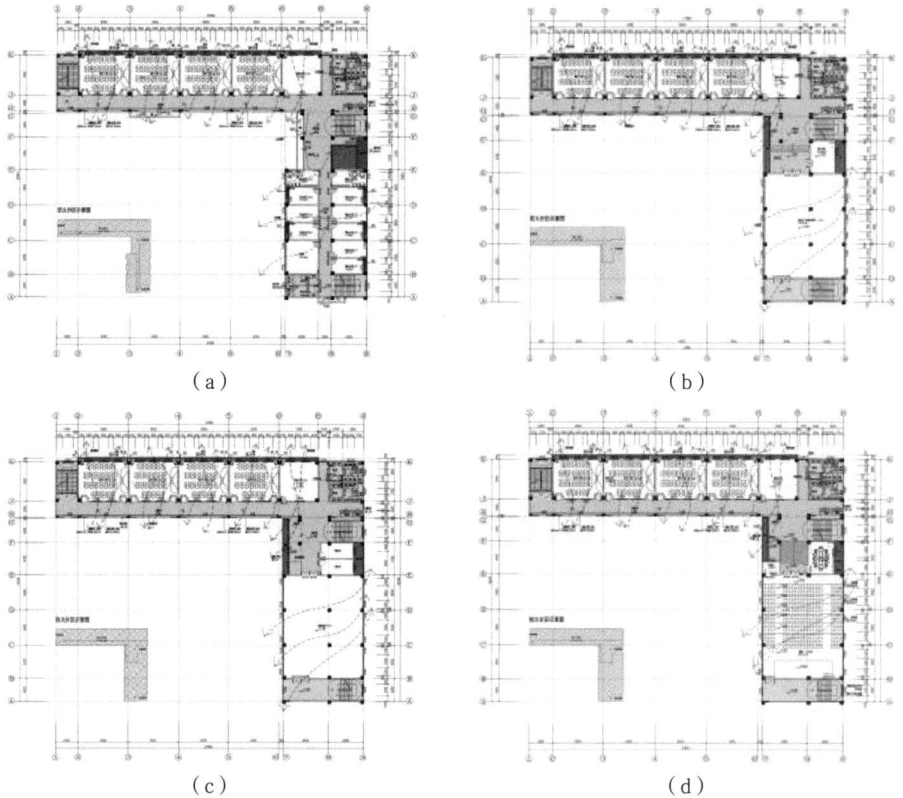

图7-26 各层平面图
（a）二层平面图；（b）三层平面图；（c）四层平面图；（d）五层平面图

1）采光通风设计

教学楼北立面开大面积窗，获得良好采光，同时，南立面设置高窗，促进南北向穿堂风。

（1）U形玻璃：L形建筑南半部分的东西向窗户使用U形玻璃（图7-27）。U形玻璃与传统玻璃相比，具有较高的透光性和保温性能，其磨砂的表面对可见光产生漫反射，使得进入室内的光线更加均匀，提升室内光环境质量。

（a）

（b）

图7-27 U形玻璃结合普通Low-E玻璃
（a）U形玻璃结合普通Low—E玻璃（远景）（b）U形玻璃结合普通Low—E玻璃（近景）

（2）棱镜膜百叶：教室设置在北侧，南侧为开敞式外廊，南北向均设有窗户，同时在敞开外廊梁下使用棱镜膜百叶［图7-28（a）］。

（3）走廊扶手：在教室部分，将教室设置在北侧，南侧为开敞式外廊，南北向均设有窗户，加强室内通风，同时南向外廊的扶手为栏杆加栏板形式。教室门的对应位置为栏杆，其余地方的扶手为栏板形式，可以起到导风入室的效果［图7-28（b）］。

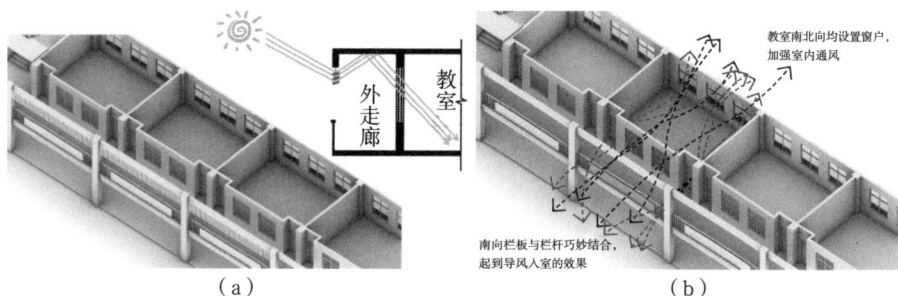

（a）　　　　　　　　　　　　　　　　　（b）

图7-28　棱镜膜百叶与走廊扶手示意图
（a）敞开外廊棱镜膜百叶；（b）走廊扶手设置形式

2）可再生能源的利用

该建筑在屋顶和部分南立面设置了太阳能光伏板，其中屋顶太阳能光伏板为不透明光伏板，南立面为蒙德里安构图的透明光伏板，马卡龙的红绿蓝三种颜色的构图，利用补色原理巧妙地避免了长时间观看带来的色差。基于此特性，屋顶使用单晶硅光伏板，立面使用铜铟镓硒光伏板。侧面的太阳能光伏板倾斜一定角度，一方面提高太阳能利用率，另一方面形成拔风效应，夏季形成良好的室内通风的同时带走了光伏板背部的热量，提高了效率（图7-29）。

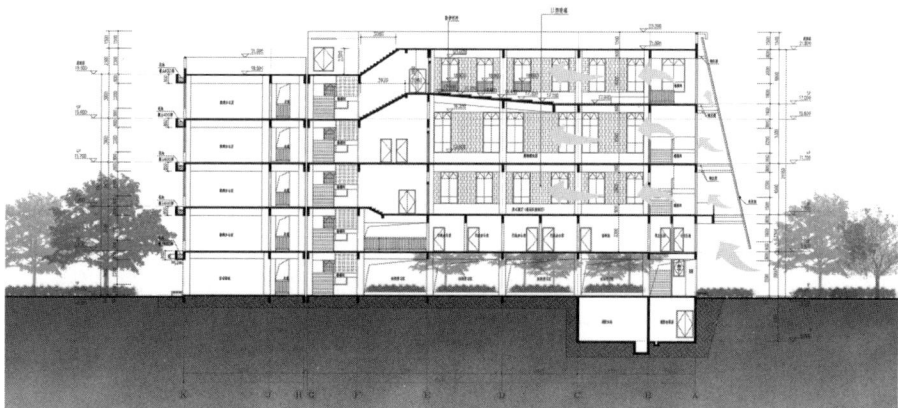

图7-29　拔风效应示意图

3）水资源利用

教室部分的空调外机结合了室外花坛来布置，使空调产生的冷凝水可以直接用来灌溉花坛，避免冷凝水污染墙壁。为了使冷凝水顺利排出，空调外机的高度应该高于室外花坛土壤300mm。

7.3.4 方案效果

1）自然通风模拟

（1）室外风环境模拟

使用绿建斯维尔VENT软件进行模拟，根据总平面布置和周边建筑的布置情况，建立几何模型。对本项目不同季节风环境进行模拟计算，夏季模拟结果如图7-30所示，冬季模拟结果如图7-31所示。

从以上分析可以看出，本项目在夏季南风3.2m/s的作用下，室外平均风速为3.06m/s，风速大小适宜。根据《绿色建筑评价标准》GB/T 50378—2019（2024年版）第8.2.8条对夏季工况的要求，夏季典型风速和风向条件下，场地内人活动区不出现涡旋或无风区；50%以上可开启外窗室内外表面的风压差大于0.5Pa（条文说明：夏季和过渡季的无风区和涡旋区影响室外散热和污染物消散；风压差大于0.5Pa有利于建筑自然通风）。通过风速矢量图可以看出，夏季场地内出现了少部分无风区和涡旋区，可以通过布置绿化引导风向，从而改变气流方向。此外，根据建筑压强云图可以看出，建筑迎风面大

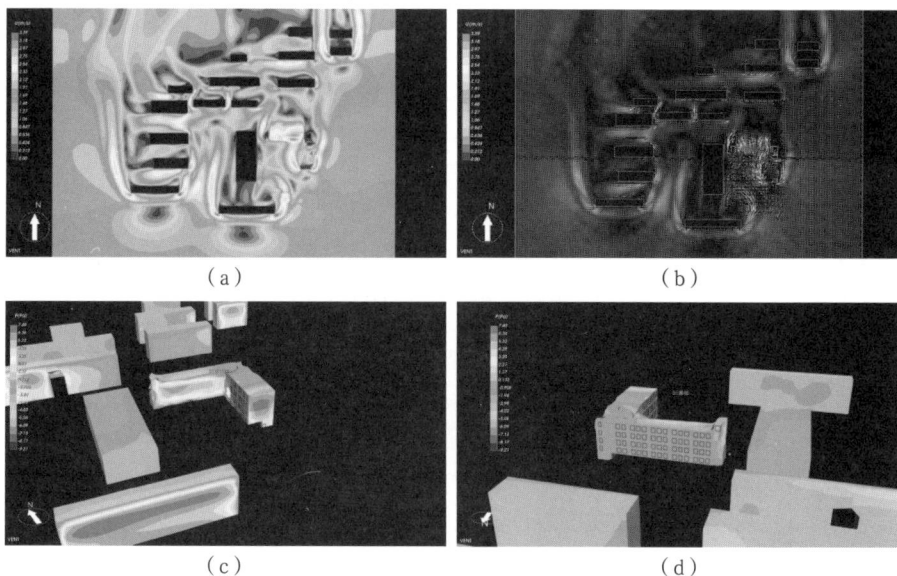

|（a）| |（b）|

|（c）| |（d）|

图7-30 夏季模拟结果
（a）距地面1.5m处风速云图；（b）距地面1.5m处风速矢量图；
（c）建筑迎风面压强云图；（d）建筑背风面压强云图

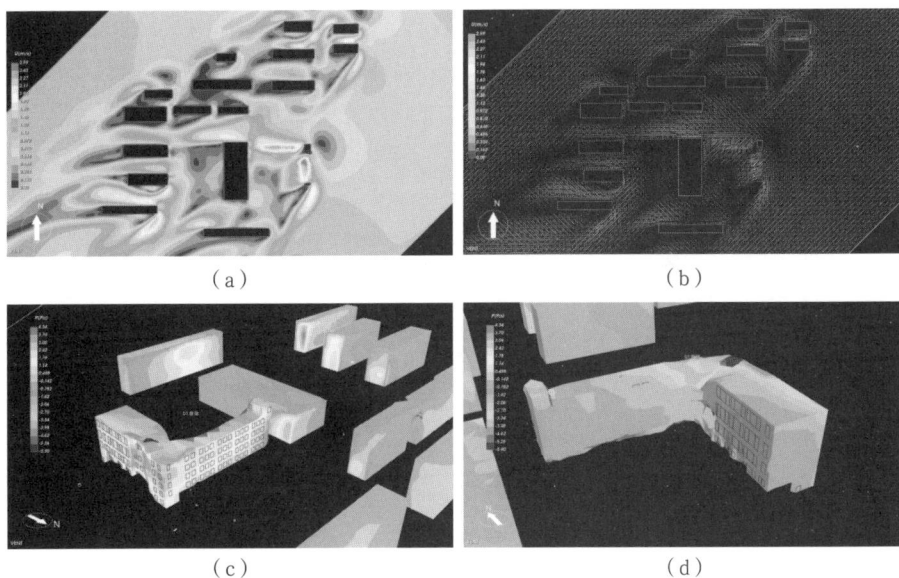

图7-31　冬季模拟结果
（a）距地面1.5m处风速云图；（b）距地面1.5m处风速矢量图；
（c）建筑迎风面压强云图；（d）建筑背风面压强云图

部分风压大于2.21Pa，背风面风压大部分小于0.132Pa，因此，夏季大部分可开启外窗满足内外表面的风压差大于0.5Pa的要求。

根据《绿色建筑评价标准》GB/T 50378—2019（2024年版），在冬季典型风速和风向条件下，建筑物周围人行区距地高1.5m处风速低于5m/s，户外休息区、儿童娱乐区风速小于2m/s，且室外风速放大系数小于2，得3分；除迎风第一排建筑外，建筑迎风面与背风面表面风压差不大于5Pa，得2分（条文说明：冬季建筑物周围人行区距地面1.5m高处风速小于5m/s是不影响人们正常室外活动的基本要求；限制风压差可减少冬季渗透到室内的冷风）。

综合以上分析结果可以看出，在冬季2.5m/s的东北风的作用下，本项目场地内风速在1.76m/s以内，风速放大系数小于1.2，室外人行区风环境舒适。从风压云图可以看出，建筑迎风面平均风压为1.59Pa，背风面平均风压为-1.58Pa，建筑迎风面和背风面风压差为3.17Pa。因此，迎风面与背风面风压差小于5Pa，并且本项目为场地内第一排迎风建筑，因此符合标准条文规定。

（2）室内自然通风分析

选取通风最不利的二层教室空间进行室内通风分析，如图7-32所示。由该风速云图可以看出，由于两侧开窗，室内空气流动性较好。表7-8统计了此建筑各房间的换气次数，所有房间自然通风换气次数大于每小时两次的面积比为81.72%。从两个统计结果看，总体上该标准层的通风环境达到《绿色建筑评价标准》GB/T 50378—2019（2024年版）中自然通风换气次数大于每小时两次的面积比为80%~90%的要求。综上所述，通过设计和优化，可实现室内室外良好的通风环境，从而满足《绿色建筑评价标准》GB/T 50378—2019（2024年版）中的相关设计要求。

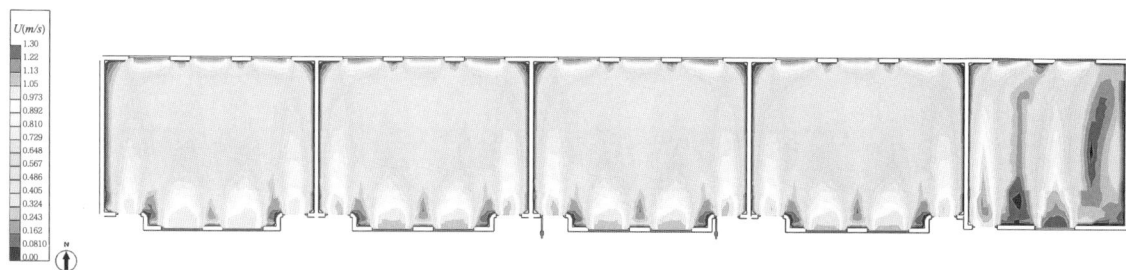

图7-32 教室室内风速云图

典型房间换气次数统计

表7-8

房间	体积（m³）	面积（m²）	换气次数（h⁻¹）
2004（办公室）	58.41	17.70	127.41
3002（美术室）	1307.47	290.55	82.61
4002（舞蹈健身房）	1539.92	290.55	55.87
5002（演播厅）	1394.64	290.55	0
5004（会议室）	137.62	28.67	0
2001（教室）	269.45	69.09	103.92
3006（教室）	269.45	69.09	101.80
3010（办公室）	210.60	54.00	69.93
4007（教室）	269.45	69.09	82.09
5008（教室）	269.92	69.21	51.78

2）天然采光模拟

（1）采光模拟

在对本项目的建筑光环境进行分析时，主要进行了采光系数分析、全年动态采光分析和眩光分析，仿真软件选用了绿建斯维尔采光分析软件DALI，以方便对应我国现行的建筑光环境设计标准。

针对学校建筑，根据《建筑环境通用规范》GB 55016—2021相关条文规定，普通教室侧面采光的采光均匀度不应低于0.5，根据《建筑采光设计标准》GB 50033—2013相关条文规定，教育建筑的专用教室、实验室、阶梯教室、教师办公室采光系数标准值不应低于3%，教育建筑的走道、楼梯间、卫生间不应低于1%。通过对本建筑的采光模拟，结果表明采光满足要求的房间个数比例为82.9%，没有不满足强条的房间，满足规范采光系数要求（图7-33）。

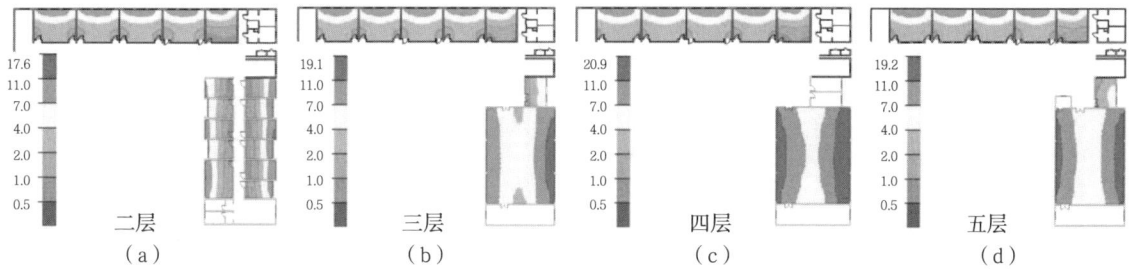

图7-33 各层采光系数计算图
（a）二层；（b）三层；（c）四层；（d）五层

（2）全年动态采光模拟

《绿色建筑评价标准》GB/T 50378—2019（2024年版）第5.2.8条对建筑光环境提出明确要求：公共建筑室内主要功能空间至少60%面积比例区域的采光照度值不低于采光要求的小时数平均不少于4h/d。通过对建筑室内空间进行全年动态采光分析，达标面积比例为100%。

（3）眩光模拟

窗的不适眩光是评价采光质量的重要指标，绿色建筑评价中也要求对主要功能房间有合理的眩光控制措施。通过软件设置建筑饰面材料反射比、门窗可见光透射比等参数后，进行不舒适眩光指数计算，得到主要功能房间的DGI均小于《建筑采光设计标准》GB 50033—2013规定的DGI限值——25。因此，本项目合理控制眩光，符合《建筑采光设计标准》GB 50033—2013与《绿色建筑评价标准》GB/T 50378—2019（2024年版）的第5.2.8条的规定。

（4）内区采光模拟

由于美术展厅、舞蹈健身房、演播厅的进深较大，为了测试整体采光效果，一般要进行内区采光分析。内区是针对外区而言，外区是距离外围护结构5m范围内的区域，内区是5m范围以外的区域。通过软件模拟，内区采光分析图如图7-34所示，由于此3个空间为双侧开窗，大部分内区采光达到了要求。

（5）光环境优化模拟分析

U形玻璃光环境模拟如图7-35所示，结果表明，U形玻璃使得某一时刻的DGP由0.827降低到0.767。棱镜膜百叶光环境模拟如图7-36所示。根据对比可知，棱镜膜百叶可明显提升室内UDI。

3）再生能源模拟

使用绿建斯维尔日照分析软件SUN进行光伏板发电量计算。

（1）倾角分析：在布置光伏板之前，首先应该确定光伏板的倾角（板面与水平面的夹角），选择最适合特定地区和应用的太阳能倾角，以提高太阳能系统的性能和效率。选定工程所在地的城市，获取最大辐射值的倾角为

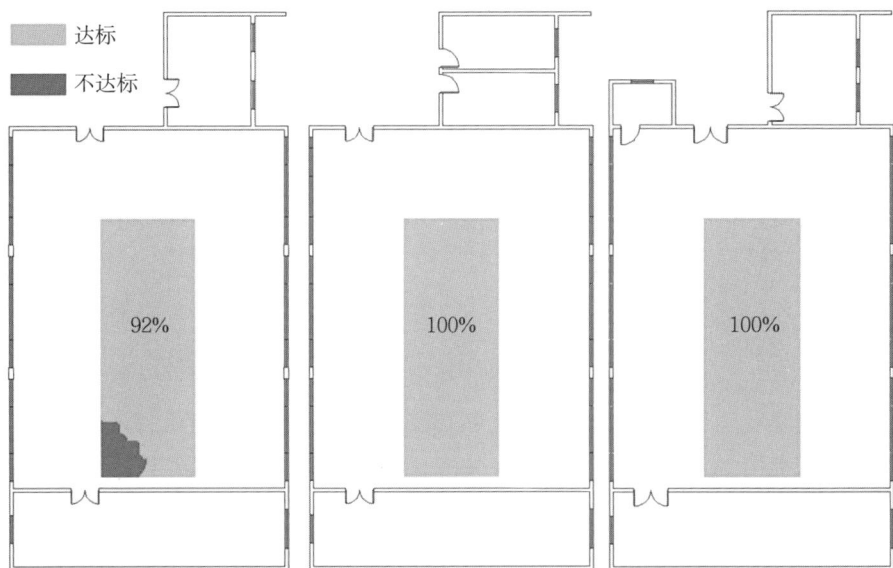

图例：
- 达标
- 不达标

92% 100% 100%

图7-34　内区采光分析图

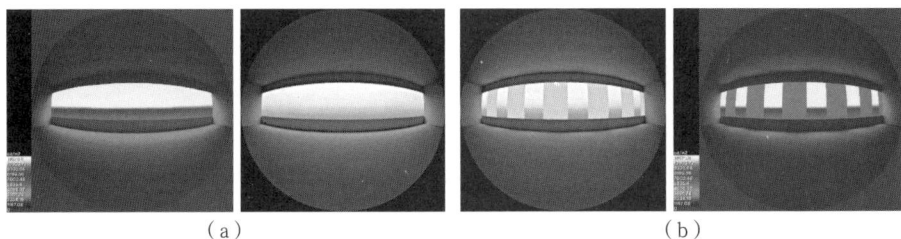

（a）　　　　　　　　　　　　（b）

图7-35　U形玻璃光环境模拟
（a）无U形玻璃；（b）有U形玻璃

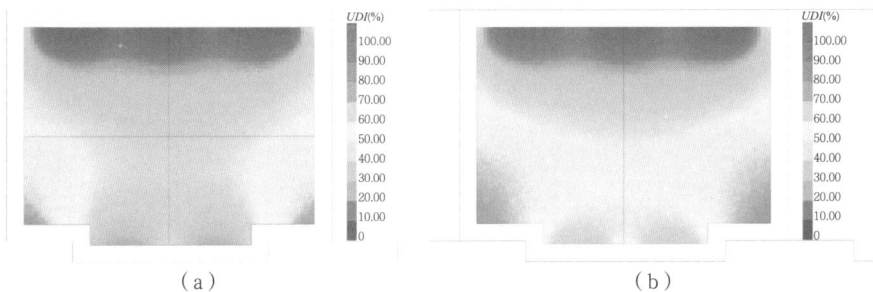

（a）　　　　　　　　　　　　（b）

图7-36　棱镜膜百叶光环境模拟
（a）无棱镜膜百叶；（b）有棱镜膜百叶

"最有利"的倾角。根据计算结果，11032.66kJ/m²辐射强度为最大值，对应的倾角14°为岳阳典型气象条件下，光伏板的最佳倾角。

（2）光伏板全年发电量计算：根据光伏板的最佳倾角来布置光伏板。由于屋顶和立面使用不同的光伏板，光电转换效率不同，因此需要分开计算。屋顶光伏板面积为221m²，总装机容量为33.8kW，全年总发电量为

30.3MWh；立面光伏组件面积为297m²，总装机容量为46.8kW，全年总发电量为26.2MWh。因此，光伏总发电量为56.5MWh。

4）节能设计

根据《建筑节能与可再生能源利用通用规范》GB 55015—2021进行节能设计。本项目屋顶构造、挑空楼板构造、外墙构造见图7-37。经计算，本工程所有规定性设计指标满足《建筑节能与可再生能源利用通用规范》GB 55015—2021的要求。

依据建筑屋面和外墙热桥部分的内表面温度计算，判断是否符合《绿色建筑评价标准》GB/T 50378—2019（2024年版）中围护结构的内表面在室内设计温、湿度条件下无结露现象的要求。对本项目主要热桥节点进行结露检查，计算温度与空气露点温度比对，判断是否出现结露现象（图7-38）。经计算，建筑围护结构热桥与内表面均不结露。

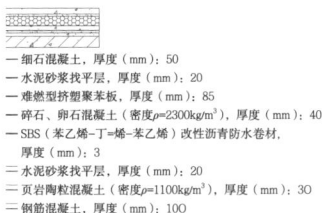

—细石混凝土，厚度（mm）：50
—水泥砂浆找平层，厚度（mm）：20
—难燃型挤塑聚苯板，厚度（mm）：85
—碎石、卵石混凝土（密度ρ=2300kg/m³），厚度（mm）：40
—SBS（苯乙烯-丁=烯-苯乙烯）改性沥青防水卷材，厚度（mm）：3
—水泥砂浆找平层，厚度（mm）：20
—页岩陶粒混凝土（密度ρ=1100kg/m³），厚度（mm）：30
—钢筋混凝土，厚度（mm）：100

屋顶构造（由上到下）：
细石混凝土50mm + 水泥砂浆找平层20mm + 难燃型挤塑聚苯板85mm + 碎石、卵石混凝土（密度ρ=2300kg/m³）40mm + SBS改性沥青防水卷材3mm + 水泥砂浆找平层20mm + 页岩陶粒混凝土（密度ρ=1100kg/m³）30mm + 钢筋混凝土100mm

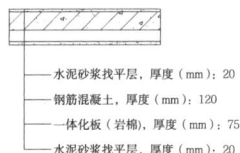

—水泥砂浆找平层，厚度（mm）：20
—钢筋混凝土，厚度（mm）：120
—一体化板（岩棉），厚度（mm）：75
—水泥砂浆找平层，厚度（mm）：20

挑空楼板构造（由上到下）：
水泥砂浆找平层20mm + 钢筋混凝土120mm + 一体化板（岩棉）75mm + 水泥砂浆找平层20mm

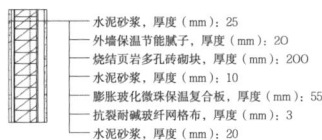

—水泥砂浆，厚度（mm）：25
—外墙保温节能腻子，厚度（mm）：20
—烧结页岩多孔砖砌块，厚度（mm）：200
—水泥砂浆，厚度（mm）：10
—膨胀玻化微珠保温复合板，厚度（mm）：55
—抗裂耐碱玻纤网格布，厚度（mm）：3
—水泥砂浆，厚度（mm）：20

外墙构造（由外到内）：
水泥砂浆25mm + 外墙保温节能腻子20mm + 烧结页岩多孔砖砌块200mm + 水泥砂浆10mm + 膨胀玻化微珠保温复合板55mm + 抗裂耐碱玻纤网格布3mm + 水泥砂浆20mm

图7-37　构造信息

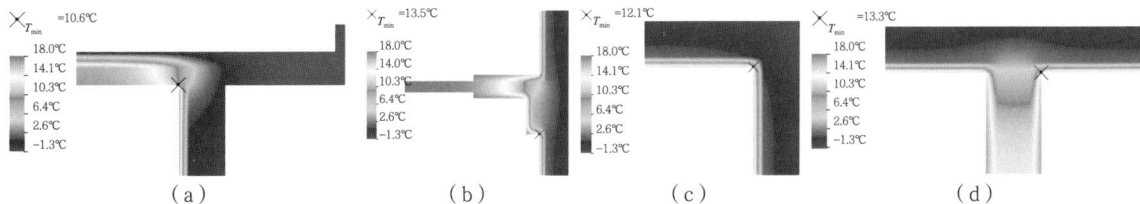

T_{min} =10.6℃
18.0℃
14.1℃
10.3℃
6.4℃
2.6℃
-1.3℃

T_{min} =13.5℃
18.0℃
14.0℃
10.3℃
6.4℃
2.6℃
-1.3℃

T_{min} =12.1℃
18.0℃
14.1℃
10.3℃
6.4℃
2.6℃
-1.3℃

T_{min} =13.3℃
18.0℃
14.1℃
10.3℃
6.4℃
2.6℃
-1.3℃

（a）　　　　　（b）　　　　　（c）　　　　　（d）

图7-38　热桥节点图及内表面温度计算
（a）外墙—屋顶节点；（b）外墙楼板节点；（c）外墙—外墙节点；（d）外墙—内墙节点

5）能耗计算

（1）建筑综合能耗模拟结果

本项目由能耗计算软件BESI2023计算并输出，围护结构构造及其概况见7.3.4节"4）节能设计"。能耗计算结果见表7-9。符合《绿色建筑评价标准》GB/T 50378—2019（2024年版）第7.2.8条（建筑能耗相比国家现行有关建筑节能标准降低10%）的规定。

建筑综合能耗计算结果   表7-9

能耗分类	能耗子类	设计建筑能耗（kWh/m²）	参照建筑能耗（kWh/m²）	节能率
建筑负荷	耗冷量	36.08	54.25	33.49%
	耗热量	14.66	13.98	-4.86%
	冷热合计	50.74	68.23	25.63%
热回收负荷	供冷	0	0	—
	供暖	0	0	—
	冷热合计	0	0	—
供冷电耗	中央冷源	0	0	—
	冷却水泵	0	0	—
	冷冻水泵	0	0	—
	冷却塔	0	0	—
	多联机/单元式空调	8.83	15.50	43.03%
供暖电耗	中央空调	0	0	—
	热源测水泵	0	0	—
	供暖水泵	0	0	—
	多联机/单元式热泵/壁挂炉	4.02	3.99	-0.75%
空调风机电耗	独立新排风	3.27	3.11	-5.14%
	风机盘管	0	0	—
	全空气系统	0	0	—
供暖空调电耗		16.12	22.60	28.67%
照明电耗		18.90	18.90	0
建筑综合电耗（供暖空调电耗+照明电耗）		35.02	41.50	15.61%

注：本计算模型不包含设备能耗。

（2）光伏发电量占建筑总能耗的比例

与建筑综合能耗相比，建筑总能耗增加了一项插座电耗。根据计算结果，插座电耗为36.5kWh/m²，建筑总能耗为53.16kWh/m²。建筑面积为3193m²，建筑总能耗为53.16×3193=169739.88kWh。根据前文可知光伏总发电量为56.5MWh，因此光伏发电量占建筑总能耗的比例约为33.3%。

6）碳排放计算

建筑总碳排放量为建筑材料生产、运输、建造、拆除、运行及碳汇的综合。建筑总碳排放量见表7-10，碳排构成如图7-39所示。由图7-39可知，建筑运行碳排放占比最大，建材生产运输碳排放其次，意味着在建筑物的使用阶段，包括供暖、通风、空调、照明等方面产生的碳排放是主要来源。通过提高建筑的能源效率、采用可再生能源、实施节能措施和注重建筑设计的持续性，可以有效降低建筑运行阶段的碳排放，从而减缓其对气候变化的影响。

建筑总碳排放量   表7-10

类别	年碳排放量（tCO$_2$e/a）	碳排放量（tCO$_2$e）
建筑材料生产	28.693	1434.668
建筑材料运输	0.472	23.617
建筑建造	1.535	76.752
建筑拆除	1.535	76.752
建筑运行	86.842	4342.078
碳汇	−9.779	−488.932
合计	109.298	5464.935

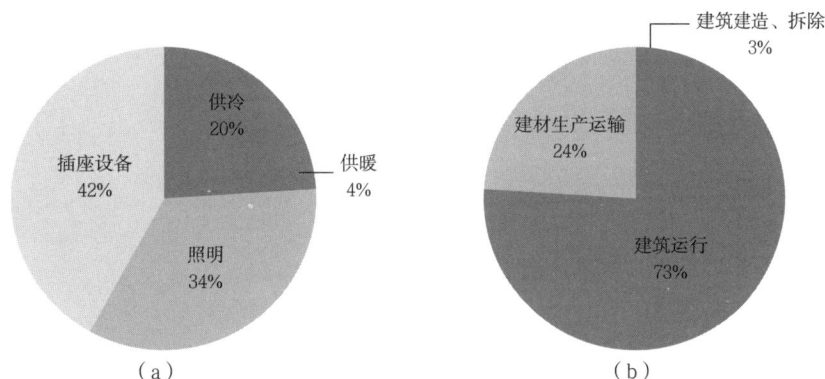

图7-39　碳排放构成
（a）建筑运行碳排放构成；（b）总碳排放构成

7.3.5　总结

作为教书育人的空间，教学楼的采光设计尤为重要，良好的教室光环境不仅能提供舒适的照明质量、提高学习效率，还能减少人的视觉疲劳，维护师生健康。一般来说，教室主要为北向采光，光线稳定；且应避免太阳直射光。

低碳中学建筑的性能模拟应用旨在通过先进的模拟技术评估和优化建筑设计，以实现能源效率和环境可持续性。这些模拟工具可以预测建筑在不同气候条件下的能源消耗、光环境质量以及室内空气质量，从而指导设计决策，确保建筑在整个生命周期内的低碳排放和高效运行。此外，性能模拟还可以帮助识别潜在的问题并制定相应的改进措施，最终为师生提供一个健康、舒适且环保的学习环境。

工业厂房是一类有着严格的功能要求和空间特征的建筑类型。工业厂房设计应本着因地制宜、因厂而定的原则,结合工厂生产的实际情况,充分了解生产工艺特点、生产设备对空间环境的要求,对生产工艺和施工安全、环境保护进行合理的探析,确保厂房设计具有科学性和安全性等多种性能。工业厂房建筑设计的本质是创造一个生产和办公空间,生产空间要适应并满足生产产品的洁净化、自动化、环境无污染等要求,办公空间的质量须满足以人为中心的要求。采用绿色发展理念的工业厂房建筑设计不仅有利于环境保护和资源利用,还可以提高员工的工作效率和舒适度,降低企业的运营成本,并塑造企业的良好形象。

7.4.1 项目背景

项目基地属于夏热冬冷地区,属于亚热带季风气候区,气候特点为:夏季炎热潮湿,冬季相对较冷,春秋两季温和。苏州康美包工业厂房位于苏州工业园区,其产品以生产乳品用无菌纸包装为主,主要面向中国本土市场,整栋建筑分为1号厂房和2号厂房,共2层,建筑高8.4m,建筑面积为17408m²,主体结构为钢筋混凝土框架结构(图7-40)。

图7-40 厂房效果图

7.4.2 节能设计策略

厂房在设计时运用能源辅助设计方法,通过建筑模拟分析为设计提供依据与优选的节能措施及方案组合。主要从建筑平面布局、围护结构、自然通风与机械辅助通风、通风空调系统与室内空气质量提升、建筑采光与照明、雨水收集利用、工艺废水回收、可持续能源系统等方面对建筑性能进行提升，以此减少能源和水资源消耗，削减废弃物排放。在节能措施的选择上优先采用被动式节能措施并辅助主动式节能技术。该项目最终获得了美国LEED认证。该项目在设计阶段从以下方面考虑提出绿色策略：

1）平面合理布局，提高空间使用效率

合理的建筑平面布局可以优化建筑内部空间的使用效率，减少局部能耗。通过合理设置功能区域、交通走廊和设备间等，可以减少不必要的能源消耗，提高建筑整体的能源利用效率。此外，合理的平面布局还可以最大限度地利用自然光和自然通风资源。通过合理设置建筑朝向、窗户位置和尺寸，可以使建筑内部充分获得天然采光和通风，减少对人工照明和机械通风的需求，降低能源消耗。因此，合理的平面布局是提高建筑的舒适性和使用效率、降低能源消耗，实现建筑节能目标的有效途径。

该厂房在设计时，从员工的生产、办公需求出发，对厂房的平面布局及各功能区空间进行优化设计。不同的生产车间、辅助车间、试验车间、行政管理区、生活服务区等综合布置在一幢建筑物内，生产和办公空间各有自己的出入口（图7-41）。厂房在建筑中部、东西两侧的墙面能开大面积的玻璃窗，厂房东西两侧均采用带形窗，引进更多的天然光的同时增加生产区的自然通风。办公区设置于建筑的南北侧，可提升冬季办公室内温度和增加天然采光时间，减少冬季供暖和照明能耗，创造出一个高效舒适的办公空间。1号厂房和2号厂房通过空中走廊连接在一起，既可形成疏散通道，又为员工提供了休闲空间。

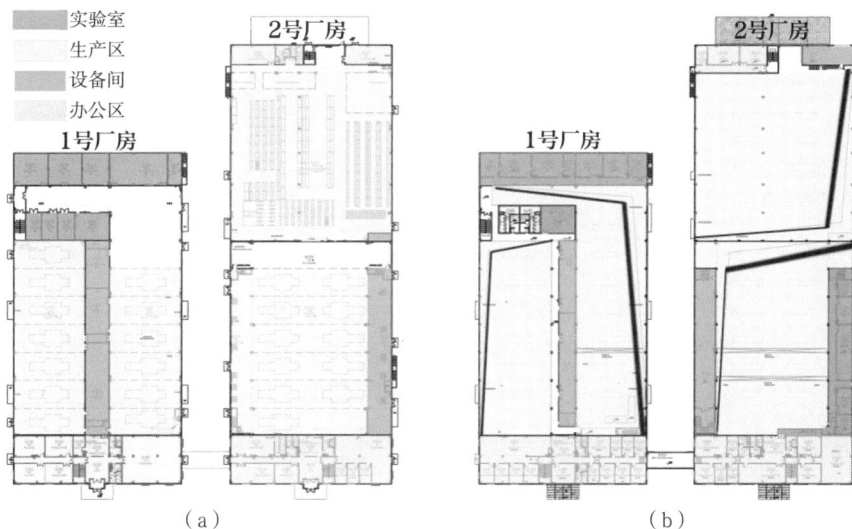

图7-41　厂房平面图
（a）首层平面；（b）二层平面

247

2）使用高性能围护结构

工业建筑由于其生产需求，生产设备与机械设备运作、工人的工作活动、某些涉及化学反应（如燃烧、聚合反应）的工业生产过程都会产生大量热量，因此为保障夏季室内热舒适，降低夏季室内冷负荷，围护结构应具有良好的隔热能力。

围护结构构造组成及热工参数见表7-11，玻璃热工性能参数见表7-12，建筑外墙、窗户等部位的传热系数均符合《工业建筑节能设计统一标准》GB 51245—2017的相关规定，保证建筑具有整体的保温能力。由于厂房内有较大的生产过程得热，因此减少室外得热是减少夏季厂房内冷负荷的关键因素。

为减少夏季厂房内冷负荷，采取了屋顶安装太阳能光伏板以形成屋面遮阳的做法，同时墙体外立面选择高反射涂料，夏季白天厂房在阳光照射下，建筑得热量会减少，通过减少传入室内的热流量，从而减轻空调通风负荷。

围护结构构造组成及热工参数　　　　表7-11

结构名称	类型	保温材料	传热系数 [W/(m²·K)]	规范限值
屋顶	钢筋混凝土	挤塑聚苯板（XPS）115mm+ 玻璃棉170mm	0.37	0.7
外墙	蒸压轻质混凝土（ALC）砌块	挤塑聚苯板（XPS）30mm	0.65	1.1

玻璃热工性能参数　　　　表7-12

玻璃类型	传热系数 K [W/(m²·K)]	遮阳系数	可见光透射比
外窗Low-E中空玻璃	1.181	0.585	0.6242
南幕墙Low-E中空玻璃	1.305	0.294	0.4956
东/西/北幕墙Low-E中空玻璃	1.610	0.414	0.6200

3）选择适宜的通风方式

由于自然通风相较于机械通风具有受限于自然条件、不稳定、通风量难以控制的特点，且自然通风无法应对火灾、有毒气体泄漏等特殊情况，因此不适用于大型或密闭式工业建筑。厂房内通常有大量的机械设备，设备生产过程中会产生有害气体，需要及时排除，以保证生产环境的舒适性、安全性和生产效率。工业厂房对通风要求较高，仅靠自然通风难以保障厂房内的空气质量，也难以精确地控制通风以应对不同情况。因此工业建筑在设计时应合理分区，并根据不同功能区域特点结合自然通风与机械通风的特点，选择合适的通风方式。

在该项目中，办公区所有办公室均设置有可开启窗扇，保证在室外温度适宜的时间段内可以开启窗扇进行自然通风。同时厂房内有大量机械设备用房，因为没有制冷/供热需求，同时又满足室内通风新风量，设备用房根据厂房内的工艺特点需要，被设置在建筑外侧和二层中央内，以充分利用自然通风和机械排风系统，减少建筑制冷能耗。

此外，为保障办公区室内空气质量，办公区设有CO_2感应器实时监测办公区CO_2质量浓度，并根据CO_2质量浓度控制新风量，同时在设计时考虑到打印机工作室会产生臭氧等空气污染物，将打印机集中布置，并保障打印室一直处于负压状态，避免有害物质渗入人员长期工作区域。

厂房部分由于工艺特点，室内使用了少量双氧水（H_2O_2）用于杀菌，为了保证厂区内工作人员的身体健康，设计采用加大新风量的方式引入新风，并采用变风量控制，未设置空气热回收系统。

4）雨水资源回收利用设计

雨水是一种重要的自然水资源，也是一种可再生资源。通过收集和利用雨水，可以补充地表水和地下水资源，缓解因供水紧张而引发的水资源短缺问题，还有助于减少城市地区的雨水径流量，减缓城市水循环过程中的水体污染和土壤侵蚀。收集和合理利用水资源能带来一定的经济效益与社会效益。

苏州地处长三角地区，南北气流交换频繁，雨量十分丰沛，年平均降水量可达1076.20mm，雨水资源丰富，通过收集和利用雨水，可以节约自来水资源，降低用水成本，减少排水和治理成本，提高水资源利用效率，从而带来经济效益，同时有效利用雨水资源还可以改善城市水环境质量，提高居民生活品质，促进城市的可持续发展，增强社会的稳定性和可持续性。

该项目根据因地制宜的原则，回收利用了厂房屋面雨水（图7-42）。屋面雨水经初期弃流装置后，收集到雨水蓄水池，蓄水池体积为150m³，通过过滤和净化处理后，用作景观用水，景观绿化基本上全年无需使用自来水进行灌溉，达到了节水的目的。此外厂区室外停车地面设计为可渗水性地面，布置渗水垫层、透水地面砖、渗水盲沟、渗水井等构筑物，促进雨水原位渗透到地层中以减少雨水地表径流。

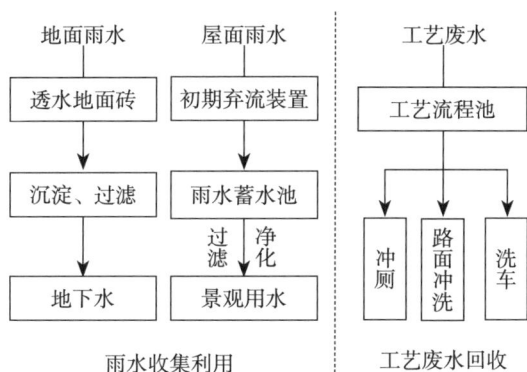

图7-42 雨水与工艺废水回收系统

5）工艺废水回收设计

工艺废水作为非传统水源，其具有人为介入、污染物质量浓度高、需经过处理后才能利用等特点。尽管工艺废水中含有污染物，但同时也包含了水资源和有价值的化学物质，通过适当的处理和回收，可以实现水资源和能源的再利用，具有较大的资源潜力，因此，工艺废水回收具有重要的经济、环境和社会意义，对于实现资源节约、环境保护、经济发展和社会可持续发展具有重要的推动作用。

在非传统水源利用方面，该项目设置了工艺废水回收系统（图7-42）。一般工艺废水使用一次后就直接排放，对水资源造成了很大浪费。由于工艺废水具有量大、稳定的特点，可对其进行合理开发，工艺废水经过工艺流程池后可循环使用，降低自来水消耗、减少废水的产生和排放，降低废水处理成本，可产生很大的经济效益和环境效益。净化后的工艺废水可用于冲厕、路面冲洗和洗车等。

6）能耗模拟辅助空调系统设计

通风空调系统能够有效管理建筑内温度、湿度和空气流动，高效的换气设计、智能控制的系统、热回收技术的应用、高能效设备的应用以及定期的维护与管理都能有效地节省能源和降低运行成本，从而达到节能目的。在设计时应结合实际，采取合适的通风空调系统来改善室内空气质量；考虑工业建筑内部热源，并有效利用这些热源来提供一个舒适的室内工作环境。

由于工厂不同功能空间的室内空气环境不尽相同，因此需要根据不同功能空间的特点制定适配的通风空调系统，且不同的功能空间使用通风空调系统的时间略有差异，为了避免不必要的能源消耗，通风空调系统应保障各功能空间能够独立运作。

办公区通风空调采用电驱动变制冷剂流量多联机空调系统，室外机集中设置，根据室内不同的热环境，输送不同的制冷剂流量，来满足不同房间不同空调负荷的需求。该系统在投资较低的情况下适应各区域内灵活的工作时间可局部开启的特点，并且各房间可独立调节，避免了大系统同时启闭造成能耗较高的问题。办公区设置独立新风+全热回收的通风系统，既保证办公空间温度（适宜的热环境），满足人的舒适感，又保证了办公空间的空气质量，同时利用全热回收系统在冬季与夏季节约了通风系统制热与制冷能耗。

该项目在设计时通过DesignBuilder软件建立厂房能耗模型，并采用Energyplus软件进行模拟，根据模拟结果分析得知：厂房能耗的显著影响因素有风机效率、换气次数、制冷/制热机组能效比、照明功率和新风量。厂房制冷机的耗电量是总耗电量变化的主要原因，制冷耗电量远远大于供暖耗电量，照明耗电量仅次于制冷耗电量。因此从风机效率入手能有一定的节能空间。照明耗电量对总耗电量变化也有着较大影响，由于照明功率的增加会影响耗电量，所以应选取低耗损、稳定性高的LED灯具（图7-43）。

图7-43　厂房生产区及办公区域采光设计

7）采光模拟辅助建筑采光设计

人眼只有在良好的光照条件下，才能有效地进行视觉工作，由于工人的绝大多数工作时间都是在室内进行，因此必须创造一个良好的视觉环境。此外，人眼在天然光下比在人工光下有着更高的视觉功效，天然光在令人感到舒适的同时能舒缓神经，提高工人工作效率。通过充分利用天然采光来满足室内工作面的照度需求还可以减少灯具照明的使用，从而达到建筑节能的目的。

充分利用天然光，节约照明用电，不仅对我国实现可持续发展战略具有重要意义，同时还具有巨大的经济效益、环境效益和社会效益。

（1）生产区

由于该项目的生产区跨度较大，为了解决建筑的天然采光问题，则需要提高侧窗高度，以此改善室内进深较大区域照度。但考虑到窗墙比过大会导致建筑保温隔热性能变差，应在提高侧窗高度的同时控制立面的窗墙比，厂房东西立面侧窗采用了高侧采光窗与观察窗分离的做法（图7-44）。在设计时，采用Ecotect建立厂房模型对室内采光效果进行模拟，通过模拟结果（图7-44）分析得出结论：厂房布局比较简单，靠近窗口位置的采光效果较好，工作面照度随着进深加大而减弱，生产区车间内大多数区域照度在500～700lx之间，进深较大处采光效果难以保障。

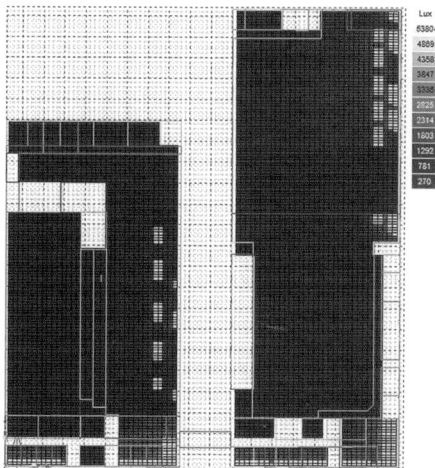

图7-44　采光模拟结果

为进一步改善室内采光效果，提高厂房生产区域整体照度水平，该项目在厂房生产区屋顶设置了13个长条形天窗，生产区东西立面采用高侧采光窗与观察窗分离的做法。

（2）办公区

位于建筑南侧的办公区由于造型与采光要求，立面均采用透明玻璃幕墙，这样的做法虽能最大限度获取自然光，但也会导致建筑隔热性能下降，增加室内夏季得热与冬季热损失，从而增加了建筑的供暖和制冷负荷，使能源消耗增加，对环境造成不利影响。为了增加办公区内侧的采光，过道的内墙采用玻璃进行隔断，底部贴膜阻挡视线，顶部为透明部分。

为了保障建筑外立面的美观，同时避免过大的窗墙比造成建筑能耗增加，需从室内一侧控制建筑立面的窗墙比，因此本项目采用了在玻璃幕墙室内一侧部分区域加设保温材料并用装饰金属板进行封盖的做法，既保障了建筑外立面的美观，又降低了建筑立面的窗墙比，避免了因幕墙面积过大造成的建筑供暖与制冷负荷的增加。这种做法无疑会对室内的采光产生一定的影响，为了控制窗墙比的同时保障办公房间的采光，在吊顶装饰面板之上，距离地面高度0.9m之下的玻璃幕墙部分加设保温材料与金属饰面板。并通过模拟软件进行检验：通过绿建斯维尔软件建立了南侧办公区为全玻璃幕墙的建筑采光模型［图7-45（a）］与南侧办公区采用幕墙局部（吊顶装饰面板之上，距离地面高度0.9m之下）加设保温材料与金属饰面板的建筑采光模型［图7-45（b）］，对比两组模型采光模拟结果［图7-45（c）、图7-45（d）］发现，玻璃幕墙后加设保温材料做法与全玻璃幕墙相比，仅在近玻璃幕墙处影响较大，整体影响较小，办公空间仍具备有较好的采光，故采用玻璃幕墙局部加保温材料的做法［图7-45（e）、图7-45（f）］。

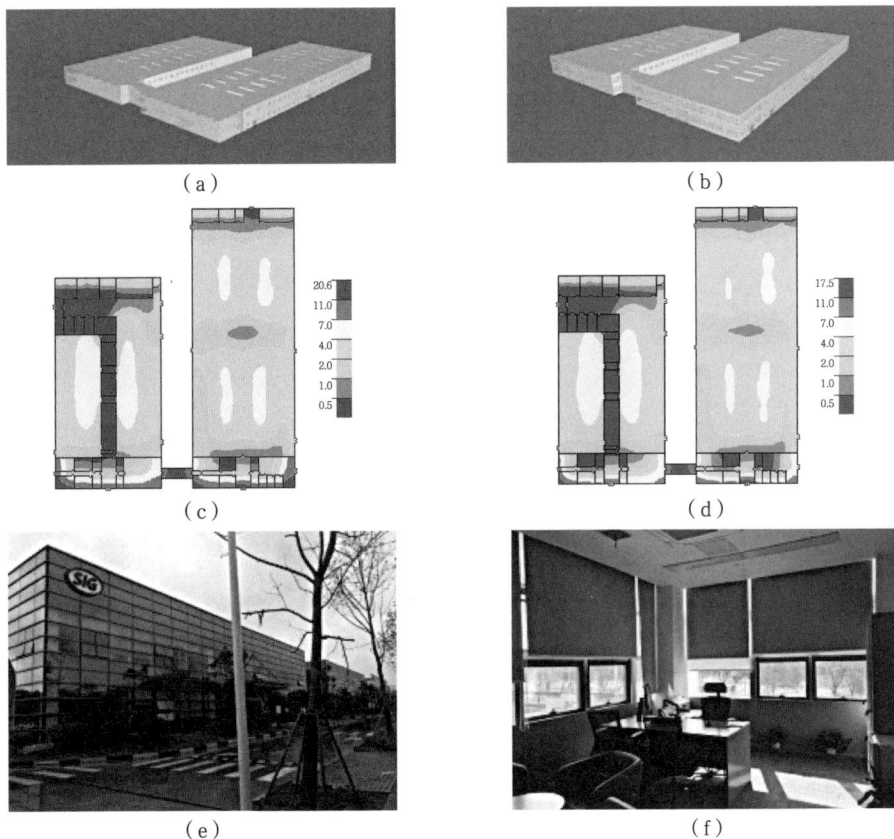

图7-45 办公区采光设计
（a）南侧为全玻璃幕墙的建筑采光模型；
（b）玻璃幕墙局部加设保温材料和金属饰面的建筑采光模型；
（c）南侧为全玻璃幕墙的室内采光效果；
（d）玻璃幕墙局部加设保温材料和金属饰面的室内采光效果；
（e）南侧办公区室外照片；（f）南侧办公区室内照片

8）光伏发电模拟辅助太阳能系统设计

苏州市属于Ⅳ类光气候区，具有丰富的太阳能资源，厂房屋顶具有可利用面积大、阴影影响小、日照时间长等优点，同时太阳能作为可再生能源，相比于其他可再生能源具有广泛性、低成本、可预测性、灵活性、低维护成本和分布式能源生产（可以分布式地部署在各种场所）等优势，是可再生能源中备受关注和发展潜力巨大的一种能源形式，因此在设计时应充分考虑到屋顶太阳能的利用。

太阳辐射量越强，太阳能光伏板所接收到的太阳能就越多，从而产生的电能也就越多，因此在设计太阳能光伏板时，应该对设计安装太阳能光伏板区域的太阳辐射量进行模拟，确保太阳能光伏板安装区域有足够的太阳辐射量，以此提高太阳能光伏系统的利用效率。因此在太阳能光伏板设计阶段，本项目利用绿建斯维尔软件建立了光伏发电模拟模型（图7-46），对厂房屋面太阳辐射量进行模拟，经过模拟结果分析得出屋面每平方米年辐射量均为1251.26kWh/m²（图7-47、图7-48），在本项目的屋面安装太阳能光伏板能带来良好的能源效益与经济效益。

图7-46　光伏发电模拟模型

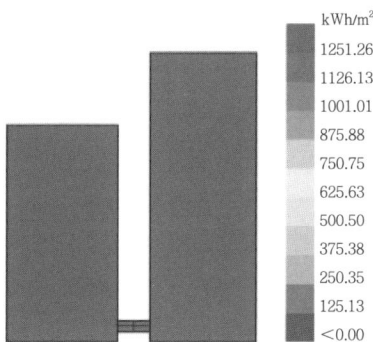

图7-47　厂房屋面全年太阳能总辐射量

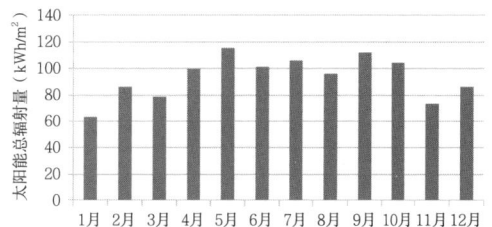

图7-48　厂房屋面逐月太阳能总辐射量（逐月）

除了合理的安装位置，太阳能光伏板安装角度对太阳能光伏发电效率也会产生影响，因此本项目为使太阳能光伏板较好地吸收太阳辐射，同时便于雨水对太阳能光伏板进行清洗，将屋顶倾斜了5%的角度。

该厂房太阳能光伏发电系统由第三方能源公司进行投资，该公司承担全部前期投入并在实施后向企业和电网售电，期限为25年。在这个过程中，该厂房实现了"零投入""零风险"，多方实现共赢。太阳能光伏系统的安装为该项目带来了良好的能源效益与经济效益。

此外，考虑到厂区内工人的热水需求，在屋顶不仅设计了太阳能光伏发电系统，还设计了太阳能热水系统：布置40m²太阳能热水系统并接入空气源热泵系统，作为太阳能热水不足时的高效补充热源，用于满足厂区内工人的热水需求。

7.4.3 方案效果

为了验证该设计方案的性能效果，采用DesignBuilder建立能耗模型、Ecotect软件建立采光模型、绿建斯维尔软件建立太阳能光伏发电模型，分别对建筑能耗构成、室内采光情况与太阳能光伏发电量进行了模拟分析。图7-49为该厂房运行一年的用能模拟结果。

图7-50为该厂房室内照度情况分析、图7-51为屋顶光伏发电量的模拟结果。

在运行能耗方面，模拟结果表明：该设计方案年度总能耗约为1959MWh，其中制冷能耗对总能耗影响最大，约为414.9MWh，其次为照明能耗，约为168.3MWh。

室内采光方面，模拟结果表明：当开设天窗时，生产区车间内大多数区域照度为1000~1500lx。开设天窗时的厂房整体照度水平比不开设天窗时（图7-50）有较大程度提高，天窗对厂房生产区域采光效果改善明显，室内

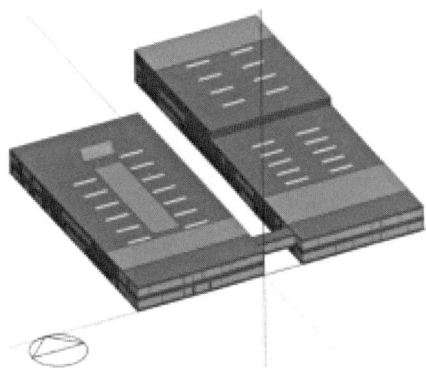

使用类型	用电能耗（kWh）
供暖	53039.68
制冷	414919.80
照明	168279.24
风机	155845.82
水泵	47.33
全热回收	2296.80
总能耗	1959043.15

图7-49 厂房运行一年的用能模拟结果

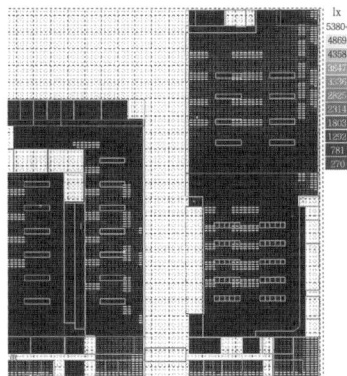

图7-50 室内采光照度分析

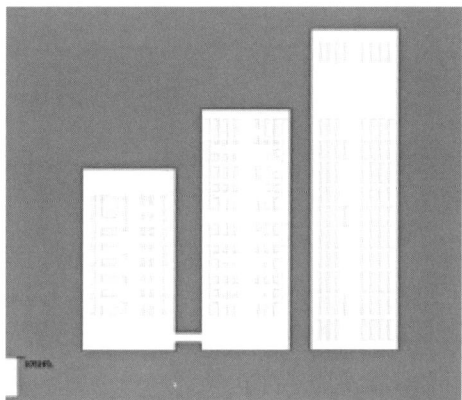

图7-51 屋顶光伏发电模拟结果

平均照度有所提高，可以达到较好的自然光照效果，减少生产区人工照明的使用时间，从而减少照明能耗。

模拟太阳能光伏发电量对安装太阳能光伏系统具有预测发电量、评估投资回报、优化系统设计、制定运维策略等意义，因此在实际安装光伏系统前，根据在绿建斯维尔软件中建立的厂房模型，选用项目所在地（江苏苏州）的气候条件，并设定选定太阳能光伏板的太阳能光伏组件峰值功率、逆变器最大效率和输入功率，对该项目光伏发电情况进行模拟验证。

屋顶光伏发电情况方面：模拟结果（图7-51）表明：该项目预估年平均发电量为89.21万kWh，约为厂房全年总能耗的46%，25年的发电量为2230.17万kWh，可节约化石能源消耗和减少污染物的排放。

7.4.4 总结

工业厂房因其工艺的不同，用能情况、采光要求、通风换气要求等都有所不同，且厂房内存在多种不同类型的功能区，这些功能区对物理环境（采光、通风、温湿度等）有着不同的要求，在设计时应根据其工艺特点制定合适的设计策略，并采用模拟软件进行检验。

相较于其他类型的建筑，工业厂房通常在使用时会产生许多的废热与工业废水，这些废热和废水中携带了大量的能量和物质，在设计时应该注重这些废热与废水的回收再利用。此外，工业厂房通常拥有较大的屋面面积，这为安装光伏系统、太阳能热水系统提供了充足的空间，且工业厂房的屋顶结构通常设计为能承载重型设备和材料，因此它们通常具有足够的承重能力来支撑光伏、光热系统的安装，这减少了额外的结构加固成本。因此在设计工业厂房时还需充分考虑屋面对太阳能的利用。

思考题与练习题

1. 居住建筑、公共建筑、工业建筑在节能降碳策略上有哪些异同？
2. 如何结合建筑设计开展建筑光伏一体化设计？
3. 你所在学校的教学楼中采用了哪些降碳策略？

参考文献

［1］ 中国建筑节能协会. 2023中国建筑与城市基础设施碳排放系列研究报告[R]. 重庆：重庆大学，2023.

［2］ 中国建筑节能协会. 中国建筑能耗研究报告（2020）[R]. 北京：中国建筑节能协会，2020.

［3］ 苏州同里湖嘉苑成为江南地区超低能耗建筑改造示范项目[J]. 建设科技，2019（1）：13.

［4］ 李文涛，刘衍，杨柳，等. 近零能耗居住建筑供冷年耗冷量指标分析研究[J]. 暖通空调，2022，52（8）：120-126.

［5］ 瓦里斯·博卡德斯，玛利亚·布洛克，罗纳德·维纳斯坦. 生态建筑学可持续性建筑的知识体系［M］. 南京：东南大学出版社，2017.

［6］ 赵玲玲，王辉涛，秦进，等. 冬季空调不加湿对室内参数的影响[J]. 土木建筑与环境工程，2018，40（4）：63-70.

［7］ 李俊鸽，杨柳，刘加平. 夏热冬冷地区人体热舒适气候适应模型研究[J]. 暖通空调，2008（7）：20-24，5.